U0127900

网络编码应用

黄佳庆　孙奇福　编著
李宗鹏　审校

电子工业出版社.

Publishing House of Electronics Industry

北京 · BEIJING

内 容 简 介

网络编码是信息论与编码领域的重要理论突破，与信源编码和信道编码存在着本质不同，是网络信息论的一个重要分支。网络编码的基本思想是允许网络中间节点参与编译码，其思想看起来并不复杂，但网络编码揭示了"信息流"与"商品流"存在着本质不同，将对网络的体系架构和未来发展产生重要和深远的影响。网络编码的实际应用是网络编码理论发展的重要目标，也是学术界和工业界努力的重要方向。本书是《网络编码原理》的续篇，前书侧重网络编码的基本概念和原理，本书则侧重网络编码的核心技术和典型应用，较系统地阐述了可以应用于诸多领域中具有共性的网络编码技术，及其在多个领域的典型应用。网络编码基本技术包括随机网络编码、实际网络编码、分代网络编码、多级网络编码、稀疏网络编码、部分网络编码、标量网络编码、向量网络编码、格网络编码和空间网络编码等，网络编码典型应用包括无线多跳网络、无线中继网络、内容分发网络、网络交换、网络监测、分布式存储、软件定义网络等。本书的特色之一是阐述了网络编码在几何空间中的应用——空间网络编码，也称空间信息流，与网络信息流存在本质区别。空间信息流的引入首次将几何与网络编码结合，具有重要方法论的意义，并将网络编码从"离散"域扩展至"连续"域，具有较大的理论意义和应用价值。本书注重阐明技术和应用背后所蕴含概念和原理的物理意义，力求深入浅出，便于读者理解和领会。

本书既可作为通信、信息、计算机、电子、网络等相关专业的研究生、本科生教材或教学参考用书，也可作为从事上述专业的科研人员和工程技术人员的参考用书。

图书在版编目（CIP）数据

网络编码应用 / 黄佳庆，孙奇福编著. —北京：电子工业出版社，2023.7

ISBN 978-7-121-35363-5

Ⅰ. ①网… Ⅱ. ①黄… ②孙… Ⅲ. ①计算机网络—编码程序—程序设计 Ⅳ. ①TP393

中国版本图书馆 CIP 数据核字（2019）第 004293 号

责任编辑：刘小琳　　　　　特约编辑：张思博
印　　刷：天津千鹤文化传播有限公司
装　　订：天津千鹤文化传播有限公司
出版发行：电子工业出版社
　　　　　北京市海淀区万寿路 173 信箱　　邮编：100036
开　　本：720×1 000　1/16　印张：16.5　字数：335 千字
版　　次：2023 年 7 月第 1 版
印　　次：2023 年 7 月第 1 次印刷
定　　价：98.00 元

序　言

网络编码（Network Coding）是信息论与编码领域的重要理论突破，其基本思想是允许网络的中间节点参与编译码。网络编码的基本思想指出，信息流（Information Flow）和商品流（Commodity Flow）存在着本质上的不同，并由此开创了**网络信息论**领域的一个全新方向。网络编码理论及其应用将对当前和未来网络通信的体系架构和发展产生重要和深远的影响。

初识网络编码的读者可以通过了解**"蝶形网络"**（Butterfly Network）快速领略网络编码的魅力。本书编著者已出版的《**网络编码原理**》侧重阐述网络编码的原理，本书则侧重阐述网络编码的核心技术和典型应用。

网络编码大道至简：①基本思想简单，即允许中间节点参与编译码；②名称简单，对"网络编码"进行拆分，"网络"和"编码"均是大家再熟悉不过的概念，结合在一起却构成在本质上不同于**信源编码**和**信道编码**的新概念——信息流，"信息流"这一概念打破了经典信息论中"商品流"不能进一步细分的结论，是 21 世纪网络信息论领域的一个重要突破。本书从网络编码核心技术和典型应用的角度，让读者感受简单思想在不同应用中的神奇。

本书的撰写原则：注重概念及概念之间的内在逻辑关系清晰；重要概念均附注英文对照，便于读者在拓展阅读时能够将这些重要概念与英文文献中的概念对应；读者可以结合编著者的最新研究成果，不断加深对网络编码的理解。

本书编著者的最新研究成果包括以下 3 个方面。

（1）提出将几何与网络编码结合的"空间信息流"概念。空间信息流（Space Information Flow，SIF），也称空间网络编码（Space Network Coding）或空间中网络编码（Network Coding in Space），于 2011 年由本书审校者李宗鹏首先提出。空间信息流不同于我们熟知的**网络信息流**（Network

Information Flow，NIF），其也称网络中网络编码（Network Coding in Network）或图中网络编码（Network Coding in Graph）。可将空间信息流和网络信息流的本质区别理解为连续域和离散域的区别。要想快速了解空间信息流（空间网络编码），可详见本书编著者黄佳庆提出的"**五角星网络**"（Pentagram Network）。空间信息流首次将几何与网络编码结合，具有重要方法论的意义。几何的发展已有几百年的历史，具有极其丰富的数学思维和方法，将几何这种强有力的数学工具引入网络编码，可为网络编码的研究注入新的思路和角度，帮助我们更加深入地研究和揭示网络编码的本质。随着对网络编码研究的不断深入，我们对于网络编码的理解也将不断更新。

（2）构建的漩涡网络打破了信息论与编码领域的一个普遍观念。网络编码理论中最基础的定理证明了在任意单信源多信宿的多播网络中，只要所选的有限域足够大，便可在该域上构建达到网络多播容量的网络编码解。由此，信息论与编码领域学者的一个普遍观念是有限域越大，就越有可能在该域上构建达到网络多播容量的网络编码解。然而，本书编著者孙奇福与李宗鹏于2015年构建出一个与直觉相反的名为**漩涡网络**（Swirl Network）的多播网络，打破了这个传统观念：漩涡网络在5个元素的有限域上存在网络编码解，但在某些非常大的有限域上并不存在任何网络编码解。该重要发现还首次明确地指出除了有限域的大小，有限域的乘法子群代数结构也会影响多播网络的可解性，从而为读者提供了崭新的角度以完善网络编码理论。

（3）提出可减小额外编译开销的循环移位网络编码方案。向量网络编码是经典标量网络编码的一个扩展，其将基于有限域的编码操作延伸至基于向量空间，从而指数倍地增加了备选编码操作数量，大大增加了编码灵活性。为了降低网络编码所引入的较高计算代价，在向量网络编码框架下，本书编著者孙奇福与李宗鹏于 2019 年建模出一套用循环移位操作代替经典有限域操作的全新网络编码技术，并针对多播网络提出了一种适用于任何奇数码长的高效构建**循环移位网络编码**解的算法。与传统标量网络编码方案相比，可大幅降低循环移位网络编码方案的编译码复杂度。基于该成果，循环移位网络编码可以潜在地替代目前大部分已知的标量网络编码传输方案，从而减小应用网络编码所带来的额外编译码开销。

网络编码需要从理论走向实际，本书通过网络编码在多个领域不同的典型应用，找到网络编码较为共性的内容呈现给读者，以期抛砖引玉，激发出更多新的思想火花，从而发挥网络编码的优势，并将网络编码劣势的影响程度降到最低。同时，我们也期待开发出更多的典型应用，让网络编码逐步从理论走向实用，最终走向规模化商用。网络编码应用的发展之路充满挑战但也充满机遇，有志于此的读者一定会大有所为。

本书组织结构的安排如下。第 1 章为网络编码概述，包括网络编码的概念、网络编码的优势和劣势、网络编码的可行性、网络编码的本质和网络编码的主要研究内容。第 2 章详述网络编码基础，包括标量线性网络编码、向量线性网络编码，网络编码与有限域以及网络编码与拓扑，其中一个与通常直觉相悖的重要结论是，有限域大小并不是影响多播网络线性可解性的唯一参量，简单地讲，有限域增大却不一定线性可解。第 3 章介绍网络编码技术，包括随机网络编码、实际网络编码、分代网络编码、多级网络编码、稀疏网络编码和部分网络编码等，这些技术多为随机网络编码的变型，已广泛应用于网络通信的多个领域。后续章节阐述网络编码的多种典型应用：第 4 章阐述网络编码在无线多跳网络中的应用；第 5 章阐述网络编码在无线中继网络中的应用；第 6 章阐述网络编码在内容分发网络中的应用；第 7 章阐述网络编码在网络交换中的应用；第 8 章阐述网络编码在网络监测中的应用；第 9 章阐述网络编码在分布式存储中的应用；第 10 章阐述网络编码在软件定义网络中的应用；第 11 章阐述格网络编码；第 12 章阐述空间网络编码。

本书受国家自然科学基金项目"空间网络编码的关键理论与方法"（No. 61271227）和"多播网络编码中线性可解性若干新问题研究"（No. 61771045）资助。

本书第 2 章 2.1～2.3 节、第 9 章和第 11 章由北京科技大学孙奇福编写，其余章节由华中科技大学黄佳庆编写。本书由清华大学李宗鹏审校。

本书在编著过程中参阅的国内外书籍和文献均列于本书的参考文献中，在此向所有参考文献的作者表示衷心感谢！

感谢家人的默默支持！

本书第一作者特别写给黄翊安的话：本书的撰写过程伴随你的出生和成长，并终于在你即将走进华科幼儿园、开始你的人生新阶段之时完成。虽然完稿来得有些晚，但从未缺席。因为想做成的事情，必定要努力去做。也愿你的人生道路上以成长型思维为伴，人生的无限可能才有可期！

限于编著者的知识水平和时间，书中难免有不妥和疏漏之处，热忱欢迎广大读者批评指正（意见和建议请发至邮箱 jqhuang@mail.hust.edu.cn）。

编著者

2023 年 6 月

目　录

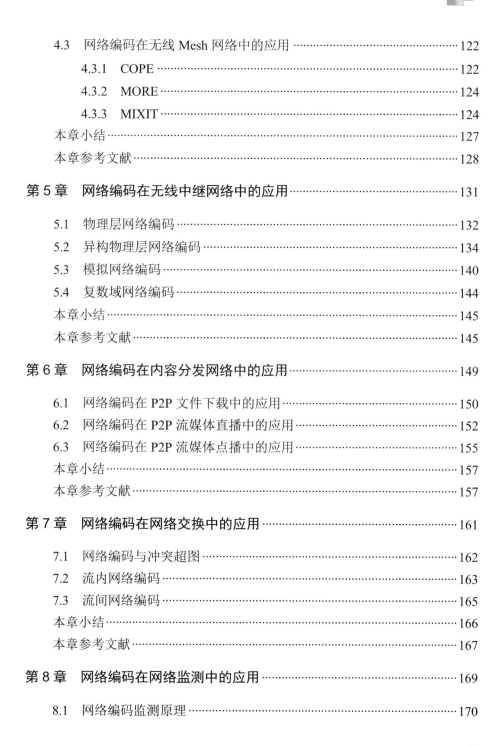

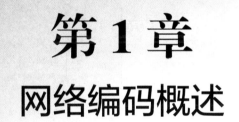

第 1 章

网络编码概述

本章内容包括：从蝶形网络入手介绍网络编码的概念；介绍网络编码的优势和劣势；由随机网络编码说明网络编码的可行性；通过阐明信息流与商品流的区别以揭示网络编码的本质；从不同分类角度讨论网络编码的主要研究内容，初步建立对于网络编码的全貌性认识。本章知识结构框架如图 1-0-1 所示。

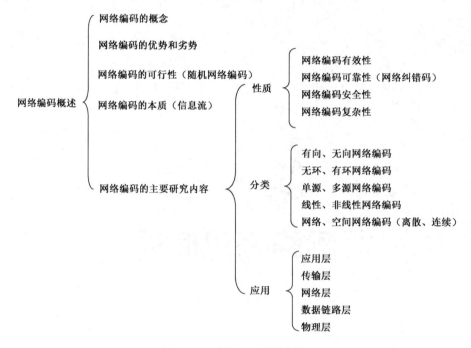

图 1-0-1　本章知识结构框架

1.1　网络编码的概念

网络编码（Network Coding）[1-45]的概念是由 Ahlswede 等人在 2000 年发表的一篇论文中提出的[1]，其基本思想是允许网络中间节点参与编译码。初看起来并不复杂的网络编码却具有划时代的意义，由此开启了网络信息论（Network Information Theory）[35, 46, 47]领域的一个新方向。

1.1.1　网络编码快速入门——蝶形网络

初识网络编码，可从了解其优势入手。网络编码的优势可通过与路由（Routing）的比较加以说明，路由采用存储—转发（Store-and-Forward）的方式，网络编码则采用存储—编译码—转发的方式。网络编码与路由的性能比较可通过**蝶形网络**（Butterfly Network）[3, 19]形象地说明（见图 1-1-1）：在网络节点允许采用网络编码后可达到网络的多播容量（Multicast Capacity），而采用路由却不一定能达到。容量是指理论上吞吐量（Throughput）的最大值。

图 1-1-1（a）所示的有向无环网络（Directed Acyclic Network）是典型的蝶形网络，假设其链路（Link）具有单位容量且无时延，考虑信宿节点 R_1 和 R_2 能否同时收到信源节点 s 发出的数据 a 和 b （共 2 bits）。

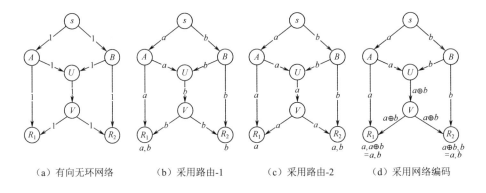

（a）有向无环网络　　（b）采用路由-1　　（c）采用路由-2　　（d）采用网络编码

图 1-1-1　蝶形网络中网络编码与路由的性能比较

若采用路由方式，由于链路 UV 是该网络传输的瓶颈，只能传送 1 bit（数据 a 或 b），图 1-1-1（b）中的链路 UV 传送数据 b，因此信宿节点 R_1 可以收到数据 a 和 b （共 2 bits），而信宿节点 R_2 只能收到数据 b （1 bit），每个信宿节点的平均吞吐量为 (2+1)bits÷2 节点 = 1.5 bits/节点；类似地，图 1-1-1（c）中的链路 UV 传送数据 a，因此信宿节点 R_2 可以收到数据 a 和 b （共 2 bits），而信宿节点 R_1 只能收到数据 a （1 bit），每个信宿节点的平均吞吐量仍为 1.5 bits/节点。

若采用网络编码方式，图 1-1-1（d）中的链路 UV 上传送数据 a 与 b 的线性组合（此处为异或操作），信宿节点 R_1 可以收到数据 a 并译码出数据 b［利用 $a \oplus (a \oplus b)$ 译码出 b］，相当于收到 2 bits，信宿节点 R_2 可以收到数据 b 并译码出数据 a［利用 $b \oplus (a \oplus b)$ 译码出 a］，相当于收到 2 bits。这样，每个信宿节点的平均吞吐量为(2+2)bits÷2 节点=2 bits/节点（大于 1.5 bits/节点）。可见，在采用网络编码后所达到的吞吐量可严格大于采用路由后所达到的吞吐量。

上述蝶形网络的例子直观地说明了网络编码在本质上不同于路由的新性能：网络编码允许网络所有节点参与编译码，可以达到网络的多播容量，而仅采用路由可能达不到。

可采用**编码优势**（Coding Advantage，CA）[48-50]定量反映网络编码吞吐量性能优于路由的程度，其定义为采用网络编码时的最大吞吐量与未采用网络编码时的最大吞吐量之比。例如，蝶形网络（见图 1-1-1）的编码优势为 2/1.5≈1.33（严格大于 1）。当编码优势严格大于 1 时，说明网络编码可达到的吞吐量严格大于路由可达到的吞吐量，或者简单地讲，网络编码的性能可严格优于路由的性能。正是因为网络编码与路由存在本质差别，所以有必要深入研究网络编码理论。

通常，网络编码的优势能否得到发挥与网络拓扑有较直接关系[51, 52]。蝶形网络拓扑较为特殊，采用网络编码时的吞吐量"严格大于"采用路由时的吞吐量。在一般的网络拓扑中，并不总能保证采用网络编码的吞吐量严格大于采用路由的吞吐量。2013 年 Yin 等人[52]从图子式（Graph Minor）[53, 54]的角度研究了网络编码性能与网络拓扑之间的本质联系，指出若网络拓扑的图子式含有 4 个节点的完全图 K_4 时，则网络编码可以发挥作用，即采用网络编码可严格优于采用路由。

通过蝶形网络初识网络编码的概念之后，若希望从理论上进一步快速理解网络编码，建议阅读经典英文教材 *Network Coding Theory*[3]2.3 节之前的内容（含 2.3 节）。建议阅读后达到的目标是：理解两个重要概念——局部编码内核（Local Encoding Kernel）和全局编码内核（Global Encoding Kernel）及其关系，重点理解线性网络编码（Linear Network Coding）的四个性质——线性多播（Linear Multicast，LM）、线性广播（Linear Broadcast，LB）、线性扩散（Linear Dispersion，LD）和一般线性网络码（Generic Linear Network Code，GLNC）的定义和物理意义，以及它们在线性无关性上具有逐级增强的特性。对这四个性质及其关系的理解有助于了解网络编码可优于路由的本质原因，从而进一步从理论角度深入认识网络编码。

要想了解网络编码相关领域的最新发展动态，可及时关注相关的重要国际国内会议、著名国内外高校和研究机构主页。对于会议方面，除著名的网络通信计算机会议［如 SIGCOMM（Special Interest Group on Data Communication）、INFOCOM（Internation Conference on Computer Communications）等］外，与网络编码方向直接相关的国际会议是于 2005 年开始举办的 NetCod（Workshop on Network Coding, Theory, and Applications），该会议于 2010 年起更名为 International Symposium on Network Coding[15]，会议缩写名 NetCod 仍保持不变。还有与信息论直接相关的会议，如 IEEE ISIT（International Symposium on Information Theory）和 IEEE ITW（Information Theory Workshop）等。于 2010 年在香港中文大学成立的**网络编码研究所**（Institute of Network Coding，INC），其主页提供网络编码相关领域研究的最新信息和资料，如各种重要会议信息、学术讲座及音视频资料等，是学习和跟踪最前沿网络编码的直接途径。2011 年 11 月 INC 在香港中文大学深圳研究院成立了第一个分支机构 INC（SZ）——网络编码研究所（深圳），为研究网络编码的内地学者提供了更多机会。

1.1.2　网络编码即"计算换吞吐量"

从图 1-1-1 所示的蝶形网络可见，采用网络编码虽然可以提升网络吞吐量，但是需要网络节点付出额外的"计算代价"——中间节点 U 需要进行编码，信宿节点 R_1 和 R_2 需要进行译码。因为编译码需要计算时间，所以网络编码吞吐量的提升可以理解为通过"计算"换来的，可简述为"**计算换吞吐量**"。由于编译码所引起的计算时延将影响端到端的总时延，进而影响网络通信的总体性能，因此，当把网络编码应用于实际时，需要折中考虑计算代价与网络吞吐量。

类似这种性能参量之间互换的情形在通信中较为常见。例如，扩频通信的原理可简述为"带宽换信噪比"[55]，其含义是指通过扩大传输带宽来提升抗噪性能，理论依据是连续信道的信道容量 Shannon 公式[55]，即对于一定的信息传输速率，若传输时间固定，则扩展信道的带宽可以降低信噪比，也可理解为"有效性换可靠性"。又如，"时间换信噪比"[55]，即若保持带宽不变，则可以通过增加时间来提升信噪比，相当于信号接收技术中的"积累法"。

1.1.3　网络编码是路由的超集

网络编码是路由的**超集**（Superset），或者说，可以将路由看作网络编码的一种特例。例如，图 1-1-1 中的路由相当于系数分别为 $(0, 1)$ 或 $(1, 0)$ 的网络编码，网络编码则相当于系数为 $(1, 1)$ 的网络编码。

下面以图 1-1-2 为例具体说明：针对图 1-1-2（a）中节点 U，路由可以看作系数为 $(0, 1)$ 的网络编码 $(0 \cdot a) \oplus (1 \cdot b) = b$；针对图 1-1-2（b）中节点 U，路由可以看作系数为 $(1, 0)$ 的网络编码 $(1 \cdot a) \oplus (0 \cdot b) = a$；针对图 1-1-2（c）中节点 U，网络编码可以看作系数为 $(1, 1)$ 的网络编码 $(1 \cdot a) \oplus (1 \cdot b) = a \oplus b$。可见，路由可以看作最简单的网络编码，或者说，网络编码是路由的超集。也许在不久的将来，网络中的路由器将被"网络编码器"所替代。网络编码的研究具有较大的应用前景，但由于网络编码需要计算、存储等额外资源，硬件实现如何达到实用和商用等目标尚存在许多挑战。

1.1.4　网络编码与信源编码、信道编码的比较

经典信息论中通常包括两类编码——**信源编码**（Source Coding）和**信道编码**（Channel Coding）（或称**纠错编码**），与已有的两类编码相比，网络编码存在本质上的不同。

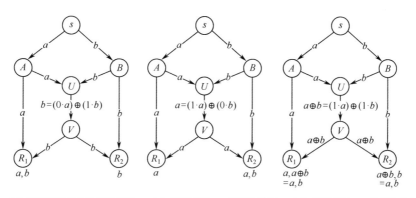

（a）采用系数(0,1)的网络编码　（b）采用系数(1,0)的网络编码　（c）采用系数(1,1)的网络编码

图 1-1-2　网络编码是路由的超集

（1）比较参与网络通信的节点类型：信源编码和信道编码仅需考虑终端节点（信源节点和信宿节点）参与编译码所涉及的科学问题，而网络编码还需考虑网络中间节点参与编译码所涉及的科学问题。虽然其区别并不难以理解，但是网络编码已是本质上不同于信源编码和信道编码的新理论。

（2）比较评估通信系统的指标（有效性和可靠性）：信源编码通过压缩信源冗余度来提高通信系统的有效性；信道编码通过增加冗余度来提升通信系统的可靠性。网络编码可以提高网络吞吐量，相当于提升通信系统的有效性，从这个角度看，网络编码与信源编码可结合在一起，共同提升通信系统的有效性。与此同时，网络编码可以提高网络的可靠性，网络编码与信道编码可结合在一起，共同提高通信系统的可靠性。

1.2　网络编码的优势和劣势

1.2.1　网络编码的优势

1.2.1.1　提高网络吞吐量

提高网络吞吐量是网络编码较显著的优点之一。具体地，网络编码可以提高多播（Multicast）、单播（Unicast）和广播（Broadcast）方式[56]的网络吞吐量。多播指一个信源节点发送数据给多个信宿节点，记为 One-to-Many。多播的两个特例分别是单播和广播：当多播中信宿节点的个数为 1 时，多播退化为单播，记为 One-to-One；当多播中信宿节点的个数等于网络中除信源外所有节点的个数时，多播即广播，记为 One-to-All。

1. 提高多播方式的网络吞吐量

在蝶形网络（见图 1-1-1）中，信源节点 S 采用多播方式同时发送 2 个数据到信宿节点 R_1 和 R_2，由 1.1.1 节的分析可知，采用网络编码可以达到网络的多播容量（2 bits），而采用多播路由[57]则无法达到。可见，网络编码可以提高多播方式的网络吞吐量。

2. 提高单播方式的网络吞吐量

如图 1-2-1（a）所示，考虑到具有单位容量、无时延的有向无环网络中的"单位容量"，通信目标是信源节点 s_1 传输数据 a 到信宿节点 R_1，同时信源节点 s_2 传输数据 b 到信宿节点 R_2。

若采用路由方式，由于链路 UV 是瓶颈，故一次仅能传输 1 bit 数据：若链路 UV 传输数据 a，如图 1-2-1（b）所示，则信源节点 s_1 可以传输数据 a 到信宿节点 R_1，但信源节点 s_2 无法同时传输数据 b 到信宿节点 R_2；若链路 UV 传输数据 b，如图 1-2-1（c）所示，则信源节点 s_2 可以传输数据 b 到信宿节点 R_2，但信源节点 s_1 无法同时发送数据 a 到信宿节点 R_1。可见，采用路由不能同时达到通信目标。

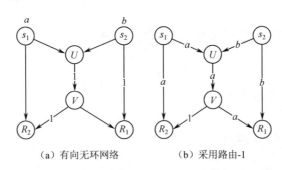

（a）有向无环网络　　　　（b）采用路由-1

图 1-2-1　网络编码提高单播方式的网络吞吐量

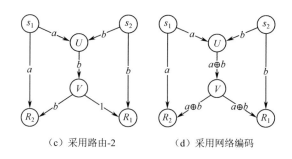

（c）采用路由-2　　　　　　　（d）采用网络编码

图 1-2-1　网络编码提高单播方式的网络吞吐量（续）

若采用网络编码方式，如图 1-2-1（d）所示，则可以在中间节点 U 进行线性编码（此处为 $a \oplus b$），信宿节点 R_1 可以收到数据 b 并译码出数据 a [利用 $b \oplus (a \oplus b)$ 译码出 a]，信宿节点 R_2 可以收到数据 a 并译码出数据 b [利用 $a \oplus (a \oplus b)$ 译码出 b]，从而同时达到通信目标。

上述通信目标中存在两对单播，属于多源网络编码[4,5]问题，常采用**可达速率区域**（Achievable Rate Region）[17]作为其性能指标。若采用路由，两对单播可达速率区域如图 1-2-2（a）所示；若采用网络编码，两对单播可达速率区域如图 1-2-2（b）所示，可明显看到采用网络编码的性能优势。

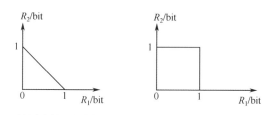

（a）采用路由的可达速率区域　　（b）采用网络编码的可达速率区域

图 1-2-2　两对单播的可达速率区域

3．提高广播方式的网络吞吐量

广播方式的典型实例之一是无线网络，如图 1-2-3（a）所示，假设信源节点 s_1 和 s_2 的无线传输范围均仅能覆盖中继节点 R，通信目标是无线网络中信源节点 s_1 与 s_2 通过中继节点 R 交换数据 a 和 b。

若采用路由方式，如图 1-2-3（b）所示，为避免无线传输中同时接入时的冲突，信源节点 s_1 和 s_2 不能同时传输数据给中继节点 R，只能采用分次传输的方法：①信源节点 s_1 通过广播方式传输数据 a 给中继节点 R；②信源节点 s_2 通过广播方式传输数据 b 给中继节点 R；③中继节点 R 通过广播方式传输数据 a 给 s_2；④中继节点 R 通过广播方式传输数据 b 给 s_1。这样就实现了信源节点 s_1 与 s_2 间的数据互换，总共需要进行 4 次广播传输。

若采用网络编码方式，如图 1-2-3（c）所示，则仅需进行 3 次广播传输，其中前两步与上述采用路由方式一致，第三步则采用网络编码方式。该方式的具体步骤是：①信源节点 s_1 通过广播方式传输数据 a 给中继节点 R；②信源节点 s_2 通过广播方式传输数据 b 给节点 R；③中继节点 R 对数据 a 与数据 b 进行线性编码（此处为 $a \oplus b$），然后将其通过广播方式传输给信源节点 s_1 和 s_2，信源节点 s_1 可以利用已有的数据 a 和收到的 $a \oplus b$ 译码出数据 b［利用 $a \oplus (a \oplus b)$ 译码出 b］，信源节点 s_2 可以利用已有的数据 b 和收到的 $a \oplus b$ 译码出数据 a［利用 $b \oplus (a \oplus b)$ 译码出 a］，从而达到通信目标。

由于采用网络编码减少了 1 次传输次数，因此提高了网络带宽利用率，相当于提升了网络吞吐量。在无线网络中，由于减少了传输次数，因此相应地减少了无线传输的能量损耗，这对于能耗较敏感的网络（如无线传感器网络）具有较大的实际意义。

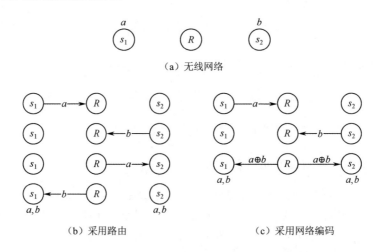

（a）无线网络

（b）采用路由 （c）采用网络编码

图 1-2-3 网络编码提高广播方式的网络吞吐量

1.2.1.2　均衡网络流量

如图 1-2-4（a）所示的有向无环网络，假设每条链路的流量为 2 bits，信源节点 s 采用多播方式将数据 a 和 b 传输给信宿节点 R_1、R_2 和 R_3。

若采用多播路由[57]方式，信源节点 s 通过构建多播路由树[57]，如图 1-2-4（b）所示，将数据 a 和数据 b 传输给信宿节点 R_1、R_2 和 R_3，其中，多播路由树中每条链路的流量均为 2 bits。这样，流量主要集中在 9 条链路中的 5 条（sU、UR_1、UR_2、sW 和 WR_3）上，其余的链路均未被利用。

若采用网络编码方式，如图 1-2-4（c）所示，信源节点 s 可以将数据 a 和数据 b 传输给信宿节点 R_1、R_2 和 R_3，其中除信宿节点 R_2 直接收到数据 a 和数据 b 外，信宿节点 R_1 收到数据 a 和$(a \oplus b)$并译码出数据 b，信宿节点 R_3 收到数据 b 和$(a \oplus b)$并译码出数据 a。在采用网络编码的网络中，所有的 9 条链路都得到了利用，且每条链路的流量均为 1 bit。这样，流量被均匀地分配到所有链路，从而实现了网络流量均衡。

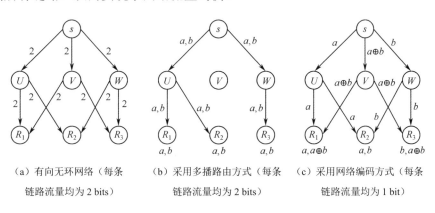

|（a）有向无环网络（每条
链路流量均为 2 bits）|（b）采用多播路由方式（每条
链路流量均为 2 bits）|（c）采用网络编码方式（每条
链路流量均为 1 bit）|

图 1-2-4　网络编码实现网络流量均衡

1.2.1.3　提高带宽利用率

网络编码可以提高带宽利用率。若采用多播路由方式，如图 1-2-4（b）所示，信源节点 s 将数据 a 和数据 b 传输给 3 个信宿节点，总共使用了 10 bits（因为使用了多播路由树中的 5 条链路，每条链路使用 2 bits）。若采用网络编码方式，如图 1-2-4（c）所示，信源节点 s 将数据 a 和数据 b 传输给 3 个

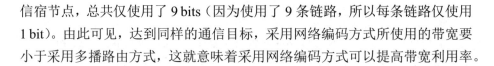

信宿节点，总共仅使用了 9 bits（因为使用了 9 条链路，所以每条链路仅使用1 bit）。由此可见，达到同样的通信目标，采用网络编码方式所使用的带宽要小于采用多播路由方式，这就意味着采用网络编码方式可以提高带宽利用率。

1.2.1.4 提高可靠性

网络编码不仅可以提高有效性（提高网络吞吐量和提高带宽利用率），还可提高可靠性。例如，在分布式存储（Distributed Storage）中，如图 1-2-5（a）所示，数据源 s 的数据 a 和数据 b 分别存于节点 A 和 B，节点 U 为备份节点（存储数据 a 或数据 b）。不妨假设所有节点的存储能力相同，若新节点 C 需得到数据源 s 的所有数据，则需要分别从节点 A 和 B 来获得。若节点 A 或 B 出错，则可以由备份节点 U 来帮助恢复。

若未采用网络编码，则可能存在无法恢复的情况，因为备份节点 U 仅能存储数据 a 或数据 b。不妨假设备份节点 U 存储数据 a，此时若节点 B 出错（或者离开网络），则新节点 C 就无法借助备份节点 U 获得所有数据，因为无法从备份节点 U 获得数据 b。同理，若备份节点 U 存储数据 b，则当节点 A 出错时，新节点 C 就无法获得数据 a。

若采用网络编码，则可避免上述问题。因为备份节点可存储数据 $a \oplus b$。若节点 A 出错，如图 1-2-5（b）所示，新节点 C 可以从备份节点 U 中获得数据 $a \oplus b$，然后通过译码得到数据 a，从而获得所有数据。同理，若节点 B 出错，如图 1-2-5（c）所示，新节点可以从备份节点 U 获得数据 $a \oplus b$，然后通过译码得到数据 b，从而获得所有数据。

可见，网络编码可以提高分布式存储的可靠性。

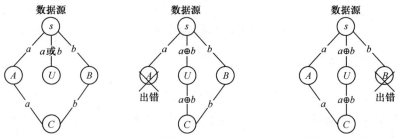

（a）未采用网络编码　（b）采用网络编码（当节点 A 出错时）　（c）采用网络编码（当节点 B 出错时）

图 1-2-5　网络编码提高网络的可靠性

1.2.1.5　降低问题复杂性

采用网络编码可降低问题的复杂性[51,56,58,59]，主要包含两类问题[59]：最大吞吐量问题和最小代价问题。

对于最大吞吐量问题[51,56,58]，采用网络编码可降低基于单多播（Single Multicast）、多多播（Multiple Multicast）、覆盖层多播（Overlay Multicast）吞吐量最大化问题的复杂性。以单多播的最大吞吐量问题为例，若未采用网络编码，求单多播吞吐量最大化的问题等价于 Steiner 树装箱（Steiner Tree Packing）问题[60]，属于 NP 完全（NP-Complete）问题；若采用网络编码，可将上述问题转化为线性规划问题，并在多项式时间内加以解决[51,58]。可见，采用网络编码可以有效降低问题复杂性，使解决问题的效率得到本质上的提升，具有较大应用价值。

网络编码能有效降低问题复杂性，比网络编码提升网络吞吐量更具理论意义和应用价值。因为在多数情况下，网络编码提升网络吞吐量的优势并不明显，这一结论得到理论研究和仿真的验证，如在大规模随机网络情况下**编码优势**基本保持为 1[51,56]。造成这一状况的主要原因之一是网络编码提升网络吞吐量的性能与网络拓扑存在较大关系[51,52]。

类似地，对于最小代价问题[59,61,62]，以单多播的最小代价问题为例，采用网络编码可以将最小代价问题转变为线性规划问题，从而降低问题的复杂性。

1.2.1.6　提升保密性

网络编码中所采用的任何一种编码方式均可看作一种加密编码，由此角度看，网络编码可提升保密性。例如，网络编码可以抵抗搭线窃听（Wiretapping）[63]。如在蝶形网络中［见图 1-1-1（a）］，若采用路由［见图 1-1-1（b）或图 1-1-1（c）］，在节点 V 进行搭线窃听即可获得原始数据；若采用网络编码［见图 1-1-1（d）］，由于节点 V 收到的是经异或操作后的数据，因此仅在节点 V 进行搭线窃听是无法获得原始数据的。从这个角度看，随机网络编码是一种天然的加密方法[64]，因为每个节点收到的均是线性编码后的数据。

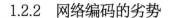

1.2.2 网络编码的劣势

1.2.2.1 增加编译码计算和存储代价

网络编码允许中间节点参与编译码，相比路由的存储转发（Store-and-Forward），增加了编译码带来的计算和存储方面的复杂度，相当于增加了时间和空间复杂度。

（1）增加时间复杂度[65, 66]。因为网络编码需要进行编译码，故增加了CPU 的计算量。若需传输 k 个数据，则编码的时间复杂度为 $O(k)$，译码的时间复杂度为 $O(k^3)$。具体分析如下：当节点编码时，首先在有限域（Finite Field）中随机选择 k 个系数（随机地选取系数便于分布式的实现），然后将这些系数分别与 k 个数据进行线性组合，其操作的时间复杂度是 $O(k)$；当节点译码时，若采用高斯消元法（Gaussian Elimination）[67-69]（属于一步译码），则其中 $k \times k$ 个系数矩阵求逆所需要的时间复杂度为 $O(k^3)$，因此译码的时间复杂度为 $O(k^3)$。

（2）增加空间复杂度。由于网络中传输的数据不可能同时到达，为了进行编码，需要对先收到的数据进行缓存，以等待后收到的数据。类似地，在译码时，无论是采用一次性译码——高斯消元法，还是采用逐步译码——**高斯-约旦消元法**（Guass-Jordan Elimination）[69-74]，均需要对数据进行额外缓存。这都将增加空间复杂度。另外，由于缓存的长度是有限的，故需要采用一定的策略对缓存进行管理，这也将带来一定的 CPU 消耗。事实上，无论是缓存还是编译码，都将增大信宿节点译码的时延，对实时应用有较大影响，如实时媒体直播和点播应用。

1.2.2.2 "连锁反应"可能增大译码时延

由于编码后的数据必须经过译码处理，才能还原出信源节点所发送的数据。若传输过程中某些数据被丢失，则可能产生"连锁反应"，导致信宿节点不能及时成功译码，从而增大译码时延，同时也降低有效的信息传输速率。

例如，在图 1-2-6 所示的采用网络编码的多播网络中，若无任何差错，则采用网络编码能够实现的单位时间内的最大多播容量为 4bits［见图 1-2-6（a）］。但是，若存在某个数据的丢失，假设链路 UX 上传输的数据 b 丢失［见图 1-2-6（b）］，则信宿节点 X 除无法收到数据 b 外，还无法成功译码出数据 d。这是因为 $d = b \oplus (b \oplus d)$，虽然收到数据 $b \oplus d$，但数据 b 的丢失导致无法译码出数据 d。可见，数据 b 的丢失，会"连锁"导致信宿节点 X 无法译码出数据 d。这样，到达信宿节点 X 的实际信息传输速率为 2 bits。对节点 X 而言，其信息传输速率降低了 50%。为了能正确译码，需重新接收数据 b，这就相当于增加了译码时延。

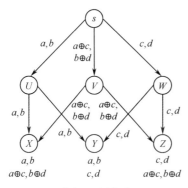
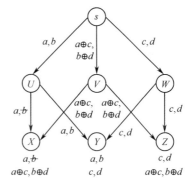

（a）节点 X 可以收到 4 bits　　　　（b）当节点 X 未收到数据 b 时，将无法译码
出数据 d，则相当于仅收到 2 bits

图 1-2-6　网络编码的"连锁反应"

1.2.2.3　安全性问题

由于网络编码允许中间节点参与编译码，因而安全问题凸显。在网络中可能存在恶意中间节点加入垃圾数据或病毒，若这些垃圾数据或病毒未被正确和及时地识别，则经编码后将造成垃圾数据或病毒的扩散，最终使得信宿节点无法译码。另外，由于信宿节点收到大量无用数据，所以会造成带宽的巨大浪费。中间节点的内容因为线性组合不停地变化，所以采用简单地添加数字签名的方法不可行，需要针对网络编码特点提出新的安全机制和算法。网络编码安全性问题的研究，是网络编码走向实用（尤其是商用）的重要方向之一。

1.3 网络编码的可行性——随机网络编码

本节介绍一种实用的网络编码——随机网络编码（Random Network Coding，RNC）[75-80]，其编译码的基本思想是，当编码时，将所有数据进行线性组合，所采用的系数均为随机选取；当译码时，采用**高斯消元法**（Gaussian Elimination）[67-69]求解线性方程组，从而恢复原始数据。随机网络编码属于分布式的码构造方法，因为每个节点在选择系数时不需要了解其他节点的任何信息，所以随机网络编码具有较好的可扩展性和分布式可实施性。

下面结合实例说明随机网络编码的编译码原理。如图 1-3-1 所示，信源节点 s 将数据 X_1 和 X_2 传输到信宿节点 R_1 和 R_2。

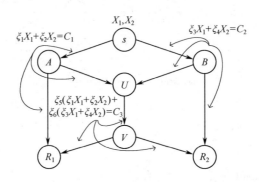

图 1-3-1　随机网络编码

（1）编码原理：在有限域 F 上随机选取各链路上的系数 $\xi_1, \xi_2, \cdots, \xi_6$，而且链路上的系数将随该链路上的线性组合一起传输至下一个节点，以用于编译码。例如，信源节点 s 将线性组合 $C_1 = \xi_1 X_1 + \xi_2 X_2$ 和随机系数 ξ_1 和 ξ_2 传输给节点 A，节点 A 将其传输给节点 U 和信宿节点 R_1。同理，信源节点 s 将另一个线性组合 $C_2 = \xi_3 X_1 + \xi_4 X_2$ 和随机系数 ξ_3 和 ξ_4 传输到节点 B，节点 B 将其传输给节点 U 和信宿节点 R_2。然后，节点 U 将收到的两个组合 C_1 和 C_2 再进行一次线性组合 $C_3 = \xi_5(\xi_1 X_1 + \xi_2 X_2) + \xi_6(\xi_3 X_1 + \xi_4 X_2) = (\xi_5\xi_1 + \xi_6\xi_3)X_1 +$

$(\xi_5\xi_2 + \xi_6\xi_4)X_2$，并将系数 $\xi_5\xi_1 + \xi_6\xi_3$ 和 $\xi_5\xi_2 + \xi_6\xi_4$ 传输给节点 V，节点 V 将其传输给信宿节点 R_1 和 R_2。

（2）译码原理：采用高斯消元法。例如，对信宿节点 R_1 而言，收到如下两个方程：

$$\begin{cases} \xi_1 X_1 + \xi_2 X_2 = C_1 \\ (\xi_5\xi_1 + \xi_6\xi_3)X_1 + (\xi_5\xi_2 + \xi_6\xi_4)X_2 = C_3 \end{cases}$$

只要 X_1 和 X_2 的系数矩阵满秩（Full Rank），通过联立求解方程即可译码出数据 X_1 和 X_2。对信宿节点 R_2 而言，收到如下两个方程：

$$\begin{cases} \xi_3 X_1 + \xi_4 X_2 = C_2 \\ (\xi_5\xi_1 + \xi_6\xi_3)X_1 + (\xi_5\xi_2 + \xi_6\xi_4)X_2 = C_3 \end{cases}$$

同理，信宿节点 R_2 也可译码出数据 X_1 和 X_2。

（3）译码成功率：除信宿节点外的所有中间节点，只要在一个足够大的有限域 F 上随机选择系数，且信宿节点收到的线性组合的系数矩阵是**满秩**的，那么信宿节点就可以采用高斯消元法成功地译码。Jaggi 等人[81]指出，当有限域大小为 $|F| = 2^{16}$ 且网络中的链路数为 $|E| = 2^8$ 时，译码成功率可达 99.6%；而 Chou 等人[82]指出，有限域大小为 $|F| = 2^8$ 就足够实际使用了。Gkantsidis 和 Rodriguez[65]首次将随机网络编码应用于名为 Avalanche 的 P2P 文件下载。

可见，随机网络编码的基本原理并不复杂，其分布性使得其易于在实际网络通信中实现，而且可以保障网络编码提高吞吐量的优势，由此可理解网络编码的可行性。

1.4　网络编码的本质——信息流

网络编码的本质涉及一个新的概念——信息流（Information Flow），可通过分析图论中的最大流（Max-flow）[83,84]对信息流加以理解。"流"本身不是一个全新的概念，在图论中已有完备定义，最大流与最大吞吐量紧密相关，点到点的最大流可由最大流最小割定理[54]及最大流算法确定。对于点到多点的最大流，则是每对点到点最大流的最小值。以单位容量链路组成的网络为例，点到点的最大流可以通过求**边分离路径**（Edge-Disjoint Path）的数量来确定，边分离路径是指每一条路径中的链路（Link）不重合。

考虑多播通信目标：在单位容量链路的蝶形网络中，如图 1-4-1（a）所示，信源节点 s 同时传输数据 a 和 b（均为 1bit）到信宿节点 R_1 和 R_2。

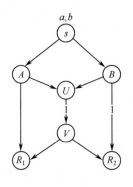

（a）蝶形网络

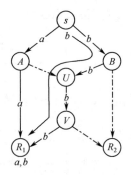

（b）采用路由：链路 UV 仅传输数据 b 的商品流

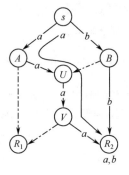

（c）采用路由：链路 UV 仅传输数据 a 的商品流

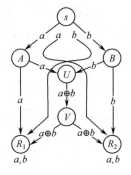

（d）采用网络编码：可使 2 条信息流共享瓶颈链路 UV

图 1-4-1 网络编码的本质（最大流的角度）

（1）采用路由。若仅考虑信源节点 s 到信宿节点 R_1，其最大流为 2，即存在 2 条边分离路径，如图 1-4-1（b）所示，即流路径 $s \rightarrow A \rightarrow R_1$ 传输数据 a 和流路径 $s \rightarrow B \rightarrow U \rightarrow V \rightarrow R_1$ 传输数据 b。

若仅考虑信源节点 s 到信宿节点 R_2 的最大流，则也有 2 条边分离路径，如图 1-4-1（c）所示，即流路径 $s \to A \to U \to V \to R_2$ 传输数据 a 和流路径 $s \to B \to R_2$ 传输数据 b。

信源节点 s 到信宿节点 R_1 和 R_2 的最大流为 2，但不能同时达到。因为链路 UV 将成为瓶颈，即无法满足 s 到 R_1 的流路径（$s \to B \to U \to V \to R_1$）和 s 到 R_2 的流路径（$s \to A \to U \to V \to R_2$）同时通过链路 UV 的通信要求。因此，采用路由的方法不能达到同时传输数据 a 和数据 b 到两个信宿节点的目标。不能达到目标的本质原因是，路由传输的"**商品流**"（Commodity Flow）[2]既不能被分割，也不能被压缩，这是经典信息论中的基本结论。其中，Commodity 原意为商品，其含义为不能被分割。结合经典信息论，商品流可以理解为比特流，归一化后的最小比特为 1 bit，不能再被分割。

（2）采用网络编码。若采用网络编码，只要在节点 U 进行网络编码，如图 1-4-1（d）所示，即可达到同时传输数据 a 和数据 b 到两个信宿节点的通信目标。即信源节点 s 到信宿节点 R_1 的信息流（$s \to B \to U \to V \to R_1$）和信源节点 s 到信宿节点 R_2 的信息流（$s \to A \to U \to V \to R_2$）可以同时共享瓶颈链路 UV，也可理解为，链路 UV 上的**信息流**（Information Flow）通过编码已经被"压缩"了。可见，前述经典信息论中的基本结论（商品流不能被压缩）被推翻了。

通过数学方法来表示 UV 上的信息流的关系：$f(UV)$ 是链路上总的信息流，如图 1-4-2（d）所示，可表示为求极值 $f(UV) = \max\{f_1(UV), f_2(UV)\}$，其中 $f_1(UV)$ 表示链路 UV 上来自信源节点 s 流向信宿节点 R_1 的信息传输速率，$f_2(UV)$ 表示链路 UV 上来自信源节点 s 流向信宿节点 R_2 的信息传输速率。

上述结合蝶形网络的解释，容易帮助我们理解网络编码的本质是信息流，且信息流可以被处理，包括被压缩或被编码，而经典信息论中的商品流不能被压缩，只能被存储或转发。

网络编码理论之所以具有划时代意义在于它推翻了经典信息论中商品流不能再被压缩的经典结论，指出信息流可以被压缩[1, 2]，从而可进一步提高网络吞吐量。因此，**网络编码理论**（Network Coding Theory）也可称为**信息**

流理论（Information Flow Theory）[1]。

值得注意的是，虽然信息流和商品流存在本质不同，但二者均满足守恒定理[2]。信息流中信息内容可以被处理，但在处理前后，信息是不增也不减的。

网络编码理论属于网络信息论（Network Information Theory）的重要分支。网络编码理论的发展，将对未来通信网络的架构和发展带来变革性的影响，具有重要和深远的意义。

除应考虑网络的最大吞吐量问题外，常常还需考虑当网络吞吐量给定前提下的最小代价问题。基于信息流的思想，采用线性规划可降低最小代价问题的复杂度。

下面的例子利用信息流，采用线性规划求解最小代价。设给定有向无环图，所有链路容量均为单位 1，代价分别如图 1-4-2（a）所示，链路上的标注"(容量，代价)"，分别代表该链路容量及其传输单位信息的信息传输速率的代价。例如，链路 sA 上的(1, 2)表示链路容量为 1 bit，单位时间传输 1 bit 的代价为 2。设从信源节点 s 传输 1 bit 给信宿节点 R_1 和 R_2，目标函数[62]为线性函数 $\sum_{e \in E}[\omega(e)f(e)]$，其中 $\omega(e)$ 是链路 e 上的代价，$f(e)$ 是链路 e 上总的信息传输速率，约束条件[62]包括流守恒约束条件、容量约束条件和非负约束条件等。通过线性规划计算[62]满足目标函数的最优代价为 $\dfrac{19}{2}$。

图 1-4-2（b）表示信源 s 到信宿 R_1 的信息流，图 1-4-2（c）表示信源 s 到信宿 R_2 的信息流。如图 1-4-2（d）所示为采用网络编码后的总的信息流，链路上的信息传输速率标注为 $(f(e), f_1(e), f_2(e))$，其中 $f_1(e)$ 表示链路 e 上来自信源 s 流向信宿 R_1 的信息传输速率，$f_2(e)$ 表示链路 e 上来自信源 s 流向信宿 R_2 的信息传输速率，而 $f(e)$ 满足关系 $f(e) = \max\{f_1(e), f_2(e)\}$。

最后需要注意的是，以上讨论均属于网络中的网络编码，若讨论空间中的网络编码，则称为**空间信息流**[85, 86]。此处"空间"指几何空间，如欧几里得空间。空间中网络编码与网络中网络编码的区别[87-92]是，前者允许增加额外节点和链路，这类似于空间中路由［典型实例是欧几里得平面斯坦纳最小树（Euclidean Steiner Minimal Tree，ESMT）[93-95]问题]和网络中路由的区别。关于**空间网络编码**[87-92]的详细内容，参见本书第 12 章。

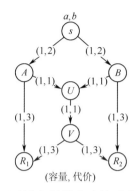

（a）链路上的标注为(容量，代价)

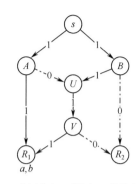

（b）信源节点 s 到信宿 R_1 的信息流

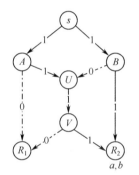

（c）信源节点 s 到信宿 R_2 的信息流

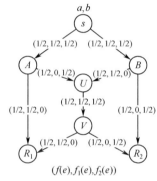

（d）采用网络编码后的总的信息流为 $f(e)=\max\{f_1(e), f_2(e)\}$，链路上的标注为 $(f(e), f_1(e), f_2(e))$

图 1-4-2　网络编码的本质（最小代价的角度）

1.5　网络编码的主要研究内容

网络编码概念的诞生可以溯源到 Ahlswede 等人在 1998 年 IEEE ISIT（International Sympoisium on Information Theory）会议发表的 *Network*

Information Flow Theory[96]演讲（引自文献[20]），以及 1999 年 Yeung 和 Zhang 发表的关于卫星通信的论文[97]（引自文献[4, 19]）。网络编码理论正式被提出是在 Ahlswede 等人 2000 年发表的 *Network Information Flow*[1]论文中，该论文是网络编码理论的奠基之作。2003 年，各大期刊发表的关于网络编码的许多重要研究成果都具有里程碑意义，包括线性网络编码（Linear Network Coding，LNC）[2]、随机网络编码[76, 77]、实际网络编码[82]、网络编码的代数框架[98, 99]、多项式复杂度的线性信息流（Linear Information Flow，LIF）算法[100]。

2003 年以后，网络编码发展得如火如荼，众多成果似雨后春笋般层出不穷。尤其在 2005 年之后，与网络编码相关的文献数量呈指数级上升。从较抽象的层面上来理解，网络编码可归结为一种编译码理念，而不是一种具体的编译码方法，所以凡是可以应用编译码的领域，均可以采用网络编码的思想。实际上，网络编码常与其他的编译码方式结合起来加以应用。在本书后续章节的内容中可以看到，网络编码可以应用的领域非常广泛。读者也可以发挥聪明才智，将之应用到更多的领域。限于篇幅本章无法逐一穷尽，故绘出一棵网络编码知识树（见图 1-5-1），以概略地呈现网络编码的全貌，其中包括网络编码的数学基础、网络编码的理论和网络编码的应用。随着网络编码的不断发展，读者还可以继续丰富和完善该知识树。

以下结合图 1-5-1 从多个角度阐述网络编码的理论和应用研究的主要内容。

1.5.1　基于不同性能指标的网络编码

从通信的性能指标角度，网络编码的理论和应用研究可分为网络编码的有效性、可靠性、安全性、复杂性等。

1.5.1.1　网络编码的有效性

在网络编码的有效性方面，主要就网络编码的最大吞吐量及可达性问题展开研究工作，目前可采用线性规划[59, 101]等研究方法。常需要将网络编码与路由进行比较，并研究两者如何统一。

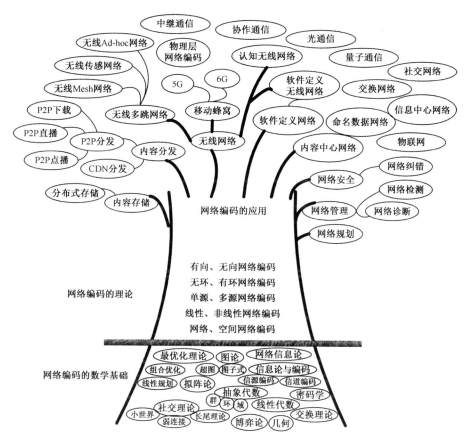

图 1-5-1　网络编码知识树

（1）各种网络场景下网络编码与路由的性能比较：按链路是否有向来划分，包括有向网络和无向网络中网络编码与路由的性能比较；按是否存在环路来划分，包括有环网络和无环网络中网络编码与路由的性能比较；按传输方式来划分，包括采用单播、多播和广播方式时网络编码与路由的性能比较；按会话个数来划分，包括单会话（Single-Session）和多会话（Multi-Session）方式网络编码与路由的性能比较，其中多会话方式包括多单播、多多播、多广播；按是否存在跨会话（Cross-Session）来划分，包括会话内（Intra-Session）和会话间（Inter-Session）方式网络编码与路由的性能比较。

常用的两个评价指标是：编码优势（Coding Advantage）[48,56]，指采用网络编码的吞吐量与采用路由的吞吐量的比值；代价优势（Cost Advantage）[48]，指在达到相同吞吐量条件下，采用路由的代价与采用网络编码的代价的比值。编码优势和代价优势是对偶[8]的。

（2）网络编码与路由的统一：将网络编码和路由统一到新的定理，并将之用于指导下一代网络架构、系统和设备的规划和设计。网络编码可看作路由的超集，研究者希望能将网络编码和路由统一到一个更高层次的定理。Wu等人[102]提出一个网络编码和路由的统一定理，Lucani 等人[103]提出从信息流的角度将树装箱（Tree Packing）和网络编码联系起来，也可利用图论中与吞吐量直接相关的装箱参数[104]和网络编码联系起来。Koetter 等人[99]将域论应用于网络编码以建立网络编码的代数学框架，Li 等人[105,106]将环论应用于有环网络中的网络编码，进而统一卷积网络编码和线性网络编码[20]，为定量研究网络编码增加了有力的数学工具。

1.5.1.2　网络编码的可靠性

网络编码对网络传输中的差错较为敏感，如信道噪声、网络拥塞等引发的差错，可能导致接收节点译码失败。类比于未采用网络编码的**传统纠错码**，采用网络编码的**网络纠错码**（Network Error Correction Coding）[22]应运而生。可分为两个方面[107]。

（1）针对确定性的网络编码，2002 年 Cai 和 Yeung[108]首先提出网络纠错码的概念，2006 年 Yeung 和 Cai 在文献[109, 110]中正式提出网络纠错码的相关理论，传统纠错码则可看作网络纠错码的特例。Zhang[111,112]提出严格和完整的数学模型，奠定了网络纠错码的理论基础。2007 年 Yang 等人[113-115]提出网络 Hamming（汉明）重量的概念，极大地拉近了网络纠错码和传统纠错码之间的距离，使得传统纠错码的理论有可能应用到网络纠错码理论中。网络 Hamming 重量概念的引入也使得网络纠错码理论容易被具有传统纠错码理论基础的研究人员所理解。

（2）针对随机网络编码，Koetter 等人[116,117]提出等维码（Constant Dimension Code）的概念，等维码可用于在全局编码向量未预知的分布式网络中进行网络纠错。等维码的研究常与秩距离码的研究相结合[116-118]。

1.5.1.3　网络编码的安全性

网络编码允许中间节点参与编码，因此可能存在恶意中间节点添加垃圾信息或破坏信息，从而导致信宿节点永远无法正确译码，所以需要研究适合网络编码特点的安全机制。研究针对网络编码的安全理论、策略、机制和有效算法是网络编码走向实用化的重要前提。

网络编码安全性方面的研究[7, 119]，可分为抗搭线窃听（Wiretap）[63]（被动攻击）和抗 Byzantine 攻击（主动攻击）。Lamport 等人[120]将 Byzantine 问题形式化；Ho 等人[121]首先研究分布式环境下基于随机网络编码对 Byzantine 进行检测的问题；Jaggi 等人[122, 123]研究分布式网络中基于随机网络编码对 Byzantine 进行纠错的问题。上述均假设网络中无差错，若存在差错，则常采用网络纠错码[22]来解决。将密码学与网络编码结合也是解决网络编码安全的一个重要方向，Gkantsidis 等人[124]提出利用代理签名解决基于网络编码的 P2P 文件下载中的安全问题。

1.5.1.4　网络编码的复杂性

网络编码需要中间节点参与编译码，相对路由而言，节点需增加额外计算和存储要求，增加了节点的复杂性，也引入了较大的时延。如何在保持网络编码提高网络吞吐量优势的前提下尽量降低网络编码的复杂性，即最小代价的网络编码问题，是网络编码研究的关键问题之一。

代价的定义根据具体情况来确定。在保证较大的吞吐量和较高的译码成功率的前提下，代价可以采用如下具体的定义[125]：参与网络编码的节点数最少（所需网络编码节点数理论上界是多少，如何确定执行网络编码的节点）；网络编码进行线性组合的操作数最小；参与网络编码的数据包（Packet）数量最少（尤其在光纤通信中，参与网络编码的节点必须进行光电转换，这将增加传输时延和降低效率）；消耗的资源（包括 CPU 和内存资源等）最少、有限域 F 的大小（在 F 内选取合适的线性运算系数，并对节点输入信息进行线性叠加，使得每个信宿节点收到编码信息后能够通过高斯消元法正确译码，

$|F|$越小则占用内存的越小，但$|F|$过小则译码成功率也会降低，需折中考虑）。较典型的应用场景如下。

（1）异构（Heterogeneous）网络中的最小代价网络编码。如何在保证较大吞吐量的同时，使计算能力较弱的设备不被网络编码的编译码所影响是很关键的问题。

（2）实时应用中的最小代价网络编码。如何降低网络编码的复杂性，如降低因编译码引入的额外时延，从而可将网络编码应用于时延敏感的应用，是一个重要研究方向，对网络编码应用于流媒体等实时应用具有重要的意义。

目前，常采用线性规划[59,61]方法来求解最小代价问题。Lun 等人[61,62]提出最小代价的网络编码分布式算法；Fragouli 等人[126]提出网络信息流分解（Network Information Decomposition）法[126]（按照网络信息流的共性，将原网络划分为一系列子树图，该子树图中的节点拥有相同的编码向量，子树图中节点的拓扑结构不影响整个系统的多播传输，故可将每个子树看作一个节点来处理）；Langberg 等人提出简单网络法[127,128][将给定网络转化为所有节点度数（入度与出度之和）不超过 3 的简单网络（Simple Network）。通过求解简单网络中参与网络编码的节点，来确定原网络中网络编码节点数，但简单网络的节点数比原网络扩大了很多，即网络编码节点数的代价被放大，简单网络法求出的最小代价并不等价于原网络的最小代价]；Wu 等人[129,130]提出网络效用最大化（Network Utility Maximization，NUM）[129]的方法，借鉴经济学中描述消费者在接受服务时所获得收益的效用思想，定义网络节点对网络所提供服务的满意程度作为网络的效用。其通常采用对偶分解（Dual Decomposition）法将求解全局最优的目标转化为可在每个节点上执行的分布式算法，易于部署和实施；Wu 等人[129,130]定义净效用（Net-Utility），即通过网络编码获得多播吞吐量的效用减去所付出代价，然后利用基于效用最大化的方法来求解，该方法是网络编码的重要研究方法之一；蒲保兴等人[131]详细分析了线性网络编码的计算时延与关键参量之间的关系；Kim 等人[132]提出基于遗传的优化算法；Ma 等人[133]提出稀疏矩阵法等。

网络编码的码构造算法是网络编码应用的关键，其算法复杂性是需要考

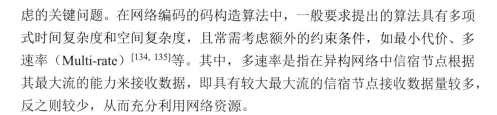

虑的关键问题。在网络编码的码构造算法中，一般要求提出的算法具有多项式时间复杂度和空间复杂度，且常需考虑额外的约束条件，如最小代价、多速率（Multi-rate）[134, 135]等。其中，多速率是指在异构网络中信宿节点根据其最大流的能力来接收数据，即具有较大最大流的信宿节点接收数据量较多，反之则较少，从而充分利用网络资源。

码构造算法需要解决的核心问题是确定两个重要参量[3, 4]，即局部编码核和全局编码核。从算法是否支持分布式的角度，可分为集中式码构造算法和分布式码构造算法：前者的典型实例是线性信息流（Linear Information Flow，LIF）算法[81, 100]，也称 Jaggi-Sanders 算法[4]；后者的典型实例是随机网络编码，具有较好的可扩展性。从网络是否存在环的角度，可分为无环网络中网络编码的码构造算法[32]和有环网络中网络编码的码构造算法[32]。后者在有环的情况下，需要考虑时延，其码构造算法较复杂。事实上，在不同的网络条件下，均需要研究网络编码的码构造算法。因此，还包括有向/无向网络编码的码构造算法、单源/多源网络编码的码构造算法、线性/非线性网络编码的码构造算法等。

如何利用网络编码降低问题的复杂性也是网络编码应用的关键，由于采用网络编码可使解决问题的效率得到本质上的提升，因此对于网络编码的实际应用具有较大的价值。例如，若未采用网络编码，则求单多播吞吐量最大化的问题等价于 Steiner 树装箱问题[60]，属于 NP 完全问题；若采用网络编码，则可将上述问题转化为线性规划问题，并在多项式时间内加以解决[51, 58]。类似地，对于最小代价问题，以单多播的最小代价问题[59, 61, 62]为例，采用网络编码可以将其转化为线性规划问题，从而降低问题的复杂性。对于空间网络编码（详见术书第 12 章），利用网络编码能否降低欧几里得空间中单多播问题的复杂性仍是一个开放问题（截至本书出版之时）。这个问题的研究对于空间网络编码的实际应用（如从头开始的优化设计）具有较大的意义。

1.5.2　基于不同条件的网络编码

从不同网络情况划分，包括有向、无向网络编码，无环、有环网络编码，单源、多源网络编码，线性、非线性网络编码等研究；结合始于 2011 年关于空间网络编码的研究成果[85, 86]，从离散、连续角度划分，包括网络中的网络编码与空间（Space）中的网络编码[87-92]等研究。

1.5.2.1　有向、无向网络编码

相对于有向网络中的网络编码，无向网络中的网络编码研究难度较大。首先，无向网络中的链路方向是双向连通的，网络流路径中链路的组合方式较多；其次，由于容量可以双向共享，因此对链路容量使用的组合方式也较多。2004 年 Z. P. Li 和 B. C. Li 提出的 Li-Li 猜想[56, 136-138]，其内容是无向网络中多单播时的编码优势等于 1。该猜想仍是一个开放问题（截至本书出版之时）。

无向网络在数学和计算机科学中是重要的模型和研究对象，而且在现实生活中的许多网络，如 Internet 主干网和无线网络，表现出近似无向网络的某些特性（双向连通或双向容量共享），所以研究无向网络中的网络编码问题具有理论和实际两个方面的重要意义。

1.5.2.2　无环、有环网络编码

目前针对无环网络中的网络编码的研究较多，一般路由算法会避免形成环路。但采用网络编码的网络中会存在有环的情况。例如，网络中存在多个信源可能造成因果矛盾，如图 1-5-2 所示，此时需要研究有环网络中的网络编码。

若针对有向有环网络，如在多单播网络中，两个单播信息流（$s_1 \rightarrow R_1$ 和 $s_2 \rightarrow R_2$）在经过同一有向有环网络 [见图 1-5-2 (a)] 时，存在如下两种情况。

（1）无因果矛盾：如图 1-5-2 (b) 所示，信息流 $s_1 \rightarrow R_1$ 的偏序关系为 $AB \prec \underline{BC} \prec \underline{CD}$；信息流 $s_2 \rightarrow R_2$ 的偏序关系为 $\underline{BC} \prec \underline{CD} \prec DA$。可见，虽然链路 BC 和 CD 同时出现在信息流 $s_1 \rightarrow R_1$ 和 $s_2 \rightarrow R_2$ 中，但链路 BC 和 CD 因果关系不矛盾。当满足一致偏序关系时，虽然存在物理拓扑上的环，但并不存在前述因果矛盾问题，故实际上可以按有向无环网络中的方法来计算链路的全局编码核。

（2）有因果矛盾：如图 1-5-2（c）所示，信息流 $s_1 \to R_1$ 的偏序关系为 $\underline{AB} \prec BC \prec \underline{CD}$；信息流 $s_2 \to R_2$ 的偏序关系为 $\underline{CD} \prec DA \prec \underline{AB}$。可见，其中链路 AB 和 CD 谁先谁后的因果关系出现矛盾。具体解释如下：$s_1 \to R_1$ 的信息流使 $AB \prec CD$，即只有先确定链路 AB 的全局编码核才能确定链路 CD 的全局编码核；同理，$s_2 \to R_2$ 的信息流使 $CD \prec AB$，即只有先确定链路 CD 的全局编码核才能确定链路 AB 的全局编码核，这就会造成链路 AB 和 CD 谁先谁后的循环因果矛盾问题。Harvey 等人[139]在研究有向有环网络中的多源多播问题时也阐述了类似的因果矛盾问题，并将其称为"鸡和蛋"的循环因果问题。为了解决有向有环网络中可能存在的因果矛盾问题，需要考虑时延（包括链路的传输时延和节点的处理时延）[2, 4, 99, 140]，此时在链路上传输的不再是单个符号，而是一个与时间有关的符号序列。

更详细的内容可参见《网络编码原理》[32]第 4.4.1 节。

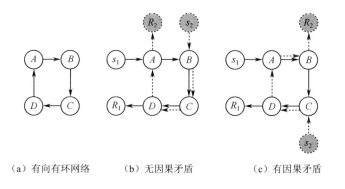

（a）有向有环网络　　　（b）无因果矛盾　　　（c）有因果矛盾

图 1-5-2　有环网络编码实例

有环网络编码的研究[141]难度较大，但由于实际网络中不可避免地存在环路，因此必须考虑增加一个时间维度的参量——时延。有环有时延网络更接近实际网络情况，该研究方向对缩短网络编码理论和实际的距离具有重要意义。

2008 年 Li 等人[105]将抽象代数的环（Ring）论应用于有向有环网络中的网络编码，提出基于离散赋值环（Discrete Valuation Ring，DVR）的卷积网络编码（Convolutional Network Coding，CNC）框架及其 4 个性质，即卷积多播、卷积广播、卷积扩散和基本卷积网络码。这 4 个性质正好对应有向无环网络中线性网络编码的 4 个性质（线性多播、线性广播、线性扩散和一般线性网络码）。这为有环网络中卷积网络编码理论搭建了代数框架，并提供了一个数学工具，其重要性类似 Koetter 等人[99]利用抽象代数的域论构建线性网络编码的代数框架。Li 等人[20, 106, 142]进一步统一有环和无环网络编码，对完善网络编码理论具有重要意义。Li 等人[20, 106, 142]在**主理想整环**（Principal Ideal Domain，PID）[143]的代数结构上统一了卷积网络编码和线性网络编码，并提出具有**标准性**（Normality）[20, 106, 142]的一类网络编码，该类网络编码的特点是可保证局部编码核和全局编码核一一对应，从而使无环网络编码的构造方法均可应用于有环网络编码之中。从这个角度看，研究有环网络中的网络编码有助于加深对无环网络中网络编码的理解。

1.5.2.3 单源、多源网络编码

多源网络编码不是单源网络编码的简单扩充[3, 4]，即使是单源网络编码，也有许多未定论的内容，可见多源网络编码具有较大的研究难度。作为网络信息论的重要分支，多源网络编码的研究和进展将对网络通信产生深远影响。许多与网络编码相关的国际会议均将多源网络编码列为重要的研究方向。由于双源网络编码是多源网络编码的基础，故常以双源网络编码为切入点，然后扩展到多源的情况。研究主要包括如下内容。

（1）信息可达速率区域和容量区域的问题，这也是网络信息论的经典问题，包括内界（Inner Bound）和外界（Outer Bound）。

（2）多源网络编码和分布式信源编码联合/分离问题：重点研究相关信源和网络编码的结合问题，因为相关信源存在信息压缩的问题，网络编码可以提高带宽利用率，两者结合将在实际应用（如无线传感器网络）中有较大应用价值；研究信源编码和网络编码分离编码与联合编码的性能保持一致的条件，其意义在于，可以分别独立地设计最优信源编码和最优网络编码而互不影响，而且最终效果仍是最优的，从而提升设计效率。

（3）多源网络编码的码构造算法，可以分为多单播、多多播和多广播，主要解决不同信源发出的数据在同一个网络中相互影响的问题。

1.5.2.4　线性、非线性网络编码

目前对线性网络编码研究得比较充分，但也存在一些尚不能很好解决的问题。例如，Dougherty 等人[144]指出在域大小给定的情况下，线性网络编码不足以处理所有多播网络。即使非多播（Non-multicast）网络[145]的域足够大，线性网络编码也无法处理所有网络[146, 147]。非线性网络编码可能是一个解决该问题的方向[148, 149]，同时也是深入研究网络编码理论的一个重要方向。

1.5.2.5　网络、空间中网络编码

2011 年 Li 等人[85, 86]提出**空间信息流**（Space Information Flow，SIF）的概念，也称**空间网络编码**（Space Network Coding，SNC）[87-92]，不同于已有研究的网络信息流（Network Information Flow，NIF）[1]，空间网络编码也称网络中网络编码，因为网络与图紧密相连，所以也称图（Graph）中网络编码。网络中网络编码和图中网络编码这两个概念的含义相同，本书中在使用时不加以区分。网络和空间的差别可理解为离散域和连续域的差别，网络中不能增加节点，空间中则允许在任意位置增加节点及相关链路。在"空间网络编码"的概念被提出之前，已有网络编码的研究均属于网络中网络编码。要想快速了解空间网络编码的概念，可以从理解**五角星网络**[89-91]入手，详细内容请见第 12 章。

空间中网络编码研究的理论意义：将离散域（网络中网络编码）扩展到连续域（空间中网络编码），旨在从更一般的角度深入揭示网络编码本质，具有重要的理论价值；首次将网络编码与数学工具——几何相结合，为研究网络编码提供了新的有力的数学工具，进一步丰富了研究网络编码的方法。

空间中网络编码研究的应用意义：空间中网络编码不仅可对空间中从零开始的网络规划设计进行指导，而且可通过空间中网络编码与网络中网络编码的关系，指导已有网络中网络编码的优化，具有较广泛的应用价值；空间中多播路由（空间中 SMT 问题[93-95]）属于 NP 难问题。在网络编码引入空间后，将可能降低其复杂度，对网络编码走向实用具有重要的应用价值。

空间中网络编码的研究主要包括如下内容。

（1）空间中网络编码问题是 P 问题还是 NP 完全问题（或 NP 难问题），及其严格证明。

（2）空间中网络编码的性质。

（3）空间中网络编码的相应算法。若是 P 问题，则需要给出具有多项式复杂度的精确算法；若是 NP 完全问题或 NP 难问题，则需要给出多项式复杂度的近似算法或启发算法。

上述 3 类问题紧密联系，其中一类问题的突破将有助于解决其他两类问题。例如，若得到空间中网络编码的性质，则可依据性质提出相应的算法。若将上述 3 类问题考虑至无线网络中，则需研究针对无线网络的空间中网络编码。

1.5.3　与不同的理论结合的网络编码

1.1.4 节介绍了网络编码与信源编码、信道编码既存在本质差别，也存在诸多联系，所以网络编码与信源编码、信道编码的结合至关重要。例如，在单用户信息论和多用户信息论（网络信息论）中，均需要讨论信源编码和信道编码的联合/分离问题。在网络编码理论诞生后，由于网络编码本质上不同于信源编码和信道编码，因此很自然地需要研究网络编码与信源编码、信道编码的联合/分离问题，可从 3 个方向来开展研究。

（1）网络编码与信源编码的联合，均为提升通信有效性的结合。

（2）网络编码与信道编码（纠错编码）的联合，不但能提高有效性，而且希望提升可靠性，在无线网络中的应用较多。

（3）网络编码与信源编码、信道编码的联合，此方向涉及内容较多，难度也较大。

网络编码需要许多数学理论作为基础，典型的包括图论、抽象代数和最优化理论等。随着研究的深入，上述理论中的多个分支也逐渐得到利用，如图论中的超图、图子式逐步被应用于网络编码。网络编码也可以与许多其他理论相结合，包括拟阵论、博弈论、社交理论，进而获得更多的新成果。

空间中网络编码[85-92]是一个典型的案例，首次将几何与网络编码结合，利用丰富的几何理论和方法来研究网络编码，具有重要的方法论意义；采用新的几何方法来研究网络编码，可揭示网络编码更深层次的本质。

1.5.4　基于不同分层的网络编码

从 TCP/IP 分层的角度划分，包括应用层、传输层、网络层、数据链路层和物理层网络编码的研究。

网络编码在应用层的典型应用是在对等网络（Peer-to-Peer，P2P）中的应用[28, 150, 151]，包括 P2P 文件下载[65]、P2P 流媒体直播[28, 70, 71, 150, 152]和 P2P 流媒体点播[72, 153-156]。

在传输层的典型应用是网络编码与 TCP 结合[27, 157]。

在网络层的应用中，比较典型的例子是在无线多跳网络（Wireless Multi-hop Networks）中的应用[158]，包括无线 Ad Hoc 网络[159]、无线传感器网络[160]和无线 Mesh 网络中的应用，其中无线 Mesh 网络中的典型应用包括 COPE[161, 162]、MORE[163]和 MIXIT[164]。

将网络编码应用于交换结构中，可在某些流量模型中提高交换结构的吞吐量[165-167]。网络编码的引入为解决交换结构中的传统争用问题提供了新的思路和方向。

在物理层上的网络编码包括物理层网络编码[168, 169]、模拟网络编码[170]和复数域网络编码[171, 172]，其中，物理层网络编码可分为有限域物理层网络编码和无限域物理层网络编码[173]、同步物理层网络编码和异步物理层网络编码[169]、同构物理层网络编码和异构物理层网络编码[174, 175]。

网络编码理论所带来的突破及引发的学术界和工业界的研究热潮，都源自一个简单的想法——"混合"[176]。网络编码的研究还在逐步发展和深入，网络编码理论落地的关键问题之一是需要解决编译码对速度和时延的影响，并亟须出现一个"杀手级"网络编码应用。本书的上篇《网络编码原理》[32]侧重阐述网络编码的原理，本书则侧重介绍网络编码的典型应用。

信息论顶级会刊 *IEEE Transactions on Information Theory* 的最佳论文（Best Paper）能较直观地反映网络编码发展过程中的重要里程碑。截至 2019 年，涉及网络编码的论文（见表 1-5-1）已获得 IEEE 信息论学会（IEEE Information Theory Society，ITSoc）和 IEEE 通信学会（IEEE Communications Society，ComSoc）所授予的最佳论文奖（Best Paper Awards），反映了网络编码的重要进展。研读这些具有代表性的高质量论文，对深入理解网络编码具有较大的帮助。

表 1-5-1　网络编码相关的最佳论文

论文评奖年份	论文题目（发表年份）	主要贡献
2016（ITSoc）	Fundamental Limits of Caching[177]（2014）	编码缓存
2015（ITSoc）	A Family of Optimal Locally Recoverable Codes[178]（2014）	局部可修复码
2013	Wireless Network Information Flow: A Deterministic Approach[179]（2011）	无线网络编码
	Compute-and-Forward: Harnessing Interference Through Structured Codes[180]（2011）	计算转发
2012	Network Coding for Distributed Storage Systems[181]（2010）	分布式存储系统网络编码
2010	Coding for Errors and Erasures in Random Network Coding[116]（2008）	网络纠错码
2009	A Random Linear Network Coding Approach to Multicast[182]（2006）	随机网络编码
2005（ITSoc）	Linear Network Coding[2]（2003）	线性网络编码

注：上述论文均发表于 *IEEE Transactions on Information Theory*。标注 ITSoc 的为 IEEE 信息论学会独立授予的最佳论文，其他则为 IEEE 通信学会（ComSoc）和 IEEE 信息论学会（ITSoc）联合授予的最佳论文。

本章小结

网络编码的快速入门可以从了解蝶形网络（Butterfly Network）的实例入手，网络编码是路由的超集，未来网络中的"网络编码器"可能全面取代"路由器"，网络编码与信源编码、信道编码存在着本质不同。

网络编码的主要优势可以归纳为编码优势（Coding Advantage）、代价优势（Cost Advantage）和复杂性优势（Complexity Advantage）。编码优势也可以称为吞吐量优势，是指网络编码可提升吞吐量，可以理解为"计算换吞吐量"；代价优势是指网络编码可以降低代价；复杂性优势是指网络编码可以降低算法的复杂性。编码优势和代价优势是对偶的，其他优势还包括均衡流量、提高带宽利用率和提升可靠性等。网络编码的劣势包括增加计算和存储代价、连锁反应和安全性问题等。

网络编码的可行性可以理解为具有分布式特性的随机网络编码。

为理解网络编码的本质是信息流，需理解**信息流**（Information Flow）和**商品流**（Commodity Flow）两个概念的区别。信息流中的信息可以被处理（如被压缩/编码），获得压缩的效果，所以采用网络编码可进一步提升吞吐量；而"商品流（或比特流）"不能被分割，所以不能被压缩。

网络编码理论研究内容：从不同性能指标上可分为网络编码的有效性、可靠性、安全性和复杂性等研究；从不同网络条件上可分为有向网络和无向网络中网络编码、有环网络和无环网络中网络编码、单源和多源网络编码、线性和非线性网络编码等研究；从离散和连续的角度，可分为网络中网络编码和空间中网络编码研究；从不同分层的应用上，可分为应用层、传输层、网络层、数据链路层和物理层网络编码等研究。

网络编码起源的启示：2003 年香港中文大学信息工程系李硕彦教授、杨伟豪教授、蔡宁教授发表论文 *Linear Network Coding*，指出线性网络编码可以达到多播方式下的网络容量。该论文于 2005 年获得 IEEE 信息论学会年度最佳论文奖，这是该奖项首次颁发给亚洲学者，以表彰他们在信息论领域作出的重要贡献，这也彰显出网络编码理论所具有的重大价值。值得一提的是，这篇具有突破性进展的论文在首次投稿时得到的评审意见是拒稿，这是因为当跨学科的新领域刚形成时，必须面对多方不认同的现实。在 2005 年的颁奖大会上，颁奖主席的贺词是"恭喜你们开创了新领域！"（引自李硕彦教授撰写的《网络编码迷蝴蝶》，发表在《科学人杂志》2007 年 7 月号第 65 期）。在这篇文章中，李硕彦教授讲述了著名的蝶形网络诞生的过程，"来自香江的一个小故事，戏剧性地在通信界掀起一股全球热潮"。

网络编码的一个奇妙之处在于大道至简至易，其基本思想并不复杂，"网络"和"编码"这两个通信相关专业最常见的概念叠加在一起构建了一个全新的概念，并由此开创了一个全新的领域。貌似简单却蕴含丰富的内容，正所谓"文章本天成，妙手偶得之"，值得细细品味。

本章参考文献

[1]　AHLSWEDE R, CAI N, LI S Y R, et al. Network information flow[J]. IEEE Transactions on Information Theory, 2000, 46(4): 1204-1216.

[2]　LI S Y R, YEUNG R W, CAI N. Linear network coding[J]. IEEE Transactions on Information Theory, 2003, 49(2): 371-381.

[3]　YEUNG R W, LI S R, CAI N, et al. Network coding theory[J]. Foundation and Trends in Communications and Information Theory, 2005, 2(4-5): 241-381.

[4]　YEUNG R W. Information theory and network coding[M]. Berlin: Springer, 2008.

[5]　YEUNG R W. 信息论与网络编码[M]. 蔡宁，等，译. 北京：高等教育出版社，2011.

[6]　MEDARD M, SPRINTSON A. Network coding: fundamentals and

applications[M]. Waltham: Academic Press, 2011.

[7]　MEDARD M, SPRINTSON A, et al. 网络编码基础与应用[M]. 郝建军，等，译. 北京：机械工业出版社，2014.

[8]　FRAGOULI C, SOLJANIN E. Network coding fundamentals[M]. Boston: Now Publishers Inc, 2007.

[9]　FRAGOULI C, SOLJANIN E. Network coding applications[M]. Boston: Now Publishers Inc, 2008.

[10]　HO T, LUN D S. Network coding: an introduction[M]. Cambridge: Cambridge University Press, 2008.

[11]　HO T, LUN D S. 网络编码导论[M]. 冯贵年，等，译. 北京：清华大学出版社，2016.

[12]　YEUNG R W. A first course in information theory[M]. Berlin: Springer, 2002.

[13]　LIEW S C, LU L, ZHANG S. A primer on physical-layer network coding[M]. Kentfield: Morgan & Claypool Publishers, 2015.

[14]　YANG S, YEUNG R W. BATS codes: theory and practice[M]. Kentfield: Morgan & Claypool Publishers, 2017.

[15]　YEUNG R W. Network coding theory: an introduction[J]. Frontiers of Electrical and Electronic Engineering in China, 2010, 5(3): 363-390.

[16]　LI S Y R, CAI N, YEUNG R W. On theory of linear network coding[C]// IEEE ISIT, 2005.

[17]　CHOU P A, WU Y. Network coding for the internet and wireless networks[J]. IEEE Signal Processing Magazine, 2007, 24(5): 77-85.

[18]　LI B, WV Y. Special issue of network coding[J]. Proceedings of the IEEE, 2011, 99(3).

[19]　YEUNG R W. Network coding: a historical perspective[J]. Proceedings of the IEEE, 2011, 99(3): 366-371.

[20]　LI S Y R, SUN Q T, SHAO Z. Linear network coding: theory and algorithms[J]. Proceedings of the IEEE, 2011, 99(3): 372-387.

[21]　DOUGHERTY R, FREILING C, ZEGER K. Network coding and matroid

theory[J]. Proceedings of the IEEE, 2011, 99(3): 388-405.

[22] ZHANG Z. Theory and applications of network error correction coding[J]. Proceedings of the IEEE, 2011, 99(3): 406-420.

[23] CAI N, CHAN T. Theory of secure network coding[J]. Proceedings of the IEEE, 2011, 99(3): 421-437.

[24] NAZER B, GASTPAR M. Reliable physical layer network coding[J]. Proceedings of the IEEE, 2011, 99(3): 438-460.

[25] FRAGOULI C. Network coding: beyond throughput benefits[J]. Proceedings of the IEEE, 2011, 99(3): 461-475.

[26] DIMAKIS A G, RAMCHANDRAN K, WU Y, et al. A survey on network codes for distributed storage[J]. Proceedings of the IEEE, 2011, 99(3): 476-489.

[27] SUNDARARAJAN J K, SHAH D, MEDARD M, et al. Network coding meets tcp: theory and implementation[J]. Proceedings of the IEEE, 2011, 99(3): 490-512.

[28] LI B, NIU D. Random network coding in peer-to-peer networks: from theory to practice[J]. Proceedings of the IEEE, 2011, 99(3): 513-523.

[29] MAGLI E, WANG M, FROSSARD P, et al. Network coding meets multimedia: a review[J]. IEEE Transactions on Multimedia, 2013, 15(5): 1195-1212.

[30] BASSOLI R, MARQUES H, RODRIGUEZ J, et al. Network coding theory: a survey[J]. IEEE Communications Surveys & Tutorials, 2013, 15(4): 1950-1978.

[31] 杨义先. 网络编码理论与技术[M]. 北京：国防工业出版社，2009.

[32] 黄佳庆，LI Z P. 网络编码原理[M]. 北京：国防工业出版社，2012.

[33] 吴湛击. 无线网络编码——原理与应用[M]. 北京：清华大学出版社，2014.

[34] 周清峰，张胜利，开彩红，等. 无线网络编码[M]. 北京：人民邮电出版社，2014.

[35] 樊平毅. 网络信息论[M]. 北京：清华大学出版社，2009.

[36] 黄佳庆，程文青. 信息论基础[M]. 北京：电子工业出版社，2010.

[37] 彭木根，王文博，等. 协同无线通信原理与应用[M]. 北京：机械工业出版社，2009.

[38] 蒲保兴，秦波莲. 网络编码研究基础[M]. 北京：人民邮电出版社，2016.

[39] 董赞强. 基于网络编码的数据通信技术研究[M]. 成都：电子科技大学出版社，2015.

[40] 杨林，郑刚，胡晓惠. 网络编码的研究进展[J]. 计算机研究与发展，2008，45（3）：400-407.

[41] 陶少国，黄佳庆，杨宗凯，等. 网络编码研究综述[J]. 小型微型计算机系统，2008，29（4）：583-592.

[42] 黄佳庆，陶少国，熊志强，等. 网络编码关键理论问题研究[J]. 计算机应用研究，2008，25（8）：2260-2264.

[43] 黄佳庆，张惕远，程文青，等. 网络编码理论研究进展[M]. 北京：国防工业出版社，2009.

[44] 专题：网络编码理论与技术[J]. 中兴通讯技术，2009，15（1）.

[45] 董赞强，沈苏彬. 网络编码研究综述[J]. 南京邮电大学学报（自然科学版），2012，32（3）：66-75.

[46] 仇佩亮，张朝阳，杨胜天，等. 多用户信息论[M]. 北京：科学出版社，2012.

[47] GAMAL A E，KIM Y H. 网络信息论[M]. 张林，译. 北京：清华大学出版社，2015.

[48] MAHESHWAR S, LI Z, LI B. Bounding the coding advantage of combination network coding in undirected networks[J]. IEEE Transactions on Information Theory, 2012, 58(2): 1-15.

[49] LI Z, LI B, LAU L C. A constant bound on throughput improvement of multicast network coding in undirected networks[J]. IEEE Transactions on Information Theory, 2009, 55(3): 1016-1026.

[50] YIN X, WANG X, ZHAO J, et al. On benefits of network coding in bidirected networks and hyper-networks[C]// IEEE INFOCOM, 2012.

[51] LI Z, LI B, LAU L C. On achieving maximum multicast throughput in undirected networks[J]. IEEE Transactions on Information Theory, 2006,

52(6): 2467-2485.

[52] YIN X, WANG Y, WANG X, et al. A graph minor perspective to network coding: connecting algebraic coding with network topologies[C]// IEEE INFOCOM, 2013.

[53] DIESTEL R. 图论[M]. 4 版. 于青林，王涛，等，译. 北京：高等教育出版社，2013.

[54] DIESTEL R. 图论[M]. 3 版. 北京：世界图书出版公司北京公司，2008.

[55] 傅祖芸. 信息论——基础理论与应用[M]. 3 版. 北京：电子工业出版社，2011.

[56] LI Z P, LI B C. Network coding in undirected networks[C]// 38th Annual Conference on Information Science and Systems (CISS), 2004.

[57] 岩延，郭江涛. 组播路由协议设计及应用[M]. 北京：人民邮电出版社，2002.

[58] LI Z, LI B. Efficient and distributed computation of maximum multicast rates[C]// IEEE INFOCOM, 2005.

[59] 黄政，王新. 网络编码中的优化问题研究[J]. 软件学报，2009，20（5）：1349-1361.

[60] JAIN K, MAHDIAN M, SALAVATIPOUR M R. Packing steiner trees[C]// 10th Annual ACM-SIAM Symposium on Discrete Algorithms (SODA), 2003.

[61] LUN D S, RATNAKAR N, KOETTER R, et al. Achieving minimum-cost multicast: a decentralized approach based on network coding[C]// IEEE INFOCOM, 2005.

[62] LUN D S, RATNAKAR N, MEDARD M, et al. Minimum-cost multicast over coded packet networks[J]. IEEE Transactions on Information Theory, 2006, 52(6): 2608-2623.

[63] NING C, YEUNG R W. Secure network coding on a wiretap network[J]. IEEE Transactions on Information Theory, 2011, 57(1): 424-435.

[64] LIMA L, MEDARD M, BARROS J. Random linear network coding: a free cipher?[C]// IEEE ISIT, 2007.

[65]　GKANTSIDIS C, RODRIGUEZ P. Network coding for large scale content distribution[C]// IEEE INFOCOM, 2005.

[66]　MAYMOUNKOV P, HARVEY N J A, LUN D S. Methods for efficient network coding[C]// 44th Annual Allerton Conference on Communication, Control, and Computing, 2006.

[67]　LEON S J. 线性代数[M]. 8 版. 张文博，张丽静，译. 北京：机械工业出版社，2010.

[68]　钱椿林. 线性代数[M]. 北京：高等教育出版社，2000.

[69]　李亚龙. 基于网络编码的 P2P 直播数据传输策略研究与实现[D]. 杭州：电子科技大学，2009.

[70]　WANG M, LI B. Lava: a reality check of network coding in peer-to-peer live streaming[C]// IEEE INFOCOM, 2007.

[71]　WANG M, LI B. R^2: random push with random network coding in live peer-to-peer streaming[J]. IEEE Journal on Selected Areas in Communications, 2007, 25(9): 1655-1666.

[72]　LIU Z, WU C, LI B, et al. UUSee: large-scale operational on-demand streaming with random network coding[C]// IEEE INFOCOM, 2010.

[73]　WANG M, LI B. How practical is network coding?[C]// IEEE IWQoS, 2006.

[74]　SHOJANIA H, LI B. Parallelized progressive network coding with hardware acceleration[C]// IEEE IWQoS, 2007.

[75]　HO T, MEDARD M, KOETTER R, et al. A random linear network coding approach to multicast[J]. IEEE Transactions on Information Theory, 2006, 52(10): 4413-4430.

[76]　HO T, KOETTER R, MEDARD M, et al. The benefits of coding over routing in a randomized setting[C]// IEEE ISIT, 2003.

[77]　HO T, MEDARD M, SHI J, et al. On randomized network coding[C]// Allerton Conference On Communication, Control and Computing, 2003.

[78]　HO T, LEONG B, MEDARD M, et al. On the utility of network coding in dynamic environments[C]// 2004 International Workshop on Wireless Ad-Hoc Networks, 2004.

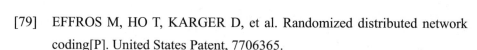
[79] EFFROS M, HO T, KARGER D, et al. Randomized distributed network coding[P]. United States Patent, 7706365.

[80] 甘特斯蒂斯 C，罗德里格兹 P R. 使用网络编码的内容分发[P]. ZL200510098097.5, 中国国家发明专利.

[81] JAGGI S, SANDERS P, CHOU P A, et al. Polynomial time algorithms for multicast network code construction[J]. IEEE Transactions on Information Theory, 2005, 51(6): 1973-1982.

[82] CHOU P A, WU Y, JAIN K. Practical network coding[C]// Allerton Conference on Communication, Control, and Computing, 2003.

[83] 高随祥. 图论与网络流理论[M]. 北京：高等教育出版社，2009.

[84] 张宪超，陈国良，万颖瑜. 网络最大流问题研究进展[J]. 计算机研究与发展，2003，40（9）：1281-1292.

[85] LI Z. Space information flow[EB/OL]. http://www.inc.cuhk.edu.hk/seminars/space-information-flow.

[86] LI Z, WU C. Space information flow: multiple unicast[C]// IEEE ISIT, 2012.

[87] YIN X, WANG Y, WANG X, et al. Min-cost multicast network in euclidean space[C]// IEEE ISIT, 2012.

[88] XIAHOU T, WU C, HUANG J, et al. A geometric framework for investigating the multiple unicast network coding conjecture[C]// NetCod, 2012.

[89] HUANG J, YIN X, ZHANG X, et al. On space information flow: single multicast[C]// NetCod, 2013.

[90] HUANG J, LI Z. A recursive partitioning algorithm for space information flow[C]// IEEE GLOBECOM, 2014.

[91] XIAHOU T, LI Z, WU C, et al. A geometric perspective to multiple-unicast network coding[J]. IEEE Transactions on Information Theory, 2014, 60(5): 2884-2895.

[92] HUANG J, LI Z. A Delaunay triangulation approach to space information flow[C]// IEEE Globecom workshops-NetCod, 2016.

[93] GILBERT E N, POLLAK H O. Steiner minimal trees[J]. SIAM Journal on

Applied Mathematics, 1968, 16(1): 1-29.

[94]　越民义. 最小网络——斯坦纳树问题[M]. 上海：上海科学技术出版社，2006.

[95]　VAN LAARHOVEN J W. Exact and heuristic algorithms for the euclidean steiner tree problem[D]. Iowa City: University of Iowa, 2010.

[96]　AHLSWEDE R, CAI N, YEUNG R W. Network information flow theory[C]// IEEE ISIT, 1998.

[97]　YEUNG R W, ZHANG Z. Distributed source coding for satellite communications[J]. IEEE Transactions on Information Theory, 1999, 45(4): 1111-1120.

[98]　KOETTER R, MEDARD M. Beyond routing: an algebraic approach to network coding[C]// IEEE INFOCOM, 2002.

[99]　KOETTER R, MEDARD M. An algebraic approach to network coding[J]. IEEE/ACM Transactions on Networking, 2003, 11(5): 782-795.

[100]　SANDERS P, EGNER S, TOLHUIZEN L. Polynomial time algorithms for network information flow[C]// ACM Symposium on Parallel Algorithms and Architectures, 2003.

[101]　LI Z, LI B, JIANG D, et al. On achieving optimal throughput with network coding[C]// IEEE INFOCOM, 2005.

[102]　WU Y, JAIN K, KUNG S Y. A unification of network coding and tree packing (routing) theorems[J]. IEEE Transactions on Information Theory, 2006, 52(6): 2398-2409.

[103]　LUCANI D E, MEDARD M. Bridging tree packing and network coding: an information flow approach[C]// 45th Annual Conference on Information Sciences and Systems (CISS), 2011.

[104]　WU Y, CHOU P A, JAIN K. A comparison of network coding and tree packing[C]// IEEE ISIT, 2004.

[105]　LI S Y R, HO S T. Ring-theoretic foundation of convolutional network coding[C]// NetCod, 2008.

[106]　LI S Y R, SUN Q T. Network coding theory via commutative algebra[J].

IEEE Transactions on Information Theory, 2011, 57(1): 403-415.

[107] 胡伟，张宗瑛，夏树涛，等. 网络纠错码理论及其新进展[M]. 北京：国防工业出版社，2009.

[108] CAI N, YEUNG R W. Network coding and error correction[C]// IEEE ITW, 2002.

[109] YEUNG R W, CAI N. Network error correction, part I: basic concepts and upper bounds[J]. Communications in Information and Systems, 2006, 6(1): 19-36.

[110] CAI N, YEUNG R W. Network error correction, part II: lower bounds[J]. Communications in Information and Systems, 2006, 6(1): 37-54.

[111] ZHANG Z. Linear network error correction codes in packet networks[J]. IEEE Transactions on Information Theory, 2008, 54(1): 209-218.

[112] ZHANG Z. Network error correction coding in packetized networks[C]// 2006: 433-437.

[113] YANG S, YEUNG R W. Characterizations of network error correction/ detection and erasure correction [C]// NetCod, 2007.

[114] YANG S, YEUNG R W. Refined coding bounds for network error correction[C]// IEEE ITW, 2007.

[115] YANG S, NGAI C K, YEUNG R W. Construction of linear network codes that achieve a refined singleton bound[C]// IEEE ISIT, 2007.

[116] KOETTER R, KSCHISCHANG F R. Coding for errors and erasures in random network coding[J]. IEEE Transactions on Information Theory, 2008, 54(8): 3579-3591.

[117] KOETTER R, KSCHISCHANG F R. Coding for errors and erasures in random network coding[C]// IEEE ISIT, 2007.

[118] KOETTER R, KSCHISCHANG F R. Coding for errors and erasures in random network coding[C]// IEEE ISIT, 2007.

[119] 马松雅，罗明星，杨义先. 抗 Byzantine 攻击的安全网络编码研究综述[M]. 北京：国防工业出版社，2009.

[120] LAMPORT L, SHOSTAK R, PEASE M. The Byzantine generals problem[J].

ACM Transactions on Programming Languages and Systems, 1982, 4(3): 382-401.

[121] HO T, LEONG B, KOETTER R, et al. Byzantine modification detection in multicast networks with random network coding[J]. IEEE Transactions on Information Theory, 2008, 54(6): 2798-2803.

[122] JAGGI S, LANGBERG M, KATTI S, et al. Resilient network coding in the presence of Byzantine adversaries[C]// IEEE INFOCOM, 2007.

[123] JAGGI S, LANGBERG M, KATTI S, et al. Resilient network coding in the presence of Byzantine adversaries[J]. IEEE Transactions on Information Theory, 2008, 54(6): 2596-2603.

[124] GKANTSIDIS C, RODRIGUEZ P. Cooperative security for network coding file distribution[C]// IEEE INFOCOM, 2006.

[125] BHATTAD K, RATNAKAR N, KOETTER R, et al. Minimal network coding for multicast[C]// IEEE ISIT, 2005.

[126] FRAGOULI C, SOLJANIN E. Information flow decomposition for network coding[J]. IEEE Transactions on Information Theory, 2006, 52(3): 829-848.

[127] LANGBERG M, SPRINTSON A, BRUCK J. The encoding complexity of network coding[J]. IEEE Transactions on Information Theory, 2006, 52(6): 2386-2397.

[128] LANGBERG M, SPRINTSON A, BRUCK J. The encoding complexity of network coding[C]// IEEE ISIT, 2005.

[129] WU Y, KUNG S Y. Distributed utility maximization for network coding based multicasting: a shortest path approach[J]. IEEE Journal on Selected Areas in Communications, 2006, 24(8): 1475-1488.

[130] WU Y, CHIANG M, KUNG S. Distributed utility maximization for network coding based multicasting: a critical cut approach[C]// NetCod, 2006.

[131] 蒲保兴, 王伟平. 线性网络编码运算代价的估算与分析[J]. 通信学报, 2011, 32 (5): 47-55.

[132] KIM M, MEDARD M, AGGARWAL V, et al. Evolutionary approaches to minimizing network coding resources[C]// IEEE INFOCOM, 2007.

[133] MA G, XU Y, LIN M, et al. A content distribution system based on sparse linear network coding[C]// NetCod, 2007.

[134] SUNDARAM N, RAMANATHAN P, BANERJEE S. Multirate media streaming using network coding[C]// 43rd Allerton Conference on Communication, Control, and Computing, 2005.

[135] 邹君妮，江璐，范凤军，等. 可分级视频流的最优化网络传输[M]. 北京：国防工业出版社，2009.

[136] LI Z P, LI B C. Network coding: the case of multiple unicast sessions[C]// 42nd Annual Allerton Conference on Communication, Control, and Computing, 2004.

[137] HARVEY N J, KLEINBERG R D, LEHMAN A R. Comparing network coding with multicommodity flow for the k-pairs communication problem[R]. MIT-CSAIL-TR-2004-078 (MIT-LCS-TR-964), 2004.

[138] LANGBERG M, MEDARD M. On the multiple unicast network coding conjecture[C]// Annual Allerton Conference on Communication, Control, and Computing, 2009.

[139] HARVEY N J A, KLEINBERG R, NAIR C, et al. A "Chicken & Egg" network coding problem[C]// IEEE ISIT, 2007.

[140] YEUNG R W, LI S R, CAI N, et al. Network coding theory[M]. Now Publishers Inc, 2006.

[141] 张惕远，黄佳庆，杨宗凯，等. 有环网络编码关键理论问题研究[J]. 小型微型计算机系统，2011，32（8）：1473-1481.

[142] LI S Y R, SUN Q T. Network coding theory via commutative algebra[C]// NetCod, 2009.

[143] 韩士安，林磊. 近世代数[M]. 2 版. 北京：科学出版社，2009.

[144] DOUGHERTY R, FREILING C, ZEGER K. Linearity and solvability in multicast networks[J]. IEEE Transactions on Information Theory, 2004, 50(10): 2243-2256.

[145] MEDARD M, EFFROS M, HO T, et al. On coding for non-multicast networks[C]// 41st Annual Allerton Conference on Communication, Control,

and Computing, 2003.

[146] DOUGHERTY R, FREILING C, ZEGER K. Insufficiency of linear coding in network information flow[J]. IEEE Transactions on Information Theory, 2005, 51(8): 2745-2759.

[147] DOUGHERTY R, FREILING C, ZEGER K. Insufficiency of linear coding in network information flow[C]// IEEE ISIT, 2005.

[148] LEHMAN A R, LEHMAN E. Complexity classification of network information flow problems[C]// Annual ACM-SIAM Symposium on Discrete Algorithms(SODA), 2004.

[149] 李令雄, 龙冬阳. 非线性网络编码实例研究[J]. 计算机科学, 2008, 35 (7): 67-69.

[150] CHU X, JIANG Y. Random linear network coding for peer-to-peer applications[J]. IEEE Network, 2010, 24(4): 35-39.

[151] 黄佳庆, 王帅, 陈清文. 网络编码在 P2P 网络中的应用[J]. 中兴通讯技术, 2009, 15 (1): 37-42.

[152] WANG M, LI B. Network coding in live peer-to-peer streaming[J]. IEEE Transactions on Multimedia, 2007, 9(8): 1554-1567.

[153] YU L, GAO L, ZHAO J, et al. SonicVoD: a vcr-supported P2P-VoD system with network coding[J]. IEEE Transactions on Consumer Electronics, 2009, 55(2): 576-582.

[154] WANG X, ZHENG C, ZHANG Z, et al. The design of video segmentation-aided VCR support for P2P VoD systems[J]. IEEE Transactions on Consumer Electronics, 2008, 54(2): 531-537.

[155] ANNAPUREDDY S, GUHA S, GKANTSIDIS C, et al. Exploring VoD in P2P swarming systems[C]// IEEE INFOCOM MiniSymposium, 2007.

[156] ANNAPUREDDY S, GUHA S, GKANTSIDIS C, et al. Is high-quality VoD feasible using P2P swarming?[C]// World Wide Web(WWW), 2007.

[157] SUNDARARAJAN J K, SHAH D, MEDARD M, et al. Network coding meets TCP[C]// IEEE INFOCOM, 2009.

[158] HUANG J, GOBANA T. Network information flow and its wireless

applications[M]. Selected Topics in Communication Networks and Distributed Systems, Singapore:World Scientific Publishing Co. Pte. Ltd., 2010, 463-483.

[159] WU Y, CHOU P A, KUNG S Y. Minimum-energy multicast in mobile ad hoc networks using network coding[J]. IEEE Transactions on Communications, 2005, 53(11): 1906-1918.

[160] GUO Z, WANG B, XIE P, et al. Efficient error recovery with network coding in underwater sensor networks[J]. Ad Hoc Networks(Elsevier), 2009, 7(4): 791-802.

[161] KATTI S, RAHUL H, WENJUN H, et al. XORs in the air: practical wireless network coding[J]. IEEE/ACM Transactions on Networking, 2008, 16(3): 497-510.

[162] KATTI S, RAHUL H, HU W, et al. XORs in the air: practical wireless network coding[C]// ACM SIGCOMM, 2006.

[163] CHACHULSKI S, JENNINGS M, KATTI S, et al. Trading structure for randomness in wireless opportunistic routing[C]// ACM SIGCOMM, 2007.

[164] KATTI S, KATABI D, BALAKRISHNAN H, et al. Symbol-level network coding for wireless mesh networks[C]// ACM SIGCOMM, 2008.

[165] 李挥, 林良敏, 黄佳庆, 等. 融合网络编码理论的组播交换结构[M]. 北京: 国防工业出版社, 2009.

[166] MINJI K, SUNDARARAJAN J K, MEDARD M, et al. Network coding in a multicast switch[J]. IEEE Transactions on Information Theory, 2011, 57(1): 436-460.

[167] SUNDARARAJAN J K, MEDARD M, MINJI K, et al. Network coding in a multicast switch[C]// IEEE INFOCOM, 2007.

[168] ZHANG S, LIEW S C, LAM P P. Hot topic: physical-layer network coding[C]// ACM MobiCom, 2006.

[169] LU L, SOUNG C L. Asynchronous physical-layer network coding[J]. IEEE Transactions on Wireless Communications, 2012, 11(2): 819-831.

[170] KATTI S, GOLLAKOTA S, KATABI D. Embracing wireless interference:

analog network coding[C]// ACM SIGCOMM, 2007.

[171] WANG T, GIANNAKIS G B. Complex field network coding for multiuser cooperative communications[J]. IEEE Journal on Selected Areas in Communications, 2008, 26(3): 561-571.

[172] WANG T, GIANNAKIS G B. High-throughput cooperative communications with complex field network coding[C]// Annual Conference on Information Sciences and Systems(CISS), 2007.

[173] ZHANG S, LIEW S C, LU L. Physical layer network coding schemes over finite and infinite fields[C]// IEEE GLOBECOM, 2008.

[174] ZHANG H, ZHENG L, CAI L. Design and analysis of heterogeneous physical layer network coding[J]. IEEE Transactions on Wireless Communications, 2016, 15(4): 2484-2497.

[175] ZHANG H, ZHENG L, CAI L. HePNC: design of physical layer network coding with heterogeneous modulations[C]// IEEE GLOBECOM, 2014.

[176] WU Y, LI B. Network coding - the magic of mixing[J]. Proceedings of the IEEE, 2010, 98(5): 643-644.

[177] MADDAH-ALI M A, NIESEN U. Fundamental limits of caching[J]. IEEE Transactions on Information Theory, 2014, 60(5): 2856-2867.

[178] TAMO I, BARG A. A family of optimal locally recoverable codes[J]. IEEE Transactions on Information Theory, 2014, 60(8): 4661-4676.

[179] AVESTIMEHR A S, DIGGAVI S N, TSE D N C. Wireless network information flow: a deterministic approach[J]. IEEE Transactions on Information Theory, 2011, 57(4): 1872-1905.

[180] NAZER B, GASTPAR M. Compute-and-forward: harnessing interference through structured codes[J]. IEEE Transactions on Information Theory, 2011, 57(10): 6463-6486.

[181] DIMAKIS A G, GODFREY P B, WU Y, et al. Network coding for distributed storage systems[J]. IEEE Transactions on Information Theory, 2010, 56(9): 4539-4551.

[182] HO T, MEDARD M, KOETTER R, et al. A random linear network coding

approach to multicast[J]. IEEE Transactions on Information Theory, 2006, 52(10): 4413-4430.

[183] YANG S, YEUNG R W. Batched sparse codes[J]. IEEE Transactions on Information Theory, 2014, 60(9): 5322-5346.

[184] YANG S, NG T, YEUNG R W. Finite-length analysis of BATS codes[J]. IEEE Transactions on Information Theory, 2018, 64(1): 322-348.

[185] YANG S, ZHOU Q. Tree analysis of BATS codes[J]. IEEE Communications Letters, 2016, 20(1): 37-40.

[186] KIM S W. Concatenated network coding for large-scale multi-hop wireless networks[C]// IEEE Wireless Communications and Networking Conference (WCNC), 2007.

[187] RAZAGHI P, CAIRE G. Coarse network coding: a simple relay strategy to resolve interference[C]// 3rd IEEE International Workshop on Wireless Network Coding(WiNC), 2010.

[188] 蒲威. 无线环境下的网络编码[D]. 合肥：中国科学技术大学，2009.

[189] PU W, LUO C, LI S, et al. Continuous network coding in wireless relay networks[C]// IEEE INFOCOM, 2008.

[190] LI S Y R, YEUNG R W. On convolutional network coding[C]// IEEE ISIT, 2006.

[191] EREZ E, FEDER M. Convolutional network coding[C]// IEEE ISIT, 2004.

[192] SAGDUYU Y E, GUO D, BERRY R. On the delay and throughput of digital and analog network coding for wireless broadcast[C]//42nd Annual Conference on Information Sciences and Systems(CISS), 2008.

[193] NGUYEN K, NGUYEN T, CHEUNG S C. Peer-to-peer streaming with hierarchical network coding[C]//IEEE International Conference on Multimedia and Expo(ICME), 2007.

[194] SUN Q T, YUAN J, HUANG T, et al. Lattice network codes based on eisenstein integers[J]. IEEE Transactions on Communications, 2013, 61(7): 2713-2725.

[195] SUN Q T, HUANG T, YUAN J. On lattice-partition-based physical-layer

network coding over gf(4)[J]. IEEE Communications Letters, 2013, 17(10): 1988-1991.

[196] HALLOUSH M, RADHA H. Network coding with multi-generation mixing[C]// The 42nd Annual Conference on Information Sciences and Systems(CISS), 2008.

[197] HALLOUSH M, RADHA H. A framework for video network coding with multi-generation mixing[J]. Journal of Communications, 2012, 7(3): 192-201.

[198] YAN X, ZHANG Z, YANG J. Explicit inner and outer bounds for multi-source multi-sink network coding[C]// IEEE ISIT, 2006.

[199] SIAVOSHANI M J, MOHAJER S, FRAGOULI C, et al. On the capacity of noncoherent network coding[J]. IEEE Transactions on Information Theory, 2011, 57(2): 1046-1066.

[200] JAFARI M, MOHAJER S, FRAGOULI C, et al. On the capacity of non-coherent network coding[C]// IEEE ISIT, 2009.

[201] SIAVOSHANI M J, FRAGOULI C, DIGGAVI S. Noncoherent multisource network coding[C]// IEEE ISIT, 2008.

[202] LIM S H, KIM Y H, EL GAMAL A, et al. Noisy network coding[C]// IEEE ITW, 2010.

[203] LIM S H, KIM Y H, GAMAL A E, et al. Layered noisy network coding[C]// 3rd IEEE International Workshop on Wireless Network Coding(WiNC), 2010.

[204] LIM S H, KIM Y H, GAMAL A E, et al. Multi-source noisy network coding[C]// IEEE ISIT, 2010.

[205] BARROS J, COSTA R A, MUNARETTO D, et al. Effective delay control in online network coding[C]// IEEE INFOCOM, 2009.

[206] LIEW S C, ZHANG S, LU L. Physical-layer network coding: tutorial, survey, and beyond[J]. Physical Communication, 2013, 6: 4-42.

[207] CHEN C, OH S Y, TAO P, et al. Pipeline network coding for multicast streams [C]//International Conference on Mobile Computing and Ubiquitous Networking (ICMU), 2010.

[208] WANG D, ZHANG Q, LIU J. Partial network coding: theory and application for continuous sensor data collection[C]// IEEE International Workshop on Quality of Service(IWQoS), 2006.

[209] LEUNG D, OPPENHEIM J, WINTER A. Quantum network communication-the butterfly and beyond[J]. IEEE Transactions on Information Theory, 2010, 56(7): 3478-3490.

[210] SHI Y, SOLJANIN E. On multicast in quantum networks[C]// 40th Annual Conference on Information Sciences and Systems(CISS), 2006.

[211] CAI N, YEUNG R W. Secure network coding[C]// IEEE ISIT, 2002.

[212] MA G, XU Y, OU K, et al. How can network coding help P2P content distribution?[C]// IEEE ICC, 2009.

[213] 马冠骏，许胤龙，林明宏，等. 基于网络编码的 P2P 内容分发性能分析[J]. 中国科学技术大学学报，2006，36（11）：1237-1240.

[214] SILVA D, ZENG W, KSCHISCHANG F R. Sparse network coding with overlapping classes[C]// NetCod, 2009.

[215] KHIRALLAH C, STANKOVIC V, STANKOVIC L, et al. Network spread coding[C]// NetCod, 2008.

[216] FONG S L, YEUNG R W. Variable-rate linear network coding[J]. IEEE Transactions on Information Theory, 2010, 56(6): 2618-2625.

[217] FONG S L, YEUNG R W. Variable-rate linear network coding[C]// IEEE ITW, 2006.

[218] SI J, ZHUANG B, CAI A, et al. Unified frameworks for the constructions of variable-rate linear network codes and variable-rate static linear network codes[C]// NetCod, 2011.

[219] EBRAHIMI J B, FRAGOULI C. On benefits of vector network coding[C]// 48th Annual Allerton Conference on Communication, Control, and Computing, 2010.

[220] FRAGOULI C, KATABI D, MARKOPOULOU A, et al. Wireless network coding: opportunities & challenges[C]// IEEE Military Communications Conference(MILCOM), 2007.

第 2 章

网络编码基础

本章首先介绍线性网络编码的基本原理，包括标量线性网络编码和向量线性网络编码，其次介绍网络编码与有限域之间的关系，最后介绍网络编码与拓扑之间的关系。

2.1 标量线性网络编码

在网络编码理论中，单信源多信宿无环有向图网络（简称**多播网络**）是最基础的研究模型。对于信源到每个信宿最大流均不小于信源传输速率的多播网络，网络编码领域创始性期刊论文 *Network Information Flow*[1]证明了该网络不一定存在路由解，但在无限大的符号集上一定存在网络编码解。之后，李硕彦、杨伟豪与蔡宁在 *Linear Network Coding* 一文[2]中进一步证明当符号集被代数建模为一个足够大的有限域时，采用线性网络编码可产生多播网络的一组线性解。建模于有限域结构的线性网络编码方案被称为**标量线性网络编码**，本节将简述多播网络中针对基于有限域结构的标量线性网络编码的数学模型、线性解的存在条件及构造线性解的高效构造算法。

2.1.1 数学模型

一个多播网络 N 在数学上可建模为一个无环有向图 (V, E)，其中，V 代表点集，E 代表有向边的集合。V 中包含一个信源节点 s 及一个信宿节点子集 T，每条边具有单位容量，即每次使用该边均可传输一个选自 q 元有限域 GF (q) 的数据符号。设信源节点 s 的出度 $|\mathrm{Out}(s)|$ 等于 ω，且需要同时将 ω 个数据符号经网络传输到每个信宿 $t \in T$，此处假设信源节点至每个信宿 $t \in T$ 的最大流的值（s 与 t 之间的边分离路径数目）等于 ω。不失一般性，假设信源节点 s 的入度 $|\mathrm{In}(s)| = 0$，每个信宿 $t \in T$ 的入度 $|\mathrm{In}(t)| = \omega$、出度 $|\mathrm{Out}(t)| = 0$。所考虑的网络为无环网络，可以在边集 E 中规定一个自上而下的拓扑顺序，其中信源节点 s 的 ω 条出边 $e \in \mathrm{Out}(s)$ 位于该顺序的前 ω 位[3]。

定义 2-1　在多播网络中，GF(q)-线性网络编码($k_{d,e}$)为边对(d, e)∈E×E 分配取值于 GF(q)的元素 $k_{d,e}$，若(d, e)不为相邻边对，则 $k_{d,e}=0$。边对(d, e)所对应的元素 $k_{d,e}$ 称为**局部编码核**。

考虑 GF(q)-线性网络编码($k_{d,e}$)，令 m_e 表示边 e 上传输的 GF(q)符号，则对于一中间节点（非信源非信宿节点）v，其出边所传符号 m_e，$e \in$ Out(v)，可由其入边所传符号 m_d，$d \in$ In(v)及 v 中的局部编码核 $k_{d,e}$ 来确定：

$$m_e = \sum_{d\in \text{In}(v)} m_d k_{d,e} \qquad （2\text{-}1\text{-}1）$$

对于单一信源节点 s 的 ω 条出边 $e\in$ Out(s)，m_e 即代表 s 所生成的 ω 个信源符号。基于此，可以根据边集 E 中所规定的自上而下拓扑顺序，通过式（2-1-1）迭代得出每条边所传符号。若每个信宿 $t \in T$ 均可以通过其所接收的 ω 个符号 m_e，$e \in$ In(t)还原出信源符号 m_d，$d \in$ Out(s)，则该 GF(q)-线性网络编码($k_{d,e}$)被称为多播网络的 **GF(q)-线性解**。

例 2-1　如图 2-1-1 所示蝶形网络，考虑如下 GF(3)-线性网络编码，其局部编码核为 $k_{sA,AR1}=k_{sA,AU}=k_{sB,BU}=k_{sB,BR2}=1$，$k_{AU,UV}=k_{BU,UV}=k_{UV,VR1}=k_{UV,VR2}=2$，则信宿 R_1 收到的数据符号为 $m_{AR1}=m_{sA}$，$m_{VR1}=m_{sA}+m_{sB}$；信宿 R_2 收到的数据符号为 $m_{BR2}=m_{sB}$，$m_{VR2}=m_{sA}+m_{sB}$。很显然，R_1 可以通过 m_{AR1}、m_{VR1} 还原信源符号 m_{sA}、m_{sB}，R_2 可以通过 m_{BR2}、m_{VR2} 还原信源符号 m_{sA}、m_{sB}，故该 GF(3)-线性网络编码为蝶形网络中的一组线性解。

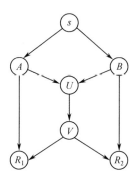

图 2-1-1　蝶形网络

线性网络编码的局部编码核定义在中间节点，其描绘了相邻边对之间所传输数据符号的编码关系。除此种局部描述方法，线性网络编码还可以从另一种等价的全局描述方法来表示每条边 $e \in E$ 所传数据符号与信源生成符号 m_e，$e \in \mathrm{Out}(s)$ 之间的关系。

定义 2-2　在多播网络中，GF(q)-**线性网络编码**($k_{d,e}$)对每条边 $e \in E$ 均可确定唯一的 GF(q)上 ω 维列向量 $\boldsymbol{f}_e$ 使得下列条件成立。

（1）若 $e \in \mathrm{Out}(s)$，则 $\boldsymbol{f}_e$ 为单位列向量，组成了 ω 维向量空间 GF(q)$^\omega$ 的标准基，即按列并置 $\omega \times \omega$ 矩阵 $[\boldsymbol{f}_e]_{e \in \mathrm{Out}(s)}$ 等于 $\omega \times \omega$ 单位阵 $\boldsymbol{I}_\omega$。

（2）对于任意其他非信源节点 v 的出边 e 有：

$$\boldsymbol{f}_e = \sum_{d \in \mathrm{In}(v)} k_{d,e} \boldsymbol{f}_d \tag{2-1-2}$$

该 ω 维列向量 $\boldsymbol{f}_e$ 称为边 e 的**全局编码核**。

考虑 GF(q)-线性网络编码($k_{d,e}$)，对于任意边 $e \in E$，其所传输的数据符号是信源生成符号 m_d，$d \in \mathrm{Out}(s)$)的一个线性组合。全局编码核 $\boldsymbol{f}_e$ 描述了该线性组合所对应的系数，即

$$m_e = [m_d]_{d \in \mathrm{Out}(s)} \boldsymbol{f}_e \tag{2-1-3}$$

多播网络的边集 E 具有自上而下的拓扑顺序，线性网络编码($k_{d,e}$)所确定的全局编码核可以通过式（2-1-2）迭代得出。

信宿 $t \in T$，其入边所收到的数据符号 m_e，$e \in \mathrm{In}(t)$，可以表示为一个 ω 维行向量 $[m_e]_{e \in \mathrm{In}(t)}$，基于式（2-1-2）可得

$$[m_e]_{e \in \mathrm{In}(t)} = [m_d]_{d \in \mathrm{Out}(s)} [\boldsymbol{f}_e]_{e \in \mathrm{In}(t)},$$

由此可知，若信宿 t 可以通过所接收数据符号 m_e，$e \in \mathrm{In}(t)$，还原信源符号 m_d，$d \in \mathrm{Out}(s)$，那么 $\omega \times \omega$ 矩阵 $[\boldsymbol{f}_e]_{e \in \mathrm{In}(t)}$ 一定满秩，同时存在一个 GF(q)上 $[\boldsymbol{f}_e]_{e \in \mathrm{In}(t)}$ 的逆矩阵，记为 $\boldsymbol{D}_t$。基于译码矩阵 $\boldsymbol{D}_t$，信宿可以通过如下线性操作还原出信源符号：

$$[m_e]_{e \in \text{In}(t)} \boldsymbol{D}_t$$

$$= [m_d]_{d \in \text{Out}(s)} [f_e]_{e \in \text{In}(t)} \boldsymbol{D}_t$$

$$= [m_d]_{d \in \text{Out}(s)} ([f_e]_{e \in \text{In}(t)} \boldsymbol{D}_t)$$

$$= [m_d]_{d \in \text{Out}(s)} \boldsymbol{I}_\omega$$

$$= [m_d]_{d \in \text{Out}(s)} \circ$$

定义 2-3　对于多播网络中的 GF(q)-线性网络编码($k_{d,e}$)，若每个信宿 $t \in T$ 所对应的由全局编码核组成的 $\omega \times \omega$ 矩阵 $[f_e]_{e \in \text{In}(t)}$ 满秩，则该线性网络编码称为多播网络的一组 GF(q)-**线性解**。

例 2-2a　考虑例 2-1 中蝶形网络的 GF(3)-线性网络编码，其所确定的全局编码核为：

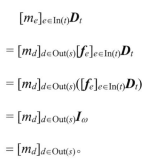

$$\boldsymbol{f}_{sA} = \begin{bmatrix} 1 \\ 0 \end{bmatrix}, \ \boldsymbol{f}_{sB} = \begin{bmatrix} 0 \\ 1 \end{bmatrix}, \ \boldsymbol{f}_{AR1} = \begin{bmatrix} 1 \\ 0 \end{bmatrix}, \ \boldsymbol{f}_{AU} = \begin{bmatrix} 1 \\ 0 \end{bmatrix}, \ \boldsymbol{f}_{BU} = \begin{bmatrix} 0 \\ 1 \end{bmatrix},$$

$$\boldsymbol{f}_{BR2} = \begin{bmatrix} 0 \\ 1 \end{bmatrix}, \ \boldsymbol{f}_{UV} = \begin{bmatrix} 2 \\ 2 \end{bmatrix}, \ \boldsymbol{f}_{VR1} = \begin{bmatrix} 1 \\ 1 \end{bmatrix}, \ \boldsymbol{f}_{VR2} = \begin{bmatrix} 1 \\ 1 \end{bmatrix} \circ$$

由于信宿 R_1 所对应的 $[\boldsymbol{f}_{AR1} \ \boldsymbol{f}_{VR1}] = \begin{bmatrix} 1 & 1 \\ 0 & 1 \end{bmatrix}$、$R_2$ 所对应的 $[\boldsymbol{f}_{BR2} \ \boldsymbol{f}_{VR2}] = \begin{bmatrix} 0 & 1 \\ 1 & 1 \end{bmatrix}$ 均为满秩矩阵，该线性网络编码为 GF(3)-线性解，同时 R_1 的译码矩阵为 $\begin{bmatrix} 1 & 2 \\ 0 & 1 \end{bmatrix}$、$R_1$ 的译码矩阵为 $\begin{bmatrix} 2 & 1 \\ 1 & 0 \end{bmatrix}$。

对于 GF(q)-线性网络编码($k_{d,e}$)，通过式（2-1-2）计算全局编码核的迭代计算过程，也可以通过下列矩阵运算表示。由于信源出边的全局编码核 $\boldsymbol{f}_e$ 已知为单位列向量，只需考虑边集 E 中不属于 Out(s)的边，将这些边所对应的全局编码核按列并置形成一个 $\omega \times (|E|-\omega)$ 矩阵 $[f_e]_{e \in E \backslash \text{Out}(s)}$。定义 $\boldsymbol{K} = [k_{d,e}]_{d,e \in E \backslash \text{Out}(s)}$，即 $\boldsymbol{K}$ 为 $(|E|-\omega) \times (|E|-\omega)$ 矩阵，其行与列均分别按顺序被标记为 $E \backslash \text{Out}(s)$ 中的边，其中，d 行、e 列，$d,e \in E \backslash \text{Out}(s)$，所对应的值为局部编码

核 $k_{d,e}$；定义 $A = [k_{d,e}]_{d \in \mathrm{Out}(s), e \in E \backslash \mathrm{Out}(s)}$，即 A 为 $\omega \times (|E| - \omega)$ 矩阵，其行按顺序被标记为 $\mathrm{Out}(s)$ 中的边、列按顺序被标记为 $E \backslash \mathrm{Out}(s)$ 中的边，其中 d 行、e 列，$d \in \mathrm{Out}(s), e \in E \backslash \mathrm{Out}(s)$，所对应的值为局部编码核 $k_{d,e}$。基于式（2-1-2）可得

$$[f_e]_{e \in E \backslash \mathrm{Out}(s)} = A + [f_d]_{d \in E \backslash \mathrm{Out}(s)} K,$$

进而，

$$[f_e]_{e \in E \backslash \mathrm{Out}(s)}(I_{|E|-\omega} - K) = A。$$

由于所考虑的多播网络为无环网络且边集 E 已具有一个自上而下的拓扑次序，故 K 为严格的上三角矩阵，$I_{|E|-\omega} - K$ 为上三角矩阵。因此，$I_{|E|-\omega} - K$ 可逆且 $\det(I_{|E|-\omega} - K) = 1$。

性质 2-1 在多播网络中，GF(q)-线性网络编码($k_{d,e}$)的全局编码核与局部编码核之间的关系为：

$$[f_e]_{e \in E \backslash \mathrm{Out}(s)} = A(I_{|E|-\omega} - K)^{-1} = [k_{d,e}]_{d \in \mathrm{Out}(s), e \in E \backslash \mathrm{Out}(s)} (I_{|E|-\omega} - [k_{d,e}]_{d,e \in E \backslash \mathrm{Out}(s)})^{-1} \quad (2\text{-}1\text{-}4)$$

例 2-2b 考虑例 2-1 中定义的蝶形网络中 GF(3)-线性网络编码，假设蝶形网络中 9 条边的拓扑顺序为 $sA, sB, AR_1, AU, BU, BR_2, UV, VR_1, VR_2$，则刻画该网络编码的矩阵 A 和 K 分别为：

$$A = \begin{bmatrix} 1 & 1 & 0 & 0 & 0 & 0 & 0 \\ 0 & 0 & 1 & 1 & 0 & 0 & 0 \end{bmatrix}, \quad K = \begin{bmatrix} 0 & 0 & 0 & 0 & 0 & 0 & 0 \\ 0 & 0 & 0 & 0 & 2 & 0 & 0 \\ 0 & 0 & 0 & 0 & 2 & 0 & 0 \\ 0 & 0 & 0 & 0 & 0 & 0 & 0 \\ 0 & 0 & 0 & 0 & 0 & 2 & 2 \\ 0 & 0 & 0 & 0 & 0 & 0 & 0 \\ 0 & 0 & 0 & 0 & 0 & 0 & 0 \end{bmatrix}。$$

基于式（2-1-4）

$$[f_e]_{e \in E \backslash \mathrm{Out}(s)} = A(I_{|E|-\omega} - K)^{-1} = \begin{bmatrix} 1 & 1 & 0 & 0 & 2 & 1 & 1 \\ 0 & 0 & 1 & 1 & 2 & 1 & 1 \end{bmatrix},$$

考虑多播网络中 GF(q)-线性网络编码($k_{d,e}$)，对于信宿 $t \in T$，按如下方法定义：由 ω 个 $|E| - \omega$ 维单位列向量按列并置而成的 $(|E| - \omega) \times \omega$ 标签矩阵 B_t：B_t 的行按

顺序被标记为 $E\backslash\mathrm{Out}(s)$ 中的边，列按顺序被标记为 $\mathrm{In}(t)$ 中的边；在 e 列中，$e \in \mathrm{In}(t)$，唯一的非零元素位于边 e 所对应行中，其值为 1。通过标签矩阵 $\boldsymbol{B}_t$，信宿 t 的入边所对应的全局编码核按列并置 $[\boldsymbol{f}_e]_{e\in\mathrm{In}(t)}$ 可表示为：

$$[\boldsymbol{f}_e]_{e\in\mathrm{In}(t)} = [\boldsymbol{f}_e]_{e\in E\backslash\mathrm{Out}(s)}\boldsymbol{B}_t$$

进一步基于式（2-1-4），$[\boldsymbol{f}_e]_{e\in\mathrm{In}(t)}$ 可表示为：

$$[\boldsymbol{f}_e]_{e\in\mathrm{In}(t)} = \boldsymbol{A}(\boldsymbol{I}_{|E|-\omega}-\boldsymbol{K})^{-1}\boldsymbol{B}_t$$

因此，多播网络中 GF(q)-线性网络编码($k_{d,e}$)为 GF(q)-线性解的等价条件是对于每个信宿 $t \in T$，矩阵 $\boldsymbol{A}(\boldsymbol{I}_{|E|-\omega}-\boldsymbol{K})^{-1}\boldsymbol{B}_t$ 均满秩。矩阵 $\boldsymbol{A}(\boldsymbol{I}_{|E|-\omega}-\boldsymbol{K})^{-1}\boldsymbol{B}_t$ 的计算涉及矩阵求逆，判断一给定线性网络编码是否为线性解的过程较复杂，可通过进一步矩阵操作，得到以下更易用的判定条件。

性质 2-2　在多播网络中，GF(q)-线性网络编码($k_{d,e}$)为 GF(q)-线性解的等价条件是对于每个信宿 $t \in T$，$|E|\times|E|$ 矩阵 $\boldsymbol{M}_t = \begin{bmatrix} \boldsymbol{A} & \boldsymbol{0} \\ \boldsymbol{I}_{|E|-\omega}-\boldsymbol{K} & \boldsymbol{B}_t \end{bmatrix}$ 均满秩。

证：首先观察下列等式成立

$$\begin{bmatrix} \boldsymbol{I}_\omega & -\boldsymbol{A}(\boldsymbol{I}_{|E|-\omega}-\boldsymbol{K})^{-1} \\ \boldsymbol{0} & (\boldsymbol{I}_{|E|-\omega}-\boldsymbol{K})^{-1} \end{bmatrix}\begin{bmatrix} \boldsymbol{A} & \boldsymbol{0} \\ \boldsymbol{I}_{|E|-\omega}-\boldsymbol{K} & \boldsymbol{B}_t \end{bmatrix} = \begin{bmatrix} \boldsymbol{0} & -\boldsymbol{A}(\boldsymbol{I}_{|E|-\omega}-\boldsymbol{K})^{-1}\boldsymbol{B}_t \\ \boldsymbol{I}_{|E|-\omega} & (\boldsymbol{I}_{|E|-\omega}-\boldsymbol{K})^{-1}\boldsymbol{B}_t \end{bmatrix}$$

由于 $\boldsymbol{I}_{|E|-\omega}-\boldsymbol{K}$ 为对角线元素均为 1 的上三角矩阵，$\det\left(\begin{bmatrix} \boldsymbol{I}_\omega & -\boldsymbol{A}(\boldsymbol{I}_{|E|-\omega}-\boldsymbol{K})^{-1} \\ \boldsymbol{0} & (\boldsymbol{I}_{|E|-\omega}-\boldsymbol{K})^{-1} \end{bmatrix}\right) = $ $\det(\boldsymbol{I}_{|E|-\omega}-\boldsymbol{K})^{-1} = 1$，即 $\begin{bmatrix} \boldsymbol{I}_\omega & -\boldsymbol{A}(\boldsymbol{I}_{|E|-\omega}-\boldsymbol{K})^{-1} \\ \boldsymbol{0} & (\boldsymbol{I}_{|E|-\omega}-\boldsymbol{K})^{-1} \end{bmatrix}$ 为满秩矩阵，因此，$[\boldsymbol{f}_e]_{e\in\mathrm{In}(t)} = $ $\boldsymbol{A}(\boldsymbol{I}_{|E|-\omega}-\boldsymbol{K})^{-1}\boldsymbol{B}_t$ 满秩的等价条件为 $\boldsymbol{M}_t$ 满秩。

对于线性网络编码($k_{d,e}$)，称 $\boldsymbol{M}_t = \begin{bmatrix} \boldsymbol{A} & \boldsymbol{0} \\ \boldsymbol{I}_{|E|-\omega}-\boldsymbol{K} & \boldsymbol{B}_t \end{bmatrix}$ 为信宿 $t \in T$ 的判定矩阵。

2.1.2 线性可解性

为了降低线性网络编码的编译码复杂度,一个最直接的手段就是减小所选有限域 GF(q)的大小。然而,在多播网络中,并不是在任意有限域 GF(q)上均存在线性解。考虑一类特殊多播网络——(n, 2)-组合网络($n \geqslant 3$),如图 2-1-2 所示,其为分层网络:最上两层分别包含一个信源节点 s 及一个编码节点;第三层包含 n 个中间节点;对任意两个中间节点,均有一个底层信宿节点与其相连。(n, 2)-组合网络中共有 $\binom{n}{2} = \dfrac{n(n-1)}{2}$ 个信宿。可以严格证明,(n, 2)-组合网络存在一组 GF(q)-线性解的充要条件是 $q \geqslant n-1$。因此,当有限域 GF(q)不够大时,在其上无法产生(n, 2)-组合网络的线性解。

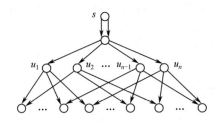

图 2-1-2　(n, 2)-组合网络

与(n, 2)-组合网络不同,如何确定任意一个多播网络 GF(q)-线性可解是一个很困难的问题。对于 $\omega = 2$ 的多播网络,可对应定义一无向图,使得该多播网络存在 GF(q)-线性解的充要条件是定义出的相关无向图中存在一种($q-1$)-顶点着色方法[4]。顶点着色问题是一个著名的 NP 完全问题,故找到多播网络存在线性解所需的最小有限域也是一个 NP 完全问题。然而我们可以通过多播网络信宿数目得到一个 GF(q)-线性可解的充分条件。

定理 2-1　当有限域 GF(q)的大小 q 大于多播网络信宿数目$|T|$时,该多播网络存在 GF(q)-线性解。

证:基于性质 2-2,只需证明当 $q > |T|$ 时,在 GF(q)中存在一种局部编码

核 $k_{d,e}$ 的选取方案，使得所生成的线性网络编码$(k_{d,e})$满足对每个信宿 $t \in T$，其判定矩阵 $M_t = \begin{bmatrix} A & 0 \\ I_{|E|-\omega} - K & B_t \end{bmatrix}$ 均满秩。将所有待选取局部编码核 $k_{d,e}$ 看作未知数 $x_{d,e}$，那么对信宿 $t \in T$ 的判定矩阵 M_t，其行列式 $\det(M_t)$ 为多元多项式，其中每个未知数 $x_{d,e}$ 的次数最大为 1，而在所有信宿的 $\det(M_t)$ 相乘所得的多元多项式 $\Pi_{t \in T} \det(M_t)$ 中，每个未知数 $x_{d,e}$ 的次数最大不超过$|T|$。

回顾 Schwartz-Zippel 引理，证明了给定一个有限域 GF(q)上的 n 元多项式 $g(x_1, x_2, \cdots, x_n)$，对于 GF(q)中任意子集 F，只要$|F|$大于 g 中每个未知数 x_i 的次数，那么一定存在一组值 $a_1, a_2, \cdots, a_n \in F$，使得 g 的赋值$g(a_1, a_2, \cdots, a_n) \neq 0$。

由于多项式 $\Pi_{t \in T} \det(M_t)$ 中，每个未知数 $x_{d,e}$ 的次数最大不超过$|T|$，基于 Schwartz-Zippel 引理，可知当 $q > |T|$时，在 GF(q)中一定存在一种 $k_{d,e}$ 的选取方案，使得当未知数 $x_{d,e}$ 赋值成 $k_{d,e}$ 时，$\Pi_{t \in T} \det(M_t) \neq 0$，即对于所有 $t \in T$，其判定矩阵 M_t 均满秩。

注意： 定理2-1中，基于Schwartz-Zippel引理来得到多播网络存在GF(q)-线性解充分条件的思路最原始是用于矩阵$[f_e]_{e \in \text{In}(t)} = A(I_{|E|-\omega} - K)^{-1} B_t$ 而非 $M_t = \begin{bmatrix} A & 0 \\ I_{|E|-\omega} - K & B_t \end{bmatrix}$。对于矩阵 $A(I_{|E|-\omega} - K)^{-1} B_t$，由于涉及矩阵相乘与求逆操作，行列式多项式 $\det(A(I_{|E|-\omega} - K)^{-1} B_t)$中每个待赋值未知数 $x_{d,e}$ 的次数有可能会远大于 1，因此最后所得到的保证多播网络存在 GF(q)-线性解的充分条件要远比定理 2-1 中的充分条件 $q > |T|$ 弱。得到定理 2-1 中充分条件的巧妙之处是利用了判定矩阵 $M_t = \begin{bmatrix} A & 0 \\ I_{|E|-\omega} - K & B_t \end{bmatrix}$ 来代替 $A(I_{|E|-\omega} - K)^{-1} B_t$ 进行分析，从而大大减少了运用 Schwartz-Zippel 引理时多项式 $\Pi_{t \in T} \det(M_t)$ 的次数。

定理 2-1 可称为线性网络编码定理，是线性网络编码理论中最重要的定理之一。对任意多播网络，当以信宿数目$|T|$为参数时，$q \geq |T|$是已知的存在 GF(q)线性解的最佳充分条件（见 2.1.3 节所述的流迭代线性解高效构建方法）。而对于 $\omega = 2$ 的多播网络，可以证明 $q > O\left(\sqrt{|T|}\right)$ 是存在 GF(q)-线性解的一个更强充分条件[4, 5]。

2.1.3　线性解高效构建算法

定理 2-1 证明了在多播网络中，当有限域 GF(q)满足 $q > |T|$时，一定存在 GF(q)-线性解。然而，该定理并没有论述如何在此充分条件下高效地构建出一组 GF(q)-线性解。本节将介绍两种经典的线性解高效构建方法——矩阵填充（Matrix Completion）法[6]和流迭代（Flow-Path）法。

2.1.3.1　矩阵填充法

GF(q)-混合矩阵是指一个矩阵中每个元素不是属于 GF(q)就是取自一个未知数集合 $\mathcal{X}$ 的未知数。假设有 $|T|$ 个 $|E|\times|E|$ 混合矩阵 $A_1, A_2, \cdots, A_{|T|}$，其中每个矩阵的行列式均是一个非零 GF($q$)-多元多项式，同时令 F 为有限域 GF(q)中的一个满足 $|F| > |T|$ 的子集。矩阵填充法可以通过迭代的方式，对每个未知数 $x \in \mathcal{X}$，均将其赋值为一个 F 中的元素 k，使得每个矩阵 $A_j, 1 \leqslant j \leqslant |T|$，在设定 $x = k$ 后，其行列式依旧是非零 GF(q)-多元多项式。在迭代选择 $k \in F$ 赋值给 x 时，每个矩阵 A_j 均保持为一个 GF(q)-混合矩阵，因此存在高效算法来实现迭代赋值的步骤。直到所有的未知数均被赋值为 F 中的元素后，每个矩阵 $A_j, 1 \leqslant j \leqslant |T|$，均成为一个 GF($q$)上的满秩矩阵。针对一个多播网络，首先将每个信宿 $t \in T$ 的 GF(q)-判定矩阵 $M_t = \begin{bmatrix} A & 0 \\ I_{|E|-\omega} - K & B_t \end{bmatrix}$ 中的局部编码核

$k_{d,e}$ 视为未知数 $x_{d,e}$，这样 M_t 就变成了 GF(q)-混合矩阵。通过矩阵填充法对未知数赋值，当所有的未知数均被赋值为 F 中的元素后，M_t 便成为一个 GF(q)上的满秩矩阵，根据定理 2-1，所分配的 GF(q)-线性网络编码($k_{d,e}$)为一组线性解。基于拟阵论所设计的矩阵完成算法构建一组 GF(q)-线性解的计算复杂度为 $O(|T||E|^3 \log|E|)$[6]。

2.1.3.2　流迭代法

令 F 为有限域 GF(q)中的一个满足 $|F| \geqslant |T|$ 的子集，任务目标依然是高效确定多播网络中所有的局部编码核在 F 中的取值使得所构建($k_{d,e}$)为 GF(q)-线性解。首先，对于多播网络中的每个信宿 $t \in T$，构造一个边集 Ω_t，其中包含

从 Out(s)到 t 的 ω 条边分离路径。将网络中所有的边按照自上而下的顺序进行编号，局部编码核的分配过程是通过每个信宿 $t \in T$ 所对应的集合 B_t 来跟踪，其中 B_t 在迭代过程中保持包含 ω 条边，分别来自边集 Ω_t 中 ω 条边分离路径。对于每个 $t \in T$，由于信源节点 s 的 ω 条出边一定分属于 s 到 t 的 ω 条边分离路径，故 B_t 的初始化条件都是 $B_t = $ Out(s)。同时，将信源出边 $e \in $ Out(s)的全局编码核 $\boldsymbol{f}_e$ 设定为 ω 维单位向量，即 $[\boldsymbol{f}_e]_{e \in \mathrm{Out}(s)} = \boldsymbol{I}_\omega$。局部编码核的分配过程是按边集 $E\backslash$Out(s)中已规定的拓扑顺序依次处理边 $e \in E\backslash$Out(s)：初始化集合 $D = \varnothing$，$T' = \varnothing$；假设 e 为中间节点 v 的一条出边，检视所有 v 的入边 $d \in$ In(v)，如果边对(d, e)在某个信宿 $t \in T$ 的边集 Ω_t 所包含的边分离路径上，则将边 d 加入集合 D，将信宿 t 加入集合 T'；若 v 的入边 $d \in$ In(v)不属于 D，直接设 $k_{d,e} = 0$，否则，选择 F 中合适的元素赋值予 $k_{d,e}$，并更新边 e 中的全局编码核 $\boldsymbol{f}_e = \sum\limits_{d \in \mathrm{In}(v)} k_{d,e} \boldsymbol{f}_d$，使得 $B_t, t \in T'$ 中的 ω 条边所对应的全局编码核线性独立，以保证并置矩阵 $[\boldsymbol{f}_b]_{b \in B_t}$ 满秩（当 $|F| \geqslant |T|$ 时，可以证明该种赋值方式一定存在）。当所有的边 $e \in E\backslash$Out(s)均被处理完毕后，必然对应于所有的信宿 $t \in T, B_t = $ In(t)。同时由于 $[\boldsymbol{f}_b]_{b \in B_t}$ 在迭代过程中均保持满秩，所生成的线性网络编码($k_{d,e}$)为一组 GF(q)-线性解。由 Jaggi 等人[7]基于上述流迭代法思想提出的一个 GF(q)-线性解经典构建算法的计算复杂度为 $O(|E||T|\omega(|T| + |E|))$。

例 2-3　采用流迭代算法构造如图 2-1-3 所示蝶形网络的 GF(2)-线性解，网络拓扑图中已经给出了边集中自上而下的标号顺序，有限域选择 GF(2)，单一信源节点 s 的出边 Out(s)$=\{e_1, e_2\}$，u 与 v 为信宿。初始时，设置 $\boldsymbol{f}_{e_1} = \begin{pmatrix} 1 \\ 0 \end{pmatrix}, \boldsymbol{f}_{e_2} = \begin{pmatrix} 0 \\ 1 \end{pmatrix}$，

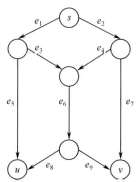

图 2-1-3　蝶形网络（边集拓扑顺序已规定）

$\Omega_u = \{e_1e_5, e_2e_4e_6e_8\}$，$\Omega_v = \{e_1e_3e_6e_9, e_2e_7\}$ 及 $B_u = B_v = \{e_1, e_2\}$。表 2-1-1 列出了按顺序从 e_3 到 e_9 逐步分配局部编码核过程中，B_u、B_v 和全局编码核 $\boldsymbol{f}_{e_i}$ 的更新过程。

表 2-1-1　流迭代法构建蝶形网络中一组 GF(2)-线性解的过程

处理的边	e_3	e_4	e_5	e_6	e_7	e_8	e_9
B_u	e_1, e_2	e_1, e_4	e_5, e_4	e_5, e_6	e_5, e_6	e_5, e_8	e_5, e_8
B_v	e_3, e_2	e_3, e_2	e_3, e_2	e_6, e_2	e_6, e_7	e_6, e_7	e_9, e_7
$\boldsymbol{f}_{e_i}$	$(1,0)^{\mathrm{T}}$	$(0,1)^{\mathrm{T}}$	$(1,0)^{\mathrm{T}}$	$(1,1)^{\mathrm{T}}$	$(0,1)^{\mathrm{T}}$	$(1,1)^{\mathrm{T}}$	$(1,1)^{\mathrm{T}}$

2.2　向量线性网络编码

2.1 节介绍的线性网络编码模型中，数据传输与编码单元均为取值于有限域 GF(q)的单个数据符号，即中间节点在接收其每条入边所传输的单个数据符号后，即可基于局部编码核对所接收数据符号进行 GF(q)上的线性组合以生成出边待传数据符号。该类线性网络编码方案被称为**标量线性网络编码**。在实际的网络传输过程中，信源不是只传单个数据符号至信宿，而是需要将数据符号流顺序传输至信宿；每条边传输的也不是单一数据符号，而是数据符号流。这样，在建模线性网络编码操作时，可以将每条边传输的 L 个数据符号看成一个整体数据单元以供中间节点编码，这是一种更广义的线性网络编码思想[8, 9]，称为**向量线性网络编码**。

2.2.1　数学模型

给定有限域 GF(q)，设数据传输与编码单元均为 L 个数据符号组成的 L 维行向量。假设网络中一个中间节点 v 从 e_1 和 e_2 两条入边分别收到数据单元 $\boldsymbol{m}_1 = (m_{11}, m_{12}, \cdots, m_{1L})$ 与 $\boldsymbol{m}_2 = (m_{21}, m_{22}, \cdots, m_{2L})$，其出边 e_3 待传数据单元 $\boldsymbol{m}_3 = (m_{31}, m_{32}, \cdots, m_{3L})$。如图 2-2-1（a）所示，基于 2.1 节所讨论的 GF(q)-标量线性网络编码，数据单元 $\boldsymbol{m}_3$ 中数据符号 $m_{31}, m_{32}, \cdots, m_{3L}$ 由相同的 GF(q)上

二元线性函数 f 通过不同的取值而确定，即 $m_{31} = f(m_{11}, m_{21}), \cdots, m_{3L} = f(m_{1L}, m_{2L})$。该二元线性函数 f 的系数即为相邻边对 (e_1, e_3) 与 (e_2, e_3) 所对应的局部编码核 $k_{1,3}$ 与 $k_{2,3}$，即 $\boldsymbol{m}_3 = k_{1,3}\boldsymbol{m}_1 + k_{2,3}\boldsymbol{m}_2$。对于向量线性网络编码，节点 v 中的可选编码操作不局限于单一线性函数。如图 2-2-1（b）所示，数据单元 $\boldsymbol{m}_3$ 中数据符号 $m_{31}, m_{32}, \cdots, m_{3L}$ 分别由 GF(q) 上不同的 $2L$ 元线性函数 $f_1, f_2, \cdots, f_L$ 来确定。可见，向量线性网络编码所允许的中间节点编码操作比标量线性网络编码更广义。

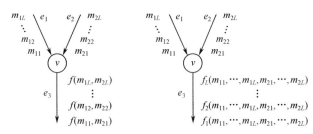

（a）标量线性网络编码的线性操作　（b）向量线性网络编码的线性操作

图 2-2-1　标量线性网络编码和向量线性网络编码比较

向量线性网络编码是标量线性网络编码的一个扩展，前者概念的提出有助于证明并不是任何线性可解网络均存在标量线性网络编码解[8, 9]。

例 2-4　经典的多信源多播网络（M 网络）[8] 如图 2-2-2 所示，具有 4 个信源 s_1, s_2, s_3, s_4 和 4 个信宿 t_1, t_2, t_3, t_4，4 个信宿分别需要接收信源 $\{s_1, s_3\}$，$\{s_1, s_4\}$，$\{s_2, s_3\}$，$\{s_2, s_4\}$ 所生成的数据单元。可以证明，无论选择何种有限域 GF(q)，M 网络均不存在 GF(q)-标量线性解。然而，图 2-2-2 描绘了一种简单的任意有限域 GF(q) 上的 2 维向量线性网络编码解，即每个信源生成的与每条边传输的数据单元均为 2 个数据符号组成的 2 维 GF(q)-行向量。

与标量线性网络编码相同，局部编码核与全局编码核也是刻画向量线性网络编码的核心参量。由于向量线性网络编码的数据单元已由标量线性网络编码中的有限域符号 m_e 扩展成为 L 维 GF(q)-向量 $\boldsymbol{m}_e$，故向量线性网络编码中的编码操作建模要从基于有限域 GF(q) 的线性变换扩展成基于 L 维向量空间 GF(q)^L 的线性变换操作。向量的线性变换所对应的系数为矩阵，故向量线性网络编码的局部编码核应选自 $L \times L$ 维 GF(q)-矩阵。而在多播网络中，由于

信源所生成的 ω 个数据单元按列并置成为一个 ωL 维行向量$[\boldsymbol{m}_d]_{d\in\text{Out}(s)}$，为了刻画每条边 e 所传输的 ω 维行向量数据单元 $\boldsymbol{m}_e$ 与信源数据符号$[\boldsymbol{m}_d]_{d\in\text{Out}(s)}$间的线性关系，所以全局编码核则应建模为一个 $\omega L\times\omega$ 维 GF(q)-矩阵。

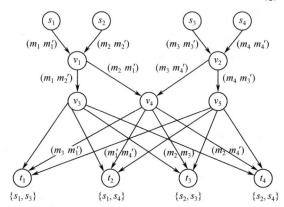

图 2-2-2　多信源多播 M 网络（4 信源 4 信宿）

定义 2-4　在多播网络中，**L 维 GF(q)-向量线性网络编码**($K_{d,e}$)——记为 GF(q)^L-向量线性网络编码——为每条边对$(d, e)\in E\times E$ 均分配一个 $L\times L$ 的 GF(q)-矩阵 $\boldsymbol{K}_{d,e}$，其中若(d, e)不为相邻边对，则 $\boldsymbol{K}_{d,e}=\boldsymbol{0}$。对每条边 $e\in E$ 均可确定唯一的 $\omega L\times L$ 维 GF(q)-矩阵 $\boldsymbol{F}_e$ 使得下列条件成立：

（1）按列并置 $\omega L\times L$ 矩阵$[\boldsymbol{F}_e]_{e\in\text{Out}(s)}$等于 $\omega L\times\omega L$ 单位阵$\boldsymbol{I}_{\omega L}$；

（2）对于任意其他非信源节点 v 的出边 e，

$$\boldsymbol{F}_e = \sum_{d\in\text{In}(v)} \boldsymbol{F}_d\boldsymbol{K}_{d,e} \circ$$

矩阵 $\boldsymbol{K}_{d,e}$ 被称为边对(d, e)的**局部编码核**，矩阵 $\boldsymbol{F}_e$ 被称为边 e 的**全局编码核**。若对所有信宿 $t\in T$，$\omega L\times\omega L$ 维矩阵$[\boldsymbol{F}_e]_{e\in\text{In}(t)}$均满秩，则该 GF($q$)^L-向量线性网络编码被称为多播网络的一组 GF(q)^L-**向量线性解**。

与标量线性网络编码类似，给定 GF(q)^L-向量线性网络编码($K_{d,e}$)，对于中间节点 v，其出边所传 L 维 GF(q)-行向量 $\boldsymbol{m}_e$，$e\in\text{Out}(v)$，可由其入边所传 L 维行向量 $\boldsymbol{m}_d$，$d\in\text{In}(v)$ 及中间节点 v 中的局部编码核 $\boldsymbol{K}_{d,e}$ 来确定：

$$\boldsymbol{m}_e = \sum_{d\in\text{In}(v)} \boldsymbol{m}_d\boldsymbol{K}_{d,e}$$

也可通过信源数据符号$[\boldsymbol{m}_d]_{d\in\mathrm{Out}(s)}$与全局编码核 $\boldsymbol{F}_e$ 来确定：

$$\boldsymbol{m}_e = [\boldsymbol{m}_d]_{d\in\mathrm{Out}(s)}\boldsymbol{F}_e$$

例 2-5　如图 2-2-2 所示，M 网络的 $GF(2)^2$-向量线性解，所对应的局部编码核为：

$$\boldsymbol{K}_{s_1v_1,v_1v_3} = \boldsymbol{K}_{s_2v_1,v_1v_4} = \boldsymbol{K}_{s_3v_2,v_2v_4} = \boldsymbol{K}_{s_4v_2,v_2v_5} = \boldsymbol{K}_{v_1v_4,v_4t_3} = \boldsymbol{K}_{v_1v_4,v_4t_4} = \boldsymbol{K}_{v_2v_4,v_4t_1} = \begin{bmatrix} 1 & 0 \\ 0 & 0 \end{bmatrix},$$

$$\boldsymbol{K}_{s_1v_1,v_1v_4} = \boldsymbol{K}_{s_2v_1,v_1v_3} = \boldsymbol{K}_{s_3v_2,v_2v_5} = \boldsymbol{K}_{s_4v_2,v_2v_4} = \boldsymbol{K}_{v_1v_4,v_4t_1} = \boldsymbol{K}_{v_2v_4,v_4t_2} = \boldsymbol{K}_{v_2v_4,v_4t_4} = \begin{bmatrix} 0 & 0 \\ 0 & 1 \end{bmatrix},$$

$$\boldsymbol{K}_{v_1v_4,v_4t_2} = \begin{bmatrix} 0 & 0 \\ 1 & 0 \end{bmatrix}, \quad \boldsymbol{K}_{v_2v_4,v_4t_3} = \begin{bmatrix} 0 & 1 \\ 0 & 0 \end{bmatrix},$$

$\boldsymbol{K}_{d,e} = \boldsymbol{I}_2$，当 $d \in \mathrm{In}(v_3), e \in \mathrm{Out}(v_3)$或 $d \in \mathrm{In}(v_5), e \in \mathrm{Out}(v_5)$。

对于 4 个信宿节点，其入边所对应全局编码核的按列并置分别为：

$$[\boldsymbol{F}_e]_{e\in\mathrm{In}(t_1)} = \begin{bmatrix} 1 & 0 & 0 & 0 & 0 & 0 \\ 0 & 0 & 0 & 1 & 0 & 0 \\ 0 & 0 & 0 & 0 & 0 & 0 \\ 0 & 1 & 0 & 0 & 0 & 0 \\ 0 & 0 & 1 & 0 & 0 & 0 \\ 0 & 0 & 0 & 0 & 0 & 1 \\ 0 & 0 & 0 & 0 & 1 & 0 \\ 0 & 0 & 0 & 0 & 0 & 0 \end{bmatrix}, \quad [\boldsymbol{F}_e]_{e\in\mathrm{In}(t_2)} = \begin{bmatrix} 1 & 0 & 0 & 0 & 0 & 0 \\ 0 & 0 & 1 & 0 & 0 & 0 \\ 0 & 0 & 0 & 0 & 0 & 0 \\ 0 & 1 & 0 & 0 & 0 & 0 \\ 0 & 0 & 0 & 0 & 0 & 0 \\ 0 & 0 & 0 & 0 & 0 & 1 \\ 0 & 0 & 0 & 0 & 1 & 0 \\ 0 & 0 & 0 & 1 & 0 & 0 \end{bmatrix},$$

$$[\boldsymbol{F}_e]_{e\in\mathrm{In}(t_3)} = \begin{bmatrix} 1 & 0 & 0 & 0 & 0 & 0 \\ 0 & 0 & 0 & 0 & 0 & 0 \\ 0 & 0 & 1 & 0 & 0 & 0 \\ 0 & 1 & 0 & 0 & 0 & 0 \\ 0 & 0 & 0 & 1 & 0 & 0 \\ 0 & 0 & 0 & 0 & 0 & 1 \\ 0 & 0 & 0 & 0 & 1 & 0 \\ 0 & 0 & 0 & 0 & 0 & 0 \end{bmatrix}, \quad [\boldsymbol{F}_e]_{e\in\mathrm{In}(t_4)} = \begin{bmatrix} 1 & 0 & 0 & 0 & 0 & 0 \\ 0 & 0 & 0 & 0 & 0 & 0 \\ 0 & 0 & 1 & 0 & 0 & 0 \\ 0 & 1 & 0 & 0 & 0 & 0 \\ 0 & 0 & 0 & 0 & 0 & 0 \\ 0 & 0 & 0 & 0 & 0 & 1 \\ 0 & 0 & 0 & 0 & 1 & 0 \\ 0 & 0 & 0 & 1 & 0 & 0 \end{bmatrix}。$$

假设多播网络每条边传输的数据单元为 L 维 q 元行向量。当该向量表示有限域 $\mathrm{GF}(q^L)$ 中元素时，中间节点的编码操作需要遵从 $\mathrm{GF}(q^L)$-标量线性网络编码；当其被视为向量空间 $\mathrm{GF}(q)^L$ 中的向量时，中间节点的编码操作便属于 $\mathrm{GF}(q)^L$-向量线性网络编码。表 2-2-1 比较了 $\mathrm{GF}(q^L)$-标量线性网络编码与 $\mathrm{GF}(q)^L$-向量线性网络编码的基本结构，可以看出，在数据单元大小一样的情况下，向量线性网络编码所提供的备选局部编码核比标量线性网络编码多指数倍。

表 2-2-1　标量线性网络编码与向量线性网络编码的比较

多播网络	标量线性网络编码	向量线性网络编码
数据单元代数结构	有限域 $\mathrm{GF}(q^L)$	向量空间 $\mathrm{GF}(q)^L$
局部编码核	$\mathrm{GF}(q^L)$ 中元素	$L\times L$ 维 $\mathrm{GF}(q)$-矩阵
局部编码核可选数量	q^L	q^{L^2}

当数据单元大小均为 q^L 的情况下，可以通过下面两个层面将向量线性网络编码看成标量线性网络编码的扩展。首先，我们可以直观地看出每个 $\mathrm{GF}(q^L)$-标量线性网络编码自然而然就是一个（维度为 1）的 $\mathrm{GF}(q)^L$-向量线性网络编码；更深层次地，可以通过以下方法将有限域 $\mathrm{GF}(q^L)$ 中元素表示为 $L\times L$ 维 $\mathrm{GF}(q)$-矩阵，同时有限域中操作看成矩阵操作[10]，从而任意网络的 $\mathrm{GF}(q^L)$-标量线性解均可转换为一个 $\mathrm{GF}(q)^L$-向量线性解。

令 α 为一个 $\mathrm{GF}(q)$ 上 L 阶本原多项式 $p(x) = a_0 + a_1x + \cdots + a_{L-1}x^{L-1} + x^L$ 的根，这样 α 便是 $\mathrm{GF}(q^L)$ 的本原元，同时 $\mathrm{GF}(q^L)$ 中 q^L 个元素可表示为 $0, 1, \alpha, \alpha^2, \cdots, \alpha^{q^{L-2}}$。令 C_p 表示本原多项式 $p(x)$ 所对应的 $\mathrm{GF}(q)$ 上 $L\times L$ 维伴随矩阵：

$$C_p = \begin{bmatrix} \mathbf{0} & -a_0 \\ & -a_1 \\ \mathbf{I}_{L-1} & -a_2 \\ & \vdots \\ & -a_{L-1} \end{bmatrix}。$$

基于 C_p，可定义如下映射 φ 将 $\mathrm{GF}(q^L)$ 中元素映射至 $L\times L$ 矩阵：

$$\varphi(0) = \mathbf{0} \qquad \varphi(\alpha^l) = \mathbf{C}_p^l \quad 0 \leqslant l \leqslant q^L - 2 \qquad (2\text{-}2\text{-}1)$$

由哈密顿-凯莱（Hamilton-Cayley）定理可知，$p(\mathbf{C}_p) = \mathbf{0}$，即将矩阵 $\mathbf{C}_p$ 赋值于本原多项式中的未知数，其计算结果 $a_0 + a_1\mathbf{C}_p + \cdots + a_{L-1}\mathbf{C}_p^{L-1}$ 等于 $L \times L$ 的零矩阵。基于此定理，可以进一步得出 $\{\mathbf{0}, \mathbf{C}_p^0 = \mathbf{I}_L, \mathbf{C}_p, \cdots, \mathbf{C}_p^{q^L-2}\}$ 是有限域 $\mathrm{GF}(q^L)$ 元素的矩阵表示，其加法、乘法、求逆运算就是矩阵中的加法、乘法与求逆运算。

由于在 $\mathrm{GF}(q)$ 上可能存在不同的 L 次本原多项式，而每个本原多项式对应的伴随矩阵均不同，故有限域 $\mathrm{GF}(q^L)$ 可能具有多个矩阵表示方法，但是它们表示的都是同一个有限域结构 $\mathrm{GF}(q^L)$。

例 2-6 在 $\mathrm{GF}(2)$ 上，$p_1(x) = 1 + x + x^3$ 与 $p_2(x) = 1 + x^2 + x^3$ 均为 3 次本原多项式。$\mathrm{GF}(2)$ 中 $-1 = 1$，故 $p_1(x)$ 与 $p_2(x)$ 的伴随矩阵分别为 $\mathbf{C}_{p_1} = \begin{bmatrix} 0 & 0 & 1 \\ 1 & 0 & 1 \\ 0 & 1 & 0 \end{bmatrix}$，

$\mathbf{C}_{p_2} = \begin{bmatrix} 0 & 0 & 1 \\ 1 & 0 & 0 \\ 0 & 1 & 1 \end{bmatrix}$。$\mathrm{GF}(2)$ 的扩展域 $\mathrm{GF}(2^3)$ 具有以下两种矩阵表示方法：

$$\mathrm{GF}(2^3) = \{\mathbf{0}, \mathbf{C}_{p_1}^0 = \mathbf{I}_3, \mathbf{C}_{p_1}, \cdots, \mathbf{C}_{p_1}^6\},$$

$$\mathrm{GF}(2^3) = \{\mathbf{0}, \mathbf{C}_{p_2}^0 = \mathbf{I}_3, \mathbf{C}_{p_2}, \cdots, \mathbf{C}_{p_2}^6\}。$$

那么，每个 $\mathrm{GF}(q^L)$-标量线性网络编码($k_{d,e}$)，都可以基于式（2-2-1）中的映射 φ，对应一个 $\mathrm{GF}(q)^L$-向量线性网络编码($\mathbf{K}_{d,e}$)，其中 $\mathbf{K}_{d,e} = \varphi(k_{d,e})$。由于映射 φ 直接将有限域 $\mathrm{GF}(q^L)$ 中元素表示成 $\mathrm{GF}(q)$ 上的 $L \times L$ 矩阵，且有限域中的加法、乘法、求逆操作均表示为矩阵中的加法、乘法、求逆操作，所以一个 $\mathrm{GF}(q^L)$ 上的 $m \times n$ 矩阵 $\mathbf{A}$ 满秩的充要条件是将 $\mathbf{A}$ 中 $\mathrm{GF}(q^L)$-元素通过映射 φ 表示为 $L \times L$ 矩阵后得到的 $\mathrm{GF}(q)$ 上 $mL \times nL$ 新矩阵 $\mathbf{A}'$ 满秩。通过此等价性质，可以很自然地得出下述一般性网络中（可以是多信源多信宿网络）标量线性解与向量线性解的关系。

定理 2-2 考虑网络中一个 $GF(q^L)$-标量线性网络编码$(k_{d,e})$及其对应的 $GF(q)^L$-向量线性网络编码$(\boldsymbol{K}_{d,e})$，其中 $\boldsymbol{K}_{d,e} = \varphi(k_{d,e})$，$\varphi$ 为式（2-2-1）中定义的映射。该 $GF(q^L)$-标量线性网络编码$(k_{d,e})$为网络中一组标量线性解的充要条件是 $GF(q)^L$-向量线性网络编码$(\boldsymbol{K}_{d,e})$为网络中的一组向量线性解。

例 2-7 如图 2-2-3 所示的$(4, 2)$-组合网络中，$\omega = 2$，存在 4 个中间节点和 6 个信宿。令 $L=3$，我们首先在扩展域 $GF(2^3)$ 上给出一个标量线性解；令 α 为 3 次 $GF(2)$-本原多项式 $p(x) = 1 + x + x^3$ 的一个根，8 个扩展域元素可以表示为：$0, 1 (= \alpha^7), \alpha, \alpha^2, \alpha^3 (=\alpha+1), \alpha^4 (= \alpha^2 + \alpha), \alpha^5 (= \alpha^2 + \alpha + 1), \alpha^6 (= \alpha^2 + 1)$。

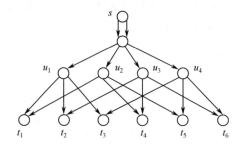

图 2-2-3 $(4, 2)$-组合网络

因为组合网络中每个信宿 t_i 的 2 条入边分别来自 2 个中间节点，而中间节点 u_j 的入度等于 1，所以只要给定 $GF(2^3)$-标量线性网络编码所对应 4 个中间节点 u_j 入边的全局编码核相互线性独立，同时 u_j 中局部编码核 $k_{d,e}$，$d \in \text{In}(u_j)$，$e \in \text{Out}(u_j)$，均为 1，该码即为一组$(4,2)$-组合网络的标量线性解。考虑如下 $GF(2^3)$-标量线性解，其对应的 4 个中间节点入边的全局编码核按列并置等于 $N = \begin{bmatrix} 0 & 1 & 1 & 1 \\ 1 & 0 & \alpha & \alpha^2 \end{bmatrix}$。相应地：

$$[f_e]_{e \in \text{In}(t_1)} = \begin{bmatrix} 0 & 1 \\ 1 & 0 \end{bmatrix}, \quad [f_e]_{e \in \text{In}(t_2)} = \begin{bmatrix} 0 & 1 \\ 1 & \alpha \end{bmatrix}, \quad [f_e]_{e \in \text{In}(t_3)} = \begin{bmatrix} 0 & 1 \\ 1 & \alpha^2 \end{bmatrix},$$

$$[f_e]_{e \in \text{In}(t_4)} = \begin{bmatrix} 1 & 1 \\ 0 & \alpha \end{bmatrix}, \quad [f_e]_{e \in \text{In}(t_5)} = \begin{bmatrix} 1 & 1 \\ 0 & \alpha^2 \end{bmatrix}, \quad [f_e]_{e \in \text{In}(t_6)} = \begin{bmatrix} 1 & 1 \\ \alpha & \alpha^2 \end{bmatrix}。$$

每个信宿 t_j 的 $GF(2^3)$ 上 2×2 译码矩阵 $\boldsymbol{D}_j$ 分别为：

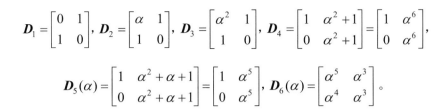

$$\boldsymbol{D}_5(\alpha) = \begin{bmatrix} 1 & \alpha^2 + \alpha + 1 \\ 0 & \alpha^2 + \alpha + 1 \end{bmatrix} = \begin{bmatrix} 1 & \alpha^5 \\ 0 & \alpha^5 \end{bmatrix}, \quad \boldsymbol{D}_6(\alpha) = \begin{bmatrix} \alpha^5 & \alpha^3 \\ \alpha^4 & \alpha^3 \end{bmatrix}.$$

可以检验，对于每个信宿 t_j，$[f_e]_{e \in \mathrm{In}(t_j)} \boldsymbol{D}_j = \boldsymbol{I}_2$。通过此 GF($2^3$)-标量线性解，定义一个 GF($2$)^3-向量线性网络编码，即将局部编码核中 0 元素替换为 3×3 零矩阵，元素 α^m 替换为 $\boldsymbol{C}_p{}^m$，其中 $\boldsymbol{C}_p = \begin{bmatrix} 0 & 0 & 1 \\ 1 & 0 & 1 \\ 0 & 1 & 0 \end{bmatrix}$ 为 GF(2)-本原多项式 $p(x) = 1 + x + x^3$ 的 GF(2)上伴随矩阵。该向量线性网络编码所对应的 4 个中间节点入边的全局编码核按列并置等于 $\boldsymbol{N}' = \begin{bmatrix} 0 & \boldsymbol{I}_3 & \boldsymbol{I}_3 & \boldsymbol{I}_3 \\ \boldsymbol{I}_3 & 0 & \boldsymbol{C}_p & \boldsymbol{C}_p^2 \end{bmatrix}$，同时每个信宿 t_j 入边的全局编码核按列并置分别为：

$$[\boldsymbol{F}_e]_{e \in \mathrm{In}(t_1)} = \begin{bmatrix} 0 & \boldsymbol{I}_3 \\ \boldsymbol{I}_3 & 0 \end{bmatrix}, \quad [\boldsymbol{F}_e]_{e \in \mathrm{In}(t_2)} = \begin{bmatrix} 0 & \boldsymbol{I}_3 \\ \boldsymbol{I}_3 & \boldsymbol{C}_p \end{bmatrix}, \quad [\boldsymbol{F}_e]_{e \in \mathrm{In}(t_3)} = \begin{bmatrix} 0 & \boldsymbol{I}_3 \\ \boldsymbol{I}_3 & \boldsymbol{C}_p^2 \end{bmatrix},$$

$$[\boldsymbol{F}_e]_{e \in \mathrm{In}(t_4)} = \begin{bmatrix} \boldsymbol{I}_3 & \boldsymbol{I}_3 \\ 0 & \boldsymbol{C}_p \end{bmatrix}, \quad [\boldsymbol{F}_e]_{e \in \mathrm{In}(t_5)} = \begin{bmatrix} \boldsymbol{I}_3 & \boldsymbol{I}_3 \\ 0 & \boldsymbol{C}_p^2 \end{bmatrix}, \quad [\boldsymbol{F}_e]_{e \in \mathrm{In}(t_6)} = \begin{bmatrix} \boldsymbol{I}_3 & \boldsymbol{I}_3 \\ \boldsymbol{C}_p & \boldsymbol{C}_p^2 \end{bmatrix}.$$

同样地，将 GF(2^3)上 2×2 矩阵 $\boldsymbol{D}_j$ 中 0 元素替换为 3×3 零矩阵，元素 α^m 替换为 $\boldsymbol{C}_p{}^m$，可得：

$$\boldsymbol{D}_1{}' = \begin{bmatrix} 0 & \boldsymbol{I}_3 \\ \boldsymbol{I}_3 & 0 \end{bmatrix}, \quad \boldsymbol{D}_2{}' = \begin{bmatrix} \boldsymbol{C}_p & \boldsymbol{I}_3 \\ \boldsymbol{I}_3 & 0 \end{bmatrix}, \quad \boldsymbol{D}_3{}' = \begin{bmatrix} \boldsymbol{C}_p^2 & \boldsymbol{I}_3 \\ \boldsymbol{I}_3 & 0 \end{bmatrix},$$

$$\boldsymbol{D}_4{}' = \begin{bmatrix} \boldsymbol{I}_3 & \boldsymbol{C}_p^6 \\ 0 & \boldsymbol{C}_p^6 \end{bmatrix}, \quad \boldsymbol{D}_5{}' = \begin{bmatrix} \boldsymbol{I}_3 & \boldsymbol{C}_p^5 \\ 0 & \boldsymbol{C}_p^5 \end{bmatrix}, \quad \boldsymbol{D}_6{}' = \begin{bmatrix} \boldsymbol{C}_p^5 & \boldsymbol{C}_p^3 \\ \boldsymbol{C}_p^4 & \boldsymbol{C}_p^3 \end{bmatrix}.$$

不难检验，对于任意信宿 t_j，$[\boldsymbol{F}_e]_{e \in \mathrm{In}(t_j)} \boldsymbol{D}_j' = \boldsymbol{I}_6$，例如：

$$[\boldsymbol{F}_e]_{e \in \text{In}(t_6)} = \begin{bmatrix} \boldsymbol{I}_3 & \boldsymbol{I}_3 \\ \boldsymbol{C}_{p_1} & \boldsymbol{C}_{p_1}^2 \end{bmatrix} = \begin{bmatrix} 1 & 0 & 0 & 1 & 0 & 0 \\ 0 & 1 & 0 & 0 & 1 & 0 \\ 0 & 0 & 1 & 0 & 0 & 1 \\ 0 & 0 & 1 & 0 & 1 & 0 \\ 1 & 0 & 1 & 0 & 1 & 1 \\ 0 & 1 & 0 & 1 & 0 & 1 \end{bmatrix},$$

$$\boldsymbol{D}_6{}' = \begin{bmatrix} \boldsymbol{C}_p^5 & \boldsymbol{C}_p^3 \\ \boldsymbol{C}_p^4 & \boldsymbol{C}_p^3 \end{bmatrix} = \begin{bmatrix} 1 & 1 & 1 & 1 & 0 & 1 \\ 1 & 0 & 0 & 1 & 1 & 1 \\ 1 & 1 & 0 & 0 & 1 & 1 \\ 0 & 1 & 1 & 1 & 0 & 1 \\ 1 & 1 & 0 & 1 & 1 & 1 \\ 1 & 1 & 1 & 0 & 1 & 1 \end{bmatrix},$$

$$[\boldsymbol{F}_e]_{e \in \text{In}(t_6)} \boldsymbol{D}_6{}' = \begin{bmatrix} 1 & 0 & 0 & 1 & 0 & 0 \\ 0 & 1 & 0 & 0 & 1 & 0 \\ 0 & 0 & 1 & 0 & 0 & 1 \\ 0 & 0 & 1 & 0 & 1 & 0 \\ 1 & 0 & 1 & 0 & 1 & 1 \\ 0 & 1 & 0 & 1 & 0 & 1 \end{bmatrix} \begin{bmatrix} 1 & 1 & 1 & 1 & 0 & 1 \\ 1 & 0 & 0 & 1 & 1 & 1 \\ 1 & 1 & 0 & 0 & 1 & 1 \\ 0 & 1 & 1 & 1 & 0 & 1 \\ 1 & 1 & 0 & 1 & 1 & 1 \\ 1 & 1 & 1 & 0 & 1 & 1 \end{bmatrix} = \begin{bmatrix} 1 & 0 & 0 & 0 & 0 & 0 \\ 0 & 1 & 0 & 0 & 0 & 0 \\ 0 & 0 & 1 & 0 & 0 & 0 \\ 0 & 0 & 0 & 1 & 0 & 0 \\ 0 & 0 & 0 & 0 & 1 & 0 \\ 0 & 0 & 0 & 0 & 0 & 1 \end{bmatrix} \text{。}$$

因此，由 $\text{GF}(2^3)$-标量线性解所定义的 $\text{GF}(2)^3$-向量线性网络编码也为一组向量线性解。

综上，向量线性网络编码建模编译码操作的代数结构为向量空间，而标量线性网络编码建模编译码操作的代数结构为有限域。理论上，网络中每组 $\text{GF}(q^L)$-标量线性解均对应一组 $\text{GF}(q)^L$-向量线性解，而存在网络（如 M 网络）具有向量线性解，而在任何有限域上均不存在标量线性解。

在实际应用中，向量线性网络编码具有如下优势：

（1）为了降低线性网络编码编译码操作的复杂度，扩展域的基域需要尽可能小。对于向量线性网络编码而言，有限域可提前选定为 $\text{GF}(2)$，之后根据网络选择合适的维度 L 来构造向量线性解；而对于标量线性网络编码而言，提前选定一个较小的有限域是不可行的，因为对应的标量线性解可能不存在。

（2）向量线性网络编码在网络拓扑发生变化时具有更好的灵活性。假设一个多播网络分别 GF(q^L)-标量线性可解及 GF(q)^L-向量线性可解，当网络拓扑发生变化，有新的信宿节点加入网络中而需要增加数据单元大小来构造新解时，对于向量线性网络编码，直接对相同的有限域 GF(2)增大维度 L 值即可，一个 L 维 GF(2)-向量可以直接扩展为一个 L+1 维 GF(2)-向量，标量则不能，因为当 $L \geq 2$ 时，并没有直接的方法可以将 GF(q^L)的代数结构嵌入 GF(q^{L+1})中。

（3）基于向量线性网络编码的概念，可以设计出高效的编译码方案，如 2.2.3 节所述，可以设计一种对数据单元只进行循环移位和异或操作的向量线性网络编码方案。

2.2.2　线性可解性

基于定理 2-2，多播网络上每组 GF(q^L)-标量线性解均对应一组 GF(q)^L-向量线性解。因此，根据定理 2-1 可知，对于一个多播网络，只要 $q^L \geq |T|$，一定存在一组 GF(q)^L-向量线性解。从表 2-2-1 可知，在数据单元大小均为 q^L 时，向量线性网络编码可以提供的局部编码核数量指数倍多于标量线性网络编码。因此，一个自然的问题是能否通过向量线性网络编码来降低多播网络线性可解性所需数据单元的大小。

首先需要考虑的问题：是否存在多播网络，其 GF(q)^L-向量线性可解，却对于任何有限域 $q' \leq q^L$，均 GF(q')-标量线性不可解？

下面我们将介绍如何构建线性网络编码理论中第一个已知满足上述线性解条件的多播网络 $\mathcal{N}$。

首先，对于如图 2-1-2 所示的(n, 2)-组合网络，其 GF(q^L)-标量线性可解的充要条件是 $q^L \geq n-1$。进一步可以证明[11]，(n, 2)-组合网络 GF(q)^L-向量线性可解的充要条件依然是：

$$q^L \geq n-1.$$

这意味着$(n, 2)$-组合网络中，在同样的数据单元大小下，虽然向量线性网络编码可以提供的局部编码核数量指数倍多于标量线性网络编码，但是局部编码核数量的增多对线性可解性并没有帮助。

下面考虑被称为**漩涡网络**（Swirl Network）[12]的多播网络。漩涡网络的命名源于漩涡拟阵，因漩涡网络的线性可解性条件与漩涡拟阵的线性可表条件相同。如图 2-2-4 所示的漩涡网络的信源出度为ω，其中的点集可以分为 5 层：第一层为出度等于ω的单一信源节点 s；第二层包含ω个入度为 1、出度为 2 的中继节点；第 3 层包含ω个入度为 2、出度为 2 的节点 $n_1, n_2, \cdots, n_\omega$；每个第三层节点，都分别有两个第四层灰色节点与其相连；对任意ω个灰色节点，只要信源到灰色节点的最大流为ω，灰色节点都与一个未画出的第五层信宿节点相连。可以证明，当$\omega \geq 3$时，漩涡网络存在 $GF(q^L)$-标量线性解的充要条件是[12]：$q^L - 1$为非素数同时$q^L \geq 5$，或$q^L > \omega + 2$。

因此，当$q = 2$，$2^L - 1$为素数且$\omega + 2 \geq 2^L$时，漩涡网络并不存在 $GF(2^L)$-标量线性解。在数学上，形如$2^L - 1$的素数被称为**梅森素数**（Mersenne Prime）。表 2-2-2 列出了前 6 个最小梅森素数，可以观察到，其中第 5 个梅森素数$2^{13} - 1$可以写成$2^4 \times 2^9 - 1$，而$2^4 - 1$与$2^9 - 1$都不是梅森素数。由此可知，若$\omega \geq 2^{13} - 2$，则漩涡网络 $GF(2^4)$-标量线性可解、$GF(2^9)$-标量线性可解，然而 $GF(2^{13})$-标量线性不可解。

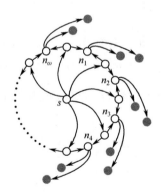

图 2-2-4　信源出度为ω的漩涡网络（点集分为 5 层，第 5 层信宿节点未画出）

表 2-2-2　前 6 个最小梅森素数

#	L	$2^L - 1$
1	2	3
2	3	7
3	5	31
4	7	127
5	13	8 191
6	17	131 071

因为漩涡网络 GF(2^4)-标量线性可解、GF(2^9)-标量线性可解，由定理 2-2 可得，漩涡网络一定存在 GF(2)^4-向量线性解($\boldsymbol{K}_{d,e,1}$)与 GF(2)^9-向量线性解 ($\boldsymbol{K}_{d,e,2}$)。基于这两组向量线性解，定义如下 GF(2)^{13}-向量线性网络编码($\boldsymbol{K}_{d,e}$)：

$$\boldsymbol{K}_{d,e} = \begin{bmatrix} \boldsymbol{K}_{d,e,1} & \boldsymbol{0} \\ \boldsymbol{0} & \boldsymbol{K}_{d,e,2} \end{bmatrix}$$

对于任意 e，用 $\boldsymbol{F}_{e,1}$、$\boldsymbol{F}_{e,2}$、$\boldsymbol{F}_e$ 分别表示码($\boldsymbol{K}_{d,e,1}$)、($\boldsymbol{K}_{d,e,2}$)、($\boldsymbol{K}_{d,e}$)所对应的全局编码核，可得：

$$\boldsymbol{F}_e = \begin{bmatrix} \boldsymbol{F}_{e,1} & \boldsymbol{0} \\ \boldsymbol{0} & \boldsymbol{F}_{e,2} \end{bmatrix}。$$

$\boldsymbol{K}_{d,e}$ 是由 $\boldsymbol{K}_{d,e,1}$ 与 $\boldsymbol{K}_{d,e,2}$ 组成的块对角矩阵，不难证明，向量线性解($\boldsymbol{K}_{d,e,1}$) 与($\boldsymbol{K}_{d,e,2}$)拼接而成的 GF(2)^{13}-向量线性网络编码($\boldsymbol{K}_{d,e}$)也为漩涡网络中的一组向量线性解。

综上，若 $\omega \geqslant 2^{13} - 2$，漩涡网络 GF(2)^{13}-向量线性可解，然而其 GF(2^{13})-标量线性不可解。为了继续构建一个 GF(2)^{13}-向量线性可解，却对任意 $q' \leqslant 2^{13}$ 均有 GF(q')-标量线性不可解的多播网络，可以用如图 2-2-5 所示的方式将漩涡网络与($n+1$, 2)-组合网络合并成一个多播网络 $\mathcal{N}$，该网络有一个出度为 ω 的新信源节点 s'，新信源节点 s' 与漩涡网络的信源节点以 ω 条边相连，与($n+1$, 2)-组合网络的信源节点以 2 条边相连，另外还直接与($n+1$, 2)-组合网络中每个信宿以 $\omega - 2$ 条边相连。基于上述($n+1$, 2)-组合网络与漩涡网络的线性可解性刻画，可知当 $\omega \geqslant 2^{13} - 2$，$n = 2^{13}$ 时，如图 2-2-5 所示的多播网络 $\mathcal{N}$ 存在

GF(2)^{13}-向量线性解，却对任意 $q' \le 2^{13}$ 均不存在 GF(q')-标量线性解[13]。

除了如图 2-2-5 所示的多播网络，目前还已知另一类多播网络，其向量线性解所需数据单元大小比标量线性解小指数倍[14]。

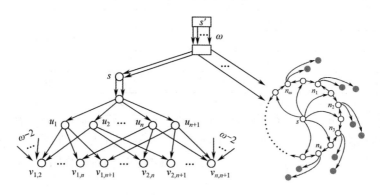

图 2-2-5　GF(2)^{13}-向量线性可解、却对任意 $q' \le 2^{13}$ 均不存在 GF(q')-标量线性解的多播网络

上述实例说明了即使是在多播网络中，向量编码在线性可解性上有以下两个方面优于标量编码：

（1）向量线性解所需的数据单元可以更小。

（2）一组 GF(2)^{L_1}-向量线性解与一组 GF(2)^{L_2}-向量线性解可以组成另一组 GF(2)$^{L_1+L_2}$-向量线性解，但是存在 GF(2^{L_1})-标量线性解与 GF(2^{L_2})-标量线性解，并不代表一定存在 GF($2^{L_1+L_2}$)-标量线性解。

2.2.3　循环移位线性网络编码

2.2 节介绍了向量线性网络编码在构造多播网络线性解方面具有的理论优势。随着线性网络编码理论的发展，其实用性研究也在不断深入，其中一个研究目标是如何降低网络编码的编译码计算复杂度。本节介绍一种实用的**循环移位线性网络编码**（Circular-Shift Linear Network Coding）[15-17]。假设要传输和编码的数据单元均为一个 L 维二元向量，即有限域为 GF(2)，数据单元大小为 2^L。该假设与实际传输场景中的普遍设定一致。

为了降低编译码复杂度，一种最直观的方法是减小数据单元长度 L，但这可能会导致网络在该数据单元结构中不存在线性解，同时对于已经成型的设备而言，单次传输的数据单元长度一般是固定的。

　　为了降低中间节点编码复杂度，一类经典方法是对每条边上收到的 L 维二元向量中元素分别进行置换操作，再将置换后的向量进行异或相加生成新的 L 维二元向量[18]。等价地，该方法刻画了一类特殊的、局部编码核取自 $L \times L$ 置换矩阵的 $\mathrm{GF}(2)^L$-向量线性网络编码。对于一般的矩阵乘法，可以大大降低置换矩阵乘法所需复杂度。然而当 L 增大时，在 L 维向量中进行置换操作所需的开销依然很大，难以被高效地实现。

　　与一般的置换操作相比，循环移位是一类计算复杂度更低且可以很容易通过软硬件实现的操作。由于一个向量上的置换操作可以用该向量乘以一个置换矩阵来表示，因此一个向量上的循环移位操作也可以用该向量乘以一个循环移位矩阵来表示。本节将重点讨论这类特殊的局部编码核选自循环移位矩阵的向量线性网络编码技术，并给出循环移位线性解的构造方法[15-17]，以供实际工程应用参考。

　　用 C_L 表示下面的 $L \times L$ 循环移位矩阵：

$$
C_L = \begin{bmatrix} 0 & 1 & 0 & \cdots & 0 \\ 0 & 0 & 1 & \cdots & 0 \\ 0 & & \cdots & & 0 \\ 0 & & \cdots & & 1 \\ 1 & 0 & \cdots & 0 & 0 \end{bmatrix}
\tag{2-2-2}
$$

　　对 L 维二元向量 $\boldsymbol{m} = (m_L, m_{L-1}, \cdots, m_1)$ 循环右移 j 位操作（$1 \leqslant j \leqslant L$）可生成二元向量 $(m_j, \cdots, m_1, m_L, \cdots, m_{j+1})$，即可表示为矩阵乘法 $\boldsymbol{m} C_L^j$。注意 $C_L^L = C_L^0 = \boldsymbol{I}_L$，即为 $L \times L$ 的单位阵。令 $1 \leqslant \delta \leqslant L$ 为一整数变量，对应 δ，定义集合 $\mathcal{C}_\delta$：

$$
\mathcal{C}_\delta = \left\{ \sum_{j=0}^{L-1} a_j C_L^j : a_j \in \{0,1\}, \sum_{j=0}^{L-1} a_j \leqslant \delta \right\}
$$

　　集合 $\mathcal{C}_\delta$ 中的每个矩阵都可以写成 $C_L, C_L^2, \cdots, C_L^L$ 中最多 δ 个循环移位

矩阵之和。

定义 2-5 局部编码核选自集合 $\mathcal{C}_\delta$ 的 GF(2)^L-向量线性网络编码($K_{d,e}$)被称为 δ 次 **GF(2)^L-循环移位线性网络编码**，若该向量线性网络编码为网络的一组线性解，则该解被称为 δ 次 **GF(2)^L-循环移位线性解**。

对应 δ 次 GF(2)^L-循环移位线性网络编码，中间节点对每条入边所接收的 L 维二元向量执行最多 δ 次循环移位操作。图 2-2-6 描述了一次 GF(2)^L-循环移位线性网络编码中间节点的编码操作。

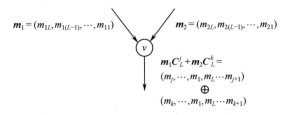

图 2-2-6　一次 GF(2)^L-循环移位线性网络编码中间节点的编码操作

虽然循环移位线性网络编码有显而易见的低编码复杂度优势，但遗憾的是理论上并不是每个多播网络上都存在一组循环移位线性解。

性质 2-3 对于如图 2-1-2 所示的(n, 2)-组合网络及如图 2-2-4 所示的参数为 $\omega = n$ 的漩涡网络，当 $n \geqslant 4$ 时，对于任意 L 和次数 δ，这两类网络均不存在 δ 次 GF(2)^L-循环移位线性解。

虽然并不是每个多播网络上都存在一组可以完全达到网络多播容量的循环移位线性解，但是对于任意网络，可以通过其标量线性解构建一个数据单元长度为 L、冗余为 1、次数不超过 $(L-1)/2$ 的 GF(2)^L-循环移位线性解。

对于数据单元长度为 L、冗余为 1 的 GF(2)^L-循环移位线性网络编码，其每条边传输的及每个节点进行编码操作的数据单元依然为 L 维二元向量，但信源所生成的数据单元为 $L-1$ 维二元向量，且信源需要对所生成的 $L-1$ 维二元向量进行线性操作得到其出边待传输的 L 维二元向量。下述以($L-1$, L)-循环移位线性网络编码简洁地表示这类数据单元长度为 L、冗余为 1、速率为 $(L-1)/L$ 的 GF(2)^L-循环移位线性网络编码方案。

在下面的讨论中，设 L 为一个素数且满足 2 是其本原根，即 $L-1$ 是 j 满足 $2^j \equiv 1 \bmod L$ 的最小正整数取值。此时，可以证明 $f(x) = x^{L-1} + x^{L-2} + \cdots + x + 1$ 是一个二元域 GF(2) 上的既约多项式。注意：该多项式未必为本原多项式。令 α 为 $f(x)$ 的一个根，对于任意 $k \geq 1$，$f(\alpha^{2^k}) = f(\alpha)^{2^k} = 0$。此外，由于 2 是 L 的本原根，$2 \bmod L, 2^2 \bmod L, \cdots, 2^{L-1} \bmod L$ 为 $L-1$ 个不同的整数，因此 $f(x)$ 的 $L-1$ 个根可以表示为 $\alpha, \alpha^2, \cdots, \alpha^{2^{L-2}}$，其均属于扩展域 GF($2^{L-1}$)。另外，根据扩展域相关知识，GF($2^{L-1}$) 中的 2^{L-1} 个元素可唯一地表示为：

$$g'(\alpha) = a'_{L-2}\alpha^{L-2} + \cdots + a'_1\alpha + a'_0, \quad a_{j'} \in \mathrm{GF}(2) \ \forall \ 0 \leqslant j \leqslant L-2$$

由于 $f(\alpha) = \alpha^{L-1} + \cdots + \alpha + 1 = 0$，对于某个 GF($q^{L-1}$) 元素 $g'(\alpha)$，若 $g'(\alpha)$ 中的二元系数 $a'_{L-2}, \cdots, a'_1, a'_0$ 中非零个数大于 $(L-1)/2$，则令

$$a_{L-1} = 1, \ a_{L-2} = 1 \oplus a'_{L-2}, \cdots, a_1 = 1 \oplus a'_1, \ a_0 = 1 \oplus a'_0;$$

否则，令

$$a_{L-1} = 0, a_{L-2} = a'_{L-2}, \cdots, a_1 = a'_1, a_0 = a'_0 。$$

由此，GF(2^{L-1}) 中任意元素 k 均可唯一地对应一 GF(2)-多项式

$$g(x) = a_{L-1}x^{L-1} + \cdots + a_1 x^1 + a_0,$$

满足：

L 个 GF(2)-系数 a_j 中最多有 $(L-1)/2$ 个不为零，且 $k = g(\alpha)$　　　（2-2-3）

定理 2-3　考虑多播网络中 GF(2^{L-1})-标量线性解 $(k_{d,e})$，将每个局部编码核 $k_{d,e} \in \mathrm{GF}(2^{L-1})$ 都表示为 $g_{d,e}(\alpha)$，其中 $g_{d,e}(x)$ 为 $k_{d,e}$ 所对应满足条件（2-2-3）的唯一多项式。按照下述构造方法得到一个 $(L-1)/2$ 次 $(L-1, L)$-循环移位线性网络编码：

（1）信源 s 共生成 ω 组 $L-1$ 维二元向量，在每组向量前分别补充一个二元 0，得到信源出边待传输的 ω 组 L 维二元向量；

（2）对应每条边对 (d, e)，定义局部编码核 $\boldsymbol{K}_{d,e} = g_{d,e}(\boldsymbol{C}_L)$，即用式（2-2-2）

中 $L \times L$ 循环移位矩阵 C_L 替换 α 赋值于多项式 $g_{d,e}(x)$ 中。

该码为多播网络中一组 $(L-1)/2$ 次 $(L-1, L)$-循环移位线性解。进一步，设 $D_t(\alpha)$ 为 $\mathrm{GF}(2^{L-1})$-标量线性解 $(k_{d,e})$ 于信宿 $t \in T$ 的［基于 $\mathrm{GF}(2^{L-1})$ 的］$\omega \times \omega$ 译码矩阵，其中每个 $\mathrm{GF}(2^{L-1})$ 元素均表示成满足条件（2-2-3）的多项式形式。基于此，新构建出的 $(L-1)/2$ 次 $(L-1, L)$-循环移位线性解于信宿 t 的［基于 $\mathrm{GF}(2)$ 的］$\omega L \times \omega(L-1)$ 译码矩阵为 $D_t(C_L) \cdot (I_\omega \otimes \tilde{I}_L)$。其中，$\otimes$ 表示克罗地克积；$\tilde{I}_L$ 表示在单位矩阵 I_{L-1} 的第一行上插入全 1 行向量得到的 $L \times (L-1)$ 矩阵。

定理 2-3 建立了标量线性网络编码和循环移位线性网络编码的一种本质关联。需要注明的是，该本质关联不局限于多播网络，对于满足 2 是其本原根的素数 L，任意网络只要存在 $\mathrm{GF}(2^{L-1})$-标量线性解，即可相应地构造出该网络的一组次数不超过 $(L-1)/2$ 的 $(L-1, L)$-循环移位线性解。

例 2-8 考虑在如图 2-2-3 所示的 $(4, 2)$-组合网络中构建一组 $(L-1)/2$ 次 $(L-1, L)$-循环移位线性解。令 $L = 3$，此 L 值符合 2 是其本原根条件。此时，$f(x) = x^2 + x + 1$ 为 $\mathrm{GF}(2)$ 上的既约多项式，同时也为 $\mathrm{GF}(2)$ 上的本原多项式。令 α 为 $f(x)$ 的一个根，扩展域 $\mathrm{GF}(2^2)$ 中元素可以表示为 $\{0, 1, \alpha, \alpha^2\}$，图 2-2-7 列出了其加法与乘法运算法则。

+	0	1	α	α^2
0	0	1	α	α^2
1	1	0	α^2	α
α	α	α^2	0	1
α^2	α^2	α	1	0

×	0	1	α	α^2
0	0	0	0	0
1	0	1	α	α^2
α	0	α	α^2	1
α^2	0	α^2	1	α

（a）加法运算法则 　　　　　（b）乘法运算法则

图 2-2-7　α 的加法与乘法运算法则

考虑 $(4, 2)$-组合网络中的 $\mathrm{GF}(2^2)$-标量线性解，其所对应的 4 个中间节点 u_j 入边的全局编码核按列并置等于：

$$N = \begin{bmatrix} 0 & 1 & 1 & 1 \\ 1 & 0 & \alpha & \alpha^2 \end{bmatrix},$$

同时 u_j 中局部编码核 $\boldsymbol{K}_{d,e}$ 均为 1，$d \in \mathrm{In}(u_j)$，$e \in \mathrm{Out}(u_j)$。基于此线性解，每个信宿 t_j（$1 \leqslant j \leqslant 6$）从两条入边收到的二维 $\mathrm{GF}(2^2)$-数据符号向量 $\boldsymbol{m}_j$ 分别为：

$$\boldsymbol{m}_1 = (m_2, m_1), \quad \boldsymbol{m}_2 = (m_2, m_1 + \alpha m_2), \quad \boldsymbol{m}_3 = (m_2, m_1 + \alpha^2 m_2),$$

$$\boldsymbol{m}_4 = (m_1, m_1 + \alpha m_2), \quad \boldsymbol{m}_5 = (m_1, m_1 + \alpha^2 m_2), \quad \boldsymbol{m}_6 = (m_1 + \alpha m_2, m_1 + \alpha^2 m_2).$$

其中，$m_1, m_2 \in \mathrm{GF}(2^2)$ 为信源生成的两个数据符号；同时，每个信宿 t_j（$1 \leqslant j \leqslant 6$）的 $\mathrm{GF}(2^2)$ 上 2×2 译码矩阵 $\boldsymbol{D}_j(\alpha)$ 分别为：

$$\boldsymbol{D}_1(\alpha) = \begin{bmatrix} 0 & 1 \\ 1 & 0 \end{bmatrix}, \quad \boldsymbol{D}_2(\alpha) = \begin{bmatrix} \alpha & 1 \\ 1 & 0 \end{bmatrix}, \quad \boldsymbol{D}_3(\alpha) = \begin{bmatrix} \alpha^2 & 1 \\ 1 & 0 \end{bmatrix},$$

$$\boldsymbol{D}_4(\alpha) = \begin{bmatrix} 1 & \alpha^2 \\ 0 & \alpha^2 \end{bmatrix}, \quad \boldsymbol{D}_5(\alpha) = \begin{bmatrix} 1 & \alpha \\ 0 & \alpha \end{bmatrix}, \quad \boldsymbol{D}_6(\alpha) = \begin{bmatrix} \alpha^2 & 1 \\ \alpha & 1 \end{bmatrix}.$$

通过译码矩阵 $\boldsymbol{D}_j(\alpha)$，信宿 t_j 可以通过 $\mathrm{GF}(2^2)$-线性操作 $\boldsymbol{m}_j \boldsymbol{D}_j(\alpha)$ 还原出 (m_1, m_2)。

针对上述 $\mathrm{GF}(2^2)$-标量线性解，基于定理 2-3 的构造方法，可以构建出一个 1 次$(2, 3)$-循环移位线性网络编码，该编码所对应的 4 个中间节点 u_j 入边的全局编码核按列并置为：

$$N' = \begin{bmatrix} \boldsymbol{0} & \boldsymbol{I}_3 & \boldsymbol{I}_3 & \boldsymbol{I}_3 \\ \boldsymbol{I}_3 & \boldsymbol{0} & \boldsymbol{C}_3 & \boldsymbol{C}_3^2 \end{bmatrix} = \begin{bmatrix} \begin{array}{ccc} 0 & 0 & 0 \\ 0 & 0 & 0 \\ 0 & 0 & 0 \end{array} & \begin{array}{ccc} 1 & 0 & 0 \\ 0 & 1 & 0 \\ 0 & 0 & 1 \end{array} & \begin{array}{ccc} 1 & 0 & 0 \\ 0 & 1 & 0 \\ 0 & 0 & 1 \end{array} & \begin{array}{ccc} 1 & 0 & 0 \\ 0 & 1 & 0 \\ 0 & 0 & 1 \end{array} \\ \begin{array}{ccc} 1 & 0 & 0 \\ 0 & 1 & 0 \\ 0 & 0 & 1 \end{array} & \begin{array}{ccc} 0 & 0 & 0 \\ 0 & 0 & 0 \\ 0 & 0 & 0 \end{array} & \begin{array}{ccc} 0 & 1 & 0 \\ 0 & 0 & 1 \\ 1 & 0 & 0 \end{array} & \begin{array}{ccc} 0 & 0 & 1 \\ 1 & 0 & 0 \\ 0 & 1 & 0 \end{array} \end{bmatrix}.$$

同时 u_j 中局部编码核 $k_{d,e}$（$d \in \mathrm{In}(u_j)$，$e \in \mathrm{Out}(u_j)$）为 3×3 单位阵 $\boldsymbol{I}_3$。假设信源生成的 2 个数据单元分别为 (m_{11}, m_{12}) 和 (m_{21}, m_{22})，那么信源经过处理得到的待传输 3 维二元向量为 $(0, m_{11}, m_{12})$ 和 $(0, m_{21}, m_{22})$，4 个中间节点 u_j 入边所传输 3 维二元向量分别为：

$$\left(0, m_{11}, m_{12}, 0, m_{21}, m_{22}\right) \begin{bmatrix} \mathbf{0} \\ \mathbf{I}_3 \end{bmatrix} = \left(0, m_{21}, m_{22}\right),$$

$$\left(0, m_{11}, m_{12}, 0, m_{21}, m_{22}\right) \begin{bmatrix} \mathbf{I}_3 \\ \mathbf{0} \end{bmatrix} = \left(0, m_{11}, m_{12}\right),$$

$$\left(0, m_{11}, m_{12}, 0, m_{21}, m_{22}\right) \begin{bmatrix} \mathbf{I}_3 \\ \mathbf{C}_3 \end{bmatrix} = \left(m_{22}, m_{11}, m_{12} + m_{21}\right),$$

$$\left(0, m_{11}, m_{12}, 0, m_{21}, m_{22}\right) \begin{bmatrix} \mathbf{I}_3 \\ \mathbf{C}_3^2 \end{bmatrix} = \left(m_{21}, m_{11} + m_{22}, m_{12}\right)。$$

下面以信宿 t_6 为例，进一步验证所构建的 1 次(2, 3)-循环移位线性网络编码的译码操作。信宿 t_6 经由其两条入边所收到的两个 3 维二元向量分别为 $(m_{22}, m_{11}, m_{12}+m_{21})$，$(m_{21}, m_{11}+m_{22}, m_{12})$。对于给定的 GF($2^2$)-标量线性解，信宿 t_6 的译码矩阵为 $\mathbf{D}_6(\alpha) = \begin{bmatrix} \alpha^2 & 1 \\ \alpha & 1 \end{bmatrix}$，考虑以下 GF(2)上的 6×4 矩阵：

$$\mathbf{D}_6(\mathbf{C}_3)(\mathbf{I}_2 \otimes \tilde{\mathbf{I}}_3) = \begin{bmatrix} \mathbf{C}_3^2 & \mathbf{I}_3 \\ \mathbf{C}_3 & \mathbf{I}_3 \end{bmatrix} (\mathbf{I}_2 \otimes \tilde{\mathbf{I}}_3)$$

$$= \begin{bmatrix} 0 & 0 & 1 & 1 & 0 & 0 \\ 1 & 0 & 0 & 0 & 1 & 0 \\ 0 & 1 & 0 & 0 & 0 & 1 \\ 0 & 1 & 0 & 1 & 0 & 0 \\ 0 & 0 & 1 & 0 & 1 & 0 \\ 1 & 0 & 0 & 0 & 0 & 1 \end{bmatrix} \begin{bmatrix} 1 & 1 & 0 & 0 \\ 1 & 0 & 0 & 0 \\ 0 & 1 & 0 & 0 \\ 0 & 0 & 1 & 1 \\ 0 & 0 & 1 & 0 \\ 0 & 0 & 0 & 1 \end{bmatrix} = \begin{bmatrix} 0 & 1 & 1 & 1 \\ 1 & 1 & 1 & 0 \\ 1 & 0 & 0 & 1 \\ 1 & 0 & 1 & 1 \\ 0 & 1 & 1 & 0 \\ 1 & 1 & 0 & 1 \end{bmatrix}。$$

可检验，

$$\left(m_{22}, m_{11}, m_{12} + m_{21}, m_{21}, m_{11} + m_{22}, m_{12}\right) \begin{bmatrix} 0 & 1 & 1 & 1 \\ 1 & 1 & 1 & 0 \\ 1 & 0 & 0 & 1 \\ 1 & 0 & 1 & 1 \\ 0 & 1 & 1 & 0 \\ 1 & 1 & 0 & 1 \end{bmatrix} = \left(m_{11}, m_{12}, m_{21}, m_{22}\right),$$

即信宿 t_6 可以通过译码矩阵 $\boldsymbol{D}_6(\boldsymbol{C}_3)(\boldsymbol{I}_2 \otimes \tilde{\boldsymbol{I}}_3)$ 成功地还原出信源生成的 (m_{11}, m_{12}) 和 (m_{21}, m_{22})。类似地，还可以检验任意信宿 t_j 均可以通过译码矩阵 $\boldsymbol{D}_j(\boldsymbol{C}_3)(\boldsymbol{I}_2 \otimes \tilde{\boldsymbol{I}}_3)$ 成功地还原出信源生成的 (m_{11}, m_{12}) 和 (m_{21}, m_{22})，即所构建的 1 次 $(2, 3)$-循环移位线性网络编码为一组线性解。

2.1.3 节已介绍，在多播网络中，对于有限域 $GF(q)$ 的任意子集 F，只要 $|F| > |T|$，矩阵填充法与流迭代法均可以高效构建出一组 $GF(q)$-标量线性解 $(k_{d,e})$，其中所有局部编码核 $k_{d,e}$ 选自 F。这样，对于 $GF(2^{L-1})$ 及任意次数 $1 \leqslant \delta \leqslant (L-1)/2$，令 F 包含 $GF(2^{L-1})$ 中所有符合下述条件的元素 k：k 所对应满足条件（2-2-3）的唯一多项式中非零系数个数不超过 δ。这样，只要：

$$|F| = \binom{L}{0} + \binom{L}{1} + \cdots + \binom{L}{\delta} > |T|,$$

便可以高效构建一组局部编码核选自 F 的 $GF(2^{L-1})$-标量线性解，继而通过定理 2-3 中的构建方法，得到一组 δ 次 $(L-1, L)$-循环移位线性解。

推论 2-1　在多播网络中，对任意次数 $1 \leqslant \delta \leqslant \dfrac{L-1}{2}$，高效构建一组 δ 次 $(L-1, L)$-循环移位线性解的充分条件是 $|F| = \binom{L}{0} + \binom{L}{1} + \cdots + \binom{L}{\delta} > |T|$。

表 2-2-3 比较了多播网络中标量线性网络编码与所构建循环移位线性网络编码的每单位比特二元操作次数，其中 η 为网络中间节点的入度。表 2-2-3 中考虑的 3 种方案为：$GF(2^m)$-标量线性解；$m/2$ 次 $(m, m+1)$-循环移位线性解；1 次 $(L, L+1)$-循环移位线性解。此处假设 $m+1$ 和 $L+1$ 为素数，同时 2 分别是 $m+1$ 与 $L+1$ 的本原根，以及 $|T| \leqslant L+2 \leqslant 2^m$。基于这些假设，上述 3 种线性解可以通过已介绍的方法高效地构建出来。在计算每单位比特所需二元操作次数时，$GF(2^m)$ 中每个元素由 m 比特组成，因此进行两个元素间加法运算时，每单位比特需要一次二元操作；而进行两个元素间乘法运算时，每单位比特需要至少 $2m$ 次二元操作（假设扩展域 $GF(2^m)$ 中乘法是由两个最高 $m-1$ 次 $GF(2)$-多项式相乘再模一个既约多项式得到的）。另外，因为软件可以通过修改信息序列的起始地址指针来实现循环移位，所以对于向量的

循环移位操作（该向量乘以循环移位矩阵操作）所需的复杂度在此处讨论中可以忽略。

表 2-2-3   不同线性解编译码过程中每单位比特的二元操作次数

每单位比特的二元操作次数	编码	译码
$GF(2^m)$-标量线性解	$> 2\eta m$	$> \omega(2m+1)$
$\dfrac{m}{2}$ 次$(m, m+1)$-循环移位线性解	$\dfrac{1}{2}\eta m$	$\dfrac{1}{2}\omega(m+1)$
1 次$(L, L+1)$-循环移位线性解	$\eta - 1$	$\dfrac{1}{2}\omega(L+1) < \dfrac{1}{2}\omega 2^m$

从表 2-2-3 中可以发现，$m/2$ 次循环移位线性解的编码与译码单位比特所需二元操作次数和标量线性解相比减少了约 75%；在次数从 $m/2$ 减少至 1 的过程中，编码复杂度逐渐降低，而译码复杂度逐渐升高，二者存在制约关系。在这种关系下，循环移位线性网络编码的次数 δ 可以随网络环境的要求进行调整：随着次数 δ 的减少，编码复杂度逐渐降低，与此同时译码复杂度则会逐渐升高，反之亦然。因此，循环移位网络编码可以灵活应用于不同的计算约束环境，具有较好的灵活性。虽然本节高效构建的循环移位线性解存在 1 比特的冗余，但是在数据单元长度 L 增加的过程中，这种冗余损失可以忽略不计。

上述有关高效构建循环移位线性网络编码的讨论，集中在数据单元长度 L 为素数且 2 是其本原根的情况，对于更一般的 L 为任意奇数的情况，依然可以在 $GF(2^{m_L})$-标量线性网络编码与 L 维循环移位线性网络编码之间建立起一种本质联系，其中 m_L 表示 2 的模 L 乘法阶（如 $m_9 = 6$，$m_7 = 3$，$m_5 = 4$）。基于该联系，对任意多播网络，当 m_L 不小于其信宿数目时，可以进一步高效构建一组 1 次$(\phi(L), L)$-循环移位线性解，其中 $\phi(L)$ 表示 L 的欧拉函数，该$(\phi(L)$, $L)$-循环移位线性解数据单元长度为 L、冗余为 $L - \phi(L)$、速率为 $\phi(L)/L$，即单一信源 s 生成 ω 组 $\phi(L)$ 维二元向量 $\boldsymbol{m_1}'$, $\boldsymbol{m_2}'$, $\cdots$, $\boldsymbol{m_\omega}'$，并通过一 $\omega\phi(L) \times \omega L$ 二元信源矩阵 $\boldsymbol{G_s}$ 将这些二元向量转换为 ω 组待由 $Out(s)$ 传输的 L 维二元向量 $\boldsymbol{m_1}$, $\boldsymbol{m_2}$, $\cdots$, $\boldsymbol{m_\omega}$：

$$[\boldsymbol{m_1}, \boldsymbol{m_2}, \cdots, \boldsymbol{m_\omega}] = [\boldsymbol{m_1}', \boldsymbol{m_2}', \cdots, \boldsymbol{m_\omega}']\boldsymbol{G_s}$$

对于每个信宿 t，均可以通过一 $\omega L \times \omega \phi(L)$ 译码矩阵 $\boldsymbol{D}_t$ 将其收到的 ω 组二元向量 $\boldsymbol{m}_e$，$e \in \mathrm{In}(t)$ 还原成信源二元向量 $\boldsymbol{m}_1'$，$\boldsymbol{m}_2'$，$\cdots$，$\boldsymbol{m}_\omega'$：

$$[\boldsymbol{m}_1', \boldsymbol{m}_2', \cdots, \boldsymbol{m}_\omega'] = [\boldsymbol{m}_e]_{e \in \mathrm{In}(t)} \boldsymbol{D}_t。$$

关于适用于一般奇数 L 的循环移位线性网络编码刻画与构建的详细讨论，可参见文献[16, 17]。用于支撑该刻画与构建的一个重要的数学工具是对循环移位矩阵 $\boldsymbol{C}_L^{\,j}$，$1 \leqslant j \leqslant L$ 进行如下定义与 GF(2^{m_L}) 上的对角线化分解：

$$\boldsymbol{C}_L^{\,j} = \boldsymbol{V}_L \boldsymbol{\Lambda}_L^{\,j} \boldsymbol{V}_L^{-1} \qquad （2\text{-}2\text{-}4）$$

其中，$\boldsymbol{\Lambda}_L$ 为对角线元素依次是 1，α，$\cdots$，α^{L-1} 的 $L \times L$ 对角线方阵；$\boldsymbol{V}_L$ 为由 1，α，α^2，$\cdots$，α^{L-1} 生成的 $L \times L$ 范德蒙德矩阵，即 $\boldsymbol{V}_L = \begin{bmatrix} 1 & 1 & 1 & \cdots & 1 \\ 1 & \alpha & \alpha^2 & \cdots & \alpha^{L-1} \\ \vdots & \vdots & \vdots & \cdots & \vdots \\ 1 & \alpha^{L-2} & \alpha^{2(L-2)} & \cdots & \alpha^{(L-1)(L-2)} \\ 1 & \alpha^{L-1} & \alpha^{2(L-1)} & \cdots & \alpha^{(L-1)(L-1)} \end{bmatrix}$；

$\boldsymbol{V}_L^{-1}$ 为 $\boldsymbol{V}_L$ 的逆矩阵，可表示为由 1，α^{-1}，α^{-2}，$\cdots$，$\alpha^{-(L-1)}$ 生成的 $L \times L$ 范德蒙德矩阵，α 是 GF(2^{m_L}) 中一个阶为 L 的元素，即 $\alpha^L = 1$ 且对于所有 $1 \leqslant l < L$，$\alpha^l \neq 1$。除了循环移位线性网络编码，式（2-2-4）中的 $\boldsymbol{C}_L^{\,j}$ 对角线化分解也被应用于准循环低密度奇偶校验（Quasi-cyclic Low Density Parity-Check，QC-LDPC）码的秩分析中[19, 20]。式（2-2-4）只适用于奇数 L，对于数据单元长度 L 为偶数的情况，目前还没有文献对循环移位线性网络编码进行确定性建模。对于一般性的数据单元长度 L，依然可以从随机码的角度对循环移位线性网络编码进行性能分析，并可论证虽然循环移位线性网络编码可提供的局部编码核远少于基于置换操作的向量线性网络编码，但是这两种码随机生成线性解的成功率相近[15]。分布式存储网络是循坏移位线性网络编码应用的一个典型场景[21]。

2.3　网络编码与有限域

2.1 节已介绍有限域的大小是影响多播网络（标量）线性解的一个重要因

素，下面分别就单源多播网络、多源多播网络讨论有限域与网络线性可解性的关系（除特别说明，本节所涉及的线性解均为标量线性解）。

2.3.1 单源多播网络

2.1 节已介绍，在多播网络中，当有限域的大小 q 不小于信宿个数 $|T|$ 时，一定存在一组 GF(q)-线性解。然而，有限域的大小并不是有限域结构中影响多播网络线性可解性的唯一参量。简单地说，有限域大却不一定线性可解。

2.2.2 节已介绍，如图 2-2-4 所示参数为 ω 的漩涡网络存在一组 GF(q)-线性解的充要条件是：

（1） $q^L - 1$ 为非素数，同时 $q^L \geqslant 5$，或 $q^L > \omega + 2$。

因此，当 $2^L - 1$ 为素数且 $\omega + 2 \geqslant 2^L$ 时，漩涡网络并不存在 GF(2^L)-线性解，却总存在 GF(5)-线性解。

另外，考虑如图 2-3-1 所示两个 $\omega = 3$ 的多播网络[12]，与漩涡网络相似，这两个网络的点集均可分为 5 层：第 1 层为出度等于 3 的单一信源节点 s；第 2 层包含3个入度为 1、出度为 2 的中继节点；第 3 层包含3个入度为 2 的编码节点；在图 2-3-1（a）中，对应每个第 3 层编码节点，都分别有 3 个第 4 层灰色节点与其相连；在图 2-3-1（b）中，对应第 3 层编码节点，分别有 5、5、10 个第 4 层灰色节点与其相连；对任意3个灰色节点，只要信源到其最大流为3，其都与一个未画出的第 5 层信宿节点相连。可以证明，图 2-3-1（a）所绘的多播网络存在 GF(7)-线性解，却不存在 GF(8)-线性解；图 2-3-1（b）所绘的多播网络存在 GF(16)-线性解，却不存在 GF(17)-线性解。

可以观察到，漩涡网络中与同一个第 3 层节点相连的灰色节点数目均为 2。在 GF(5) 的乘法群 GF(5)$^\times = \{1, 2, 3, 4\}$ 中，存在一个子群 $G = \{1, 4\}$ 满足（2）。

（2） G 包含至少 2 个元素，同时 G 于 GF(5)$^\times$ 中的补集 GF(5)$^\times \backslash G$ 包含至少 2 个元素。

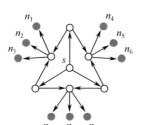 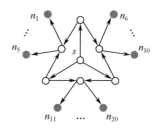

（a）存在 GF(7)-线性解，却不存在 GF(8)-线性解 　（b）存在 GF(16)-线性解，却不存在 GF(17)-线性解

图 2-3-1　点集分为 5 层，信源出度为 3 的两个多播网络

（第 5 层信宿节点未画出）

这是漩涡网络无论参数 ω 大小均存在 GF(5)-线性解的一个本质原因。相对地，当 $2^L - 1$ 为素数时，GF(2^L) 的乘法群 GF(2^L)$^\times$ 中并不存在一个包含至少 2 个元素的子群 G 且满足其补集 GF(2^L)$^\times$\G 也包含至少两个元素的情况，在 $2^L \leqslant \omega + 2$ 时，漩涡网络并不存在 GF(2^L)-线性解。

类似地，如图 2-3-1（a）所示的多播网络中与同一个第 3 层节点相连的灰色节点数目均为 3。当 $q = 7$ 时，在 GF(q) 的乘法群 GF(q)$^\times$ = \{1, 2, 3, 4, 5, 6\} 中，存在一个子群 G = \{1, 2, 4\} 满足（3）；而当 $q = 8$ 时，GF(q) 的乘法群 GF(q)$^\times$ 中并不存在满足（3）的子群 G。

（3）G 包含至少 3 个元素，同时 G 于 GF(q)$^\times$ 中的补集 GF(q)$^\times$\G 包含至少 3 个元素。

这也是该多播网络存在 GF(7)-线性解，却不存在 GF(8)-线性解的一个本质原因。

最后，观察如图 2-3-1（b）所示的多播网络中与同一个第 3 层节点相连的灰色节点数目分别为 5、5、10。当 $q = 16$ 时，在 GF(q) 的乘法群 GF(q)$^\times$ = \{1, α, α^2, $\cdots$, α^{14}\}（其中 α 代表 GF(16) 的一个本原根）中存在一个子群 G = \{1, α^3, α^6, α^9, α^{12}\} 满足（4）；而当 $q = 17$ 时，GF(q) 的乘法群 GF(q)$^\times$ 中并不存在满足（4）的子群 G。

（4）G 包含至少 5 个元素，同时 G 于 GF(q)$^\times$ 中的补集 GF(q)$^\times$\G 包含至

少 10 个元素。

这也是该多播网络存在 GF(16)-线性解，却不存在 GF(17)-线性解的一个本质原因。

由上述 3 个例子可以推断，除了有限域的大小，有限域的乘法子群大小也是影响多播网络线性可解性的一个重要代数结构参量。

为了进一步揭示有限域中乘法子群代数结构对多播网络线性可解性的影响，下面考虑一类可将漩涡网络和如图 2-3-1 所示网络作为特例的更广义多播网络[22]。图 2-3-2 描绘了一类参数为 ω 与 $\boldsymbol{d} = (d_1, d_2, \cdots, d_\omega)$ 的多播网络 $\mathcal{N}_{\omega,\boldsymbol{d}}$，该网络的点集同样可以分为 5 层：第 1 层为出度等于参数 ω 的单一信源节点 s；第 2 层包含 ω 个入度为 1、出度为 2 的中继节点 u_j；第 3 层包含 ω 个入度为 2 的编码节点 v_j；对应每个第 3 层编码节点 v_j，都分别有参数 d_j 个第 4 层灰色节点与其相连；对任意 ω 个灰色节点，只要信源到其最大流为 ω，其都与一个未画出的第 5 层信宿节点相连。在此模型下，漩涡网络可表示为 $\mathcal{N}_{\omega,(2,2,\cdots,2)}$，如图 2-3-1 所示网络可分别表示为 $\mathcal{N}_{3,(3,3,3)}$ 及 $\mathcal{N}_{3,(5,5,10)}$。

通过数学推导（过程略）可以得到多播网络 $\mathcal{N}_{\omega,\boldsymbol{d}}$ 中 GF(q)-线性可解性的如下简洁等价刻画。

定理 2-4　如图 2-3-2 所示，多播网络 $\mathcal{N}_{\omega,\boldsymbol{d}}$ 存在 GF(q)-线性解的充要条件是存在一个 $q-1$ 的除数 d 满足：

$$\frac{q-1}{d} > \left\lceil \frac{d_1}{d} \right\rceil + \left\lceil \frac{d_2}{d} \right\rceil + \cdots + \left\lceil \frac{d_\omega}{d} \right\rceil - \omega + 1 \qquad (2\text{-}3\text{-}1)$$

观察式（2-3-1），若 d 是 $q-1$ 的一个除数，则 GF(q) 的乘法群 GF(q)$^\times$ 中包含一含有 d 个元素的子群 G，式（2-3-1）左边 $(q-1)/d$ 代表 GF(q)$^\times$ 中子群 G 相连的陪集数量，用 $C_1, C_2, \cdots, C_{(q-1)/d}$ 表示 GF(q)$^\times$ 中 G 的 $(q-1)/d$ 个陪集，其中每个陪集包含 d 个不同元素，同时 $C_1 \cup C_2 \cup \cdots \cup C_{(q-1)/d} = \mathrm{GF}(q)^\times$。在网络 $\mathcal{N}_{\omega,\boldsymbol{d}}$ 中，与第 3 层节点 v_j 相连的灰色节点数目为 d_j，给其中每个节点分配一个 GF(q)$^\times$ 中不同元素，若使 d_j 个不同元素分布于 $C_1, C_2, \cdots, C_{(q-1)/d}$ 中尽可能少的陪集中，则最少需要 $\lceil d_j/d \rceil$ 个陪集，即为式（2-3-1）中右边的一项。经

上述分析可知，与如图 2-1-2 所示$(n, 2)$-组合网络的 GF(q)-线性可解性等价刻画 $q \geqslant n-1$ 不同，式（2-3-1）所得多播网络$\mathcal{N}_{\omega,d}$的 GF(q)-线性可解性等价刻画是将网络拓扑参数ω，$\boldsymbol{d} = (d_1, d_2, \cdots, d_\omega)$与有限域 GF$(q)$的乘法子群相关参量和其所关联陪集数目联系在一起，而不是与有限域的大小 q 联系在一起。

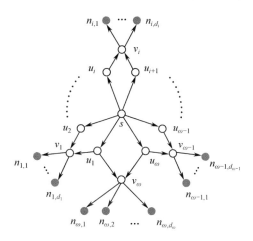

图 2-3-2　参数为ω与$\boldsymbol{d} = (d_1, d_2, \cdots, d_\omega)$、点集分为 5 层的多播网络

（第 5 层信宿节点未画出）

对于一个有限域，除了乘法子群大小，其特征也是一个刻画有限域结构的重要参量。一个有限域 GF(q)的特征是在 GF(q)中满足$\underbrace{1+1+\cdots+1}_{p} = 0$的最小整数 p。每个有限域 GF(q)都可以写成 GF(p^m)的形式，其中，p 为素数，该素数 p 即为 GF(q)的特征。对于一般的多信源多播网络，有限域的特征也是影响该网络 GF(q)-线性可解的重要代数结构参量之一。网络编码理论中的两个著名网络——费诺（Fano）网络和非费诺（Non-Fano）网络[23]，费诺网络存在 GF(q)-线性解的充要条件是 GF(q)的特征是偶数，非费诺网络存在 GF(q)-线性解的充要条件是 GF(q)的特征是奇数。与一般的多信源多播网络不同，基于定理 2-4，可以通过设计多播网络$\mathcal{N}_{\omega,d}$中的参数，得到不同多播网络的 GF(q)-线性可解条件，从而推断有限域的特征参量对（单信源）多播网络线性可解性的影响并不十分显著。

例 2-9　令 $q = 2^{2k}$，其中 k 为任意一个大于 2 的整数。这样 $q-1$ 被 3 整

除，设 $d = \dfrac{2^{2k}-1}{3}$。考虑多播网络 $\mathcal{N}_{\omega,d}$，其中 ω 为一足够大整数，$d = (\underbrace{d,\cdots,d}_{\omega-1},2d)$。通过定理 2.4 可以证明该多播网络特例 $\mathcal{N}_{\omega,d}$ 存在 GF(2^{2k})-线性解，不存在 GF(2^{2k+1})-线性解。

上例中说明对于具有同样特征的有限域 GF(2^{2k})和 GF(2^{2k+1})，即使多播网络在较小有限域 GF(2^{2k})下线性可解，也并不保证该多播网络 GF(2^{2k+1})线性可解。另外，设 p 和 p' 为任意两个不同的素数，可以证明（过程略）能找到无穷多的整数对(k, k')满足 $p^k < p'^{k'}$，且每对(k, k')均对应某一组参数 ω 和 d 下的多播网络 $\mathcal{N}_{\omega,d}$，其存在 GF(p^k)-线性解，不存在 GF($p'^{k'}$)-线性解。通过这两个例子可以看出，有限域的特征并不是影响多播网络线性可解性的关键参量。

给定任意多播网络，设 $q_{\min}$ 为该网络存在 GF(q)-线性解的最小 q 取值，设 $q^*_{\max}$ 为该网络不存在 GF(q)-线性解的最大 q 取值。2.1 节已介绍多播网络存在 GF(q)-线性解的充分条件是 q 大于网络中信宿的个数$|T|$，因此 $q^*_{\max} < |T|$。同时，2.1 节也讨论了即便对于信源出度 $\omega = 2$ 的多播网络，其在 GF(q)存在线性解的充要条件是其所对应的一个无向图中存在一种$(q-1)$-顶点着色方法。顶点着色问题是一个著名的 NP 完全问题，找到多播网络存在线性解所需最小有限域大小 $q_{\min}$ 也是一个 NP 完全问题。因为对于一个可$(q-1)$-顶点着色的无向图一定也可以 q-顶点着色，所以对于 $\omega = 2$ 的多播网络，对于任意素数幂 $q \geq q_{\min}$，该网络均 GF(q)-线性可解，虽然确定 $q_{\min}$ 是 NP 完全问题，但是我们依然可知 $q^*_{\max} < q_{\min}$，同时$(q^*_{\max}, q_{\min})$是两个相邻的素数幂。然而，对于 $\omega > 2$ 的多播网络，通过本节所介绍的一类网络 $\mathcal{N}_{\omega,d}$ 可以构建出无穷多个范例，其满足 $q_{\min} < q^*_{\max}$ ($< |T|$)，同时 $q^*_{\max}$ 与 $q_{\min}$ 的差可以趋近于无穷大（例 2-9）。因此，对于 $\omega > 2$ 的多播网络确定 $q_{\min}$ 是更加困难的开问题，但是当前至少在理论上揭示了除了有限域大小，其乘法子群也是影响 $q_{\min}$ 的重要代数结构参量。

2.3.2　多源多播网络

2.3.1 节讨论了有限域 GF(q)的大小 q 与乘法群结构是影响（单信源）多

播网络 GF(q)-线性可解性的两个代数结构参量。对于更一般的多信源多播网络，有可能在任何基域上均不存在（标量）线性解（如 2.2.1 节中图 2-2-2 所绘的 M 网络）。对于 GF(q)-线性可解的多信源多播网络，另一个影响 GF(q)-线性可解性的代数结构参量是 GF(q)的特征。令 p 为任意素数，一个包含 p^m 个元素的有限域 GF(p^m)的特征为 p。本节主要介绍网络编码理论中的两个著名多信源多播网络——费诺（Fano）网络与非费诺（Non-Fano）网络[23]，费诺网络存在 GF(p^m)-线性解的充要条件是 p 为偶素数，而非费诺网络存在 GF(p^m)-线性解的充要条件是 p 为奇素数。

如图 2-3-3（a）所示，费诺网络[23]包含 3 个信源与 3 个信宿，信源 v_1, v_2, v_3 分别传输一个信息符号 a, b, c 至信宿 v_{14}, v_{13}, v_{12}。假设费诺网络在基于 GF(p^m)上存在一组线性解($k_{d,e}$)。由于节点 v_6, v_7, v_{10}, v_{11} 的入度均为 1，不失一般性地，可以令 $k_{v_4v_6,v_6v_8} = k_{v_4v_6,v_6v_9} = k_{v_5v_7,v_7v_8} = k_{v_5v_7,v_7v_{14}} = k_{v_8v_{10},v_{10}v_{12}} = k_{v_8v_{10},v_{10}v_{13}} = k_{v_9v_{11},v_{11}v_{13}} = k_{v_9v_{11},v_{11}v_{14}} = 1$。为了表示简洁，令 $k_1 = k_{v_1v_4,v_4v_6}$, $k_2 = k_{v_2v_4,v_4v_6}$, $k_3 = k_{v_2v_5,v_5v_7}$, $k_4 = k_{v_3v_5,v_5v_7}$, $k_5 = k_{v_6v_8,v_8v_{10}}$, $k_6 = k_{v_7v_8,v_8v_{10}}$, $k_7 = k_{v_6v_9,v_9v_{11}}$, $k_8 = k_{v_3v_9,v_9v_{11}}$。3 个信宿接收的符号可以分别表示为：

（1）信宿 v_{12}：a, $k_1k_5a + (k_2k_5+k_3k_6)b + k_4k_6c$。

（2）信宿 v_{13}：$k_1k_5a + (k_2k_5+k_3k_6)b + k_4k_6c$, $k_1k_7a + k_2k_7b + k_8c$。

（3）信宿 v_{14}：$k_1k_7a + k_2k_7b + k_8c$, $k_3b + k_4c$。

由于信宿 v_{12} 需要从 a 与 $k_1k_5a + (k_2k_5+k_3k_6)b + k_4k_6c$ 中译码 c，可得

$$k_2k_5+k_3k_6 = 0, \ k_4k_6 \neq 0 \tag{2-3-2}$$

由于信宿 v_{13} 需要从 $k_1k_5a + k_4k_6c$ 与 $k_1k_7a + k_2k_7b + k_8c$ 中译码 b 且 $k_4k_6 \neq 0$，可知 $k_2k_7 \neq 0$, $k_8 \neq 0$，且存在一 $\beta \in$ GF(p^m)，使得 $\beta(k_1k_5a + k_4k_6c) = k_1k_7a + k_8c$，即

$$k_5k_8 = k_4k_6k_7, \tag{2-3-3}$$

可进一步推得 $k_5 \neq 0$。由于信宿 v_{14} 需要从 $k_1k_7a + k_2k_7b + k_8c$ 与 $k_3b + k_4c$ 中译码 a，可得：

$$k_2 k_7 k_4 = k_8 k_3 \qquad (2\text{-}3\text{-}4)$$

将式（2-3-3）代入式（2-3-4）可得 $k_2 k_5 = k_3 k_6 \neq 0$。由于式（2-3-2）表明 $k_2 k_5 = -k_3 k_6$，$k_2 k_5$ 同时等于 $\pm k_3 k_6$ 的必要条件是 $p = 2$。当 $p = 2$ 时，可以令 $k_1 = \cdots = k_8 = 1 \in \mathrm{GF}(2^m)$，使得信宿 v_{12}, v_{13}, v_{14} 收到的符号分别为 $(a, a+c)$，$(a+c, a+b+c)$，$(a+b+c, b+c)$，即 3 个信宿可分别译码出 c, b, a。已证明当 p 为素数时，费诺网络存在 $\mathrm{GF}(p^m)$-线性解的充要条件是 p 为偶素数。

如图 2-3-3（b）所示，非费诺网络[23]包含 3 个信源与 4 个信宿，信源 v_1, v_2, v_3 分别传输一个信息符号 a, b, c 至信宿 v_{14}, v_{13}, v_{12}，信宿 v_{15} 需要同时接收 a, b, c。假设非费诺网络在基于 $\mathrm{GF}(p^m)$ 上存在一组线性解$(k_{d,e})$，由于节点 v_5, v_9, v_{10}, v_{11} 的入度均为 1，不失一般性地，可以令 $k_{v_4 v_5, v_5 v_{12}} = k_{v_4 v_5, v_5 v_{13}} = k_{v_4 v_5, v_5 v_{14}} = k_{v_6 v_9, v_9 v_{12}} = k_{v_6 v_9, v_9 v_{15}} = k_{v_7 v_{10}, v_{10} v_{13}} = k_{v_7 v_{10}, v_{10} v_{15}} = k_{v_8 v_{11}, v_{11} v_{14}} = k_{v_8 v_{11}, v_{11} v_{15}} = 1$。为了表示简洁，令 $k_1 = k_{v_1 v_4, v_4 v_5}$，$k_2 = k_{v_2 v_4, v_4 v_5}$，$k_3 = k_{v_3 v_4, v_4 v_5}$，$k_4 = k_{v_1 v_6, v_6 v_9}$，$k_5 = k_{v_2 v_6, v_6 v_9}$，$k_6 = k_{v_1 v_7, v_7 v_{10}}$，$k_7 = k_{v_3 v_7, v_7 v_{10}}$，$k_8 = k_{v_2 v_8, v_8 v_{11}}$，$k_9 = k_{v_3 v_8, v_8 v_{11}}$。4 个信宿接收的符号可以分别表示为：

（1）信宿 v_{12}：$w = k_4 a + k_5 b$，$z = k_1 a + k_2 b + k_3 c$。

（2）信宿 v_{13}：$x = k_6 a + k_7 c$，$z = k_1 a + k_2 b + k_3 c$。

（3）信宿 v_{14}：$y = k_8 b + k_9 c$，$z = k_1 a + k_2 b + k_3 c$。

（4）信宿 v_{15}：$w = k_4 a + k_5 b$，$x = k_6 a + k_7 c$，$y = k_8 b + k_9 c$。

通过分析信宿 v_{12}, v_{13}, v_{14} 需接收的符号可得：对于所有 $1 \leqslant j \leqslant 9, k_j \neq 0$，同时

$$k_2 k_4 = k_1 k_5, \; k_3 k_6 = k_1 k_7, \; k_3 k_8 = k_2 k_9 \qquad (2\text{-}3\text{-}5)$$

由于信宿需要从 w, x, y 中还原出 a, b, c，局部编码核矩阵 $\boldsymbol{F} = \begin{bmatrix} k_4 & k_6 & 0 \\ k_5 & 0 & k_8 \\ 0 & k_7 & k_9 \end{bmatrix}$ 须可逆。将式（2-3-5）代入矩阵 $\boldsymbol{F}$，可得 $\boldsymbol{F} = \begin{bmatrix} k_1 k_5 k_2^{-1} & k_1 k_7 k_3^{-1} & 0 \\ k_5 & 0 & k_2 k_9 k_3^{-1} \\ 0 & k_7 & k_9 \end{bmatrix}$。通过适当的行列变换，$\boldsymbol{F}$ 可逆的充要条件是

矩阵 $\begin{bmatrix} k_1k_3 & k_1k_2 & 0 \\ k_3 & -k_2 & k_2 \\ 0 & 0 & 1 \end{bmatrix}$ 可逆，即该矩阵行列式$-2k_1k_2k_3 \neq 0 \in \mathrm{GF}(p^m)$，只有当

p 为奇数时，$2k_1k_2k_3$ 可能非零。当 p 为奇数时，可以令 $k_1 = \cdots = k_9 = 1 \in \mathrm{GF}(p^m)$，使得信宿 v_{12}, v_{13}, v_{14} 收到的符号分别为$(a+b, a+b+c), (a+c, a+b+c), (b+c, a+b+c)$，即 3 个信宿可分别译码出 c, b, a；信宿 v_{15} 收到的符号为 $(w, x, y) = (a+b, a+c, b+c)$，可以分别通过线性操作 $2^{-1}(w+x-y), 2^{-1}(w+y-x), 2^{-1}(x+y-w)$ 还原出 a, b, c，其中 2^{-1} 表示 $2 \in \mathrm{GF}(p^m)$在有限域 $\mathrm{GF}(p^m)$中的乘法逆元素。已证明当 p 为素数时，非费诺网络存在 $\mathrm{GF}(p^m)$-线性解的充要条件是 p 为奇素数。

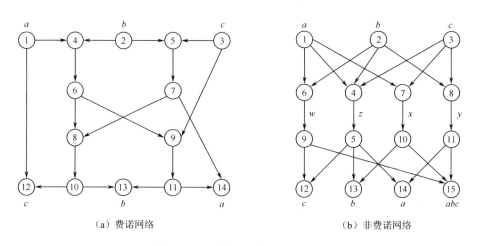

（a）费诺网络　　　　　　　　　　　（b）非费诺网络

图 2-3-3　费诺网络与非费诺网络

鉴于费诺网络与非费诺网络特殊的 $\mathrm{GF}(p^m)$-线性可解性，可以通过 2.2.2 节所介绍的构建如图 2-2-5 所示网络相似的方法，将费诺网络与非费诺网络合并成如图 2-3-4 所示的一个具有 3 个信源节点的多信源多播网络[24]。该网络既包含了费诺网络，又包含了非费诺网络线性可解性的性质，所以可以证明其在任何有限域上均不存在（标量）线性解。该网络可以进一步扩展成网络编码理论中第一个已知具有如下性质的网络[24]：在任何代数结构下均不存在线性网络编码解，但是存在一个非线性网络编码解。

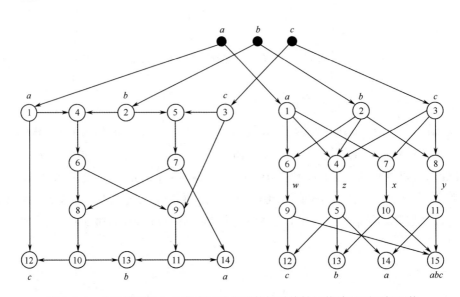

图 2-3-4 由费诺网络与非费诺网络组成的标量线性网络编码不可解网络

2.4 网络编码与拓扑

网络编码严格优于路由的条件，或者说网络编码何时起作用，是网络编码的重要研究问题之一，其原因是采用网络编码所引入的代价会降低传输性能。这些代价包括编译码引入时延、编译码所造成的额外内存消耗和 CPU 消耗等。若事先知道对于某一拓扑网络编码不起作用，则直接采用路由会比采用网络编码更有效。

网络编码能否起作用与拓扑存在一定关系。例如，从蝶形网络实例可知，如图 1-1-1 所示，瓶颈链路 UV 的存在，使得网络编码能够发挥作用，但文献 [25]中的实验数据显示，在大规模随机拓扑的情况下，**编码优势**[26]基本保持为 1，也就是说网络编码常常不起作用。若从理论上得到网络编码起作用的因素将具有较大理论意义。

本节从图子式（Graph Minor）[27]的角度阐述网络编码与底层拓扑之间的本质关系。

2.4.1　图子式

任意图 G 的图子式[27-29]可由收缩（Contraction）操作获得：设 X 和 Y 为图 G 中的任意两个邻节点，分别为链路 XY 的两个端点，删去节点 X 和 Y，添加一个新节点 Z，使 Z 与 X、Y 相邻，可形象地看成将链路 XY 长度收缩成零，并合并节点。

图子式与子图（Subgraph）的区别：子图可通过删除图 G 中的部分链路来获得，而图子式不仅包括链路的删除操作，还包括节点的合并，可见，图子式可以反映更为本质的特性。

图论中的许多性质与图子式有关，如我们熟知的不含环路的树（Tree），其图子式不含有完全图 K_3[27]；又例如，若一个图是可平面的（Planar），当且仅当其图子式不含有完全图 K_5 和完全二分图 $K_{3,3}$[30]（见图 2-4-1），即 Kuratowski 定理[30]。

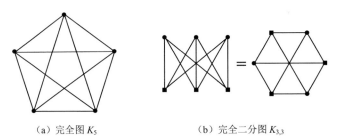

（a）完全图 K_5　　　　　　　（b）完全二分图 $K_{3,3}$

图 2-4-1　非平面图

经典的 Petersen 图[30]，也称"单星妖怪"图[30]，如图 2-4-2（a）所示，为非平面图，因为采用收缩操作所获得的图子式含有完全图 K_5[见图 2-4-2（b）]。类似地，"双星妖怪"图[30]也是非平面图。

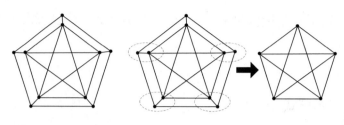

（a）Petersen 图（单星妖怪）　　　　　（b）其图子式为完全图 K_5

图 2-4-2　Petersen 图为非平面图

2.4.2　网络编码与图子式

Yin 等人[27]提出判断网络编码性能与拓扑所含有图子式的本质联系，且包括对于有限域的要求，见表 2-4-1。其中，外平面网络（Outerplanar）[31]指存在一个面邻接所有给定节点的平面网络；Apex 网络[31]指若删除一个节点后可变为平面网络，被删除的节点称为 Apex 点。

表 2-4-1　网络编码和图子式的关系

序号	拓扑性质	最小有限域大小	网络实例
1	不含完全图 K_3	网络编码不起作用 （采用路由即可）	星形网络、树形网络、森林网络
2	不含完全图 K_4	网络编码不起作用 （采用路由即可）	外平面（Outerplanar）网络
3	不含完全图 K_5	网络编码起作用，有限域为 3	平面网络
4	不含完全图 K_6	网络编码起作用，有限域为 4	Apex 网络
5	不含完全图 K_q	$O(q\log q)$	—

仍以蝶形网络为例说明上述结论的应用。如图 2-4-3 所示，首先通过收缩操作求出蝶形网络的图子式：收缩链路 A_1A_2 和 A_2A_3，将节点 A_1、A_2 和 A_3 合并为节点 A，其相邻链路 A_1D_1、A_2B 和 A_3C 合并为节点 A 的相邻链路 AD、AB 和 AC；收缩链路 D_1D_2，将节点 D_1 和 D_2 合并为节点 D，其相邻链路 D_1A_1、D_1B 和 D_2C 合并为节点 D 的相邻链路 DA、DB 和 DC。可见，蝶形网络经收缩操作后得到的图子式为完全图 K_4。由表 2-4-1 的第 2 条结论"若拓扑不含

有完全图 K_4，则网络编码不起作用"可立刻判断，蝶形网络中网络编码可以起作用。虽然这是我们熟知的结论，但是此处这个结论仅仅是通过拓扑来判断的，不必如图 1-1-1 所示那样通过码构造后才知道。对于一般的情况，只要求出拓扑的图子式，即可判断网络编码是否起作用。而且 Robertson 和 Seymour[32]提出求解拓扑的图子式的算法，可在多项式时间 $O(n^4)$ 内完成，这样利用图子式即可较快判断网络编码是否起作用，从而决定是否采用网络编码。

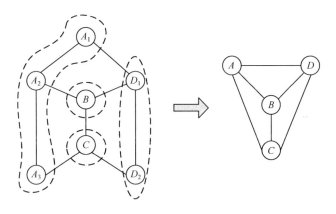

图 2-4-3　蝶形网络所含图子式为 K_4（说明网络编码起作用）

本章小结

本章主要阐述网络编码最简单且最重要的一类，即**线性网络编码**，包括标量线性网络编码和向量线性网络编码。在向量线性网络编码框架下，提出新的**循环移位线性网络编码**，可有效降低编译码复杂度。通过构建基于多播的**漩涡网络**，阐释有限域增大并不一定保证存在网络编码解，这一重要结论与直觉相悖，并进一步指出，有限域的乘法子群代数结构也会影响多播网络编码的可解性。最后，介绍网络编码与拓扑之间的关系，通过**图子式**即可快速判断网络编码是否起作用，从而决定是否采用网络编码。

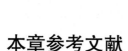
本章参考文献

[1]   AHLSWEDE R, CAI N, LI S Y R, et al. Network information flow[J]. IEEE Transactions on Information Theory, 2000, 46(4): 1204-1216.

[2]   LI S Y R, YEUNG R W, CAI N. Linear network coding[J]. IEEE Transactions on Information Theory, 2003, 49(2): 371-381.

[3]   LI S Y R, SUN Q T, SHAO Z. Linear network coding: theory and algorithms[J]. Proceedings of the IEEE, 2011, 99(3): 372-387.

[4]   LEHMAN A R, LEHMAN E. Complexity classification of network information flow problems[C]// Annual ACM-SIAM Symposium on Discrete Algorithms(SODA), 2004.

[5]   FRAGOULI C, SOLJANIN E. Information flow decomposition for network coding[J]. IEEE Transactions on Information Theory, 2006, 52(3): 829-848.

[6]   HARVEY N J A, KARGER D R, MUROTA K. Deterministic network coding by matrix completion[C]// Annual ACM-SIAM Symposium on Discrete Algorithms(SODA), 2005.

[7]   JAGGI S, SANDERS P, CHOU P A, et al. Polynomial time algorithms for multicast network code construction[J]. IEEE Transactions on Information Theory, 2005, 51(6): 1973-1982.

[8]   MEDARD M, EFFROS M, HO T, et al. On coding for non-multicast networks[C]// 41st Annual Allerton Conference on Communication, Control, and Computing, 2003.

[9]   JAGGI S, EFFROS M, HO T, et al. On linear network coding[C]// 42nd Annual Allerton Conference on Communication, Control, and Computing, 2004.

[10]   WARDLAW W P. Matrix representation of finite fields[J]. Mathematics Magazine, 1994, 67(4): 289-293.

[11] SUN Q, YANG X, LONG K, et al. Constructing multicast networks where vector linear coding outperforms scalar linear coding[C]// IEEE ISIT, 2015.

[12] SUN Q T, YIN X, LI Z, et al. Multicast network coding and field sizes[J]. IEEE Transactions on Information Theory, 2015, 61(11): 6182-6191.

[13] SUN Q T, YANG X, LONG K, et al. On vector linear solvability of multicast networks[J]. IEEE Transactions on Communications, 2016, 64(12): 5096-5107.

[14] ETZION T, WACHTER-ZEH A. Vector network coding based on subspace codes outperforms scalar linear network coding[J]. IEEE Transactions on Information Theory, 2018, 64(4): 2460-2473.

[15] TANG H, SUN Q T, LI Z, et al. Circular-shift linear network coding[J]. IEEE Transactions on Information Theory, 2019, 65(1): 65-80.

[16] SUN Q T, TANG H, LI Z, et al. Circular-shift linear network codes with arbitrary odd block lengths[J]. IEEE Transactions on Communications, 2019, 67(4): 2660-2672.

[17] TANG H, SUN Q T, YANG X, et al. On encoding and decoding of circular-shift linear network codes[J]. IEEE Communications Letters, 2019, 23(5): 777-780.

[18] JAGGI S, CASSUTO Y, EFFROS M. Low complexity encoding for network codes[C]// IEEE ISIT, 2006.

[19] ZHANG L, HUANG Q, LIN S, et al. Quasi-cyclic ldpc codes: an algebraic construction, rank analysis, and codes on latin squares[J]. IEEE Transactions on Communications, 2010, 58(11): 3126-3139.

[20] HUANG Q, DIAO Q, LIN S, et al. Cyclic and quasi-cyclic ldpc codes on constrained parity-check matrices and their trapping sets[J]. IEEE Transactions on Information Theory, 2012, 58(5): 2648-2671.

[21] HOU H, SHUM K W, CHEN M, et al. Basic codes: low-complexity regenerating codes for distributed storage systems[J]. IEEE Transactions on Information Theory, 2016, 62(6): 3053-3069.

[22] SUN Q T, LI S Y R, LI Z. On base field of linear network coding[J]. IEEE

Transactions on Information Theory, 2016, 62(12): 7272-7282.

[23] DOUGHERTY R, FREILING C, ZEGER K. Networks, matroids, and non-shannon information inequalities[J]. IEEE Transactions on Information Theory, 2007, 53(6): 1949-1969.

[24] DOUGHERTY R, FREILING C, ZEGER K. Insufficiency of linear coding in network information flow[J]. IEEE Transactions on Information Theory, 2005, 51(8): 2745-2759.

[25] LI Z, LI B, LAU L C. On achieving maximum multicast throughput in undirected networks[J]. IEEE Transactions on Information Theory, 2006, 52(6): 2467-2485.

[26] MAHESHWAR S, LI Z, LI B. Bounding the coding advantage of combination network coding in undirected networks[J]. IEEE Transactions on Information Theory, 2012, 58(2): 570-584.

[27] YIN X, WANG Y, WANG X, et al. A graph minor perspective to network coding: connecting algebraic coding with network topologies[C]// IEEE INFOCOM, 2013.

[28] DIESTEL R. 图论[M]. 4 版. 于青林，王涛，等，译. 北京：高等教育出版社，2013.

[29] DIESTEL R. 图论[M]. 3 版. 北京：世界图书出版公司北京公司，2008.

[30] 王树禾. 图论[M]. 2 版. 北京：科学出版社，2009.

[31] XIAHOU T, LI Z, WU C. Information multicast in (pseudo-)planar networks: efficient network coding over small finite fields[C]// NetCod, 2013.

[32] ROBERTSON N, SEYMOUR P. Graph minors. XIII. The disjoint paths problem[J]. Journal of Combinatorial Theory Series B, 1995, 63(1): 65-110.

第 3 章

网络编码技术

网络编码技术层出不穷，但最常见、最实用的多基于随机网络编码。本章介绍基于随机网络编码的相关技术，主要内容包括随机网络编码、实际网络编码、分代网络编码、多级网络编码、稀疏网络编码、部分网络编码等，以上这些技术可以单个或多个组合起来加以应用，例如，分代网络编码中的每一代均采用随机网络编码，多级网络编码中的每一级也均采用随机网络编码。

3.1 随机网络编码

随机网络编码[1-10]是最基本但应用最广泛的一种重要网络编码技术，编码所需系数均为随机选取，适合于分布式实施，接收节点只要收到足够数量线性无关的线性组合即可成功译码。1.3 节已介绍随机网络编码以阐明网络编码的可行性，本节进一步详细阐述。

3.1.1 编码原理

设通信目标是信源节点 S 将原始数据 $X_1, X_2, \cdots, X_k$ 传输到信宿节点，网络各节点的编码系数均在有限域 F_q 中随机选取，系数与数据的线性组合均需要传输至下一个节点。参见 1.3 节实例，信源节点首先将原始数据分别与随机编码系数相乘得到线性组合，网络中间节点从不同链路收到的线性组合与本地产生的随机编码系数相乘得到新的线性组合，信宿节点必须收到 k 个线性无关的线性组合才能译码。信宿节点所收到的线性组合 $C_1, C_2, \cdots, C_k$ 与原始数据 $X_1, X_2, \cdots, X_k$ 的关系可表示为式（3-1-1）。

$$\begin{bmatrix} C_1 \\ C_2 \\ \vdots \\ C_k \end{bmatrix} = \begin{bmatrix} \xi_{11} & \xi_{12} & \cdots & \xi_{1k} \\ \xi_{21} & \xi_{22} & \cdots & \xi_{2k} \\ \vdots & \vdots & \vdots & \vdots \\ \xi_{k1} & \xi_{k2} & \cdots & \xi_{kk} \end{bmatrix} \begin{bmatrix} X_1 \\ X_2 \\ \vdots \\ X_k \end{bmatrix} \qquad (3\text{-}1\text{-}1)$$

其中，系数矩阵元素 ξ_{ij}（$i, j = 1, 2, \cdots, k$）为随机系数。

信宿节点可通过对系数矩阵求逆以译出原始数据 $X_1, X_2, \cdots, X_k$，即

$$
\begin{bmatrix} X_1 \\ X_2 \\ \vdots \\ X_k \end{bmatrix} = \begin{bmatrix} \xi_{11} & \xi_{12} & \cdots & \xi_{1k} \\ \xi_{21} & \xi_{22} & \cdots & \xi_{2k} \\ \vdots & \vdots & \ddots & \vdots \\ \xi_{k1} & \xi_{k2} & \cdots & \xi_{kk} \end{bmatrix}^{-1} \begin{bmatrix} C_1 \\ C_2 \\ \vdots \\ C_k \end{bmatrix}
\tag{3-1-2}
$$

3.1.2　译码原理

随机网络编码的译码原理可以分为**一步译码**和**逐步译码**两种，分别采用高斯消元法和高斯-约旦消元法。

3.1.2.1　一步译码

采用**高斯消元法**（Gaussian Elimination）[11-13]，具体方法是：收到全部 k 个线性组合后，通过初等行变换来化简系数和线性组合所组成的增广矩阵（Augmented Matrix）；化简成功后，增广矩阵的左右两侧分别为 k 阶单位矩阵和译码出的原始数据。该方法的缺点是需要占用较多的译码时间，并且一旦译码失败，由于无法定位发生线性相关的线性组合，因此只能丢弃已收到的全部线性组合并重新开始下载。若此情况发生，不但影响接收端的正常译码，而且会造成较大的带宽浪费。

采用高斯消元法译码时存在译码概率的问题，除了信宿节点外的所有中间节点，只要在一个足够大的有限域 F_q 上随机选择系数，且信宿节点收到的线性组合的系数矩阵是满秩（Full Rank），则可成功译码。Jaggi 等人[14]指出，当有限域的大小为 $q = 2^{16}$，且网络中的链路数为 $|E| = 2^8$ 时，译码成功率可达 99.6%。

3.1.2.2　逐步译码

采用**高斯-约旦消元法**（Guass-Jordan Elimination）[13, 15-19]，也称为**渐进**

译码（Progressive Decoding）[13, 15-19]，目的是减小译码时间对端到端传输总体性能的影响，基本思想是使译码和下载可同时进行，将译码时间隐藏到传输数据和等待数据的时间里，从而减少端到端总体时延。具体方法是：每收到一个线性组合，通过初等行变换将系数和线性组合组成的增广矩阵化简一次，使其变为行约简阶梯形（Row Reduced Echelon Form，RREF）矩阵；收到第 k 个线性组合并成功化简后，增广矩阵的左右两侧分别为 k 阶单位矩阵和译码出的原始数据。在化简的过程中，还可以及时进行线性无关性检测（Independence Detection）：当收到线性无关的线性组合时，才进入渐进译码过程；否则，直接丢弃，并继续接收下一个线性组合。该方法可以有效避免带宽浪费。

结合图 3-1-1 进一步说明一步译码和逐步译码的区别，设节点 B 为需要译码的信宿节点。一步译码是收齐所有 k 个线性无关的线性组合后才开始译码，并译码出所有原始数据（$X_1, X_2, \cdots, X_k$）；而逐步译码在收到第 2 个线性无关的线性组合 C_2 后，即可开始译码，但还是得等到收齐 k 个线性无关的线性组合后才能最终译码出所有原始数据（$X_1, X_2, \cdots, X_k$）。因此，一步译码可归纳为译码时间与传输时间串行，逐步译码可归纳为译码时间与传输时间并行，或可理解为将译码时间隐藏在传输时间中。

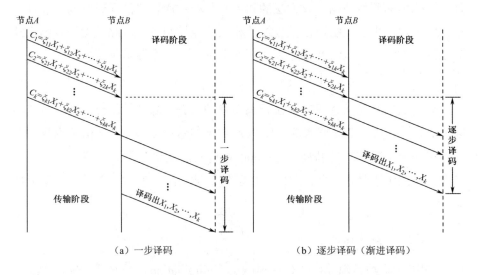

（a）一步译码　　　　　　　　（b）逐步译码（渐进译码）

图 3-1-1　一步译码和逐步译码的比较（设节点 B 为译码的信宿节点）

两者的相同点是：具有全有或全无（All-or-Nothing）的特点，即要么译码出全部原始数据，要么无法译码出任何一个原始数据。

3.1.3　硬件加速

逐步译码优于一步译码，因为可以保证译码和下载同时进行，但译码的计算量没有减少。若均由 CPU 来完成的话，将降低处理速度。为了进一步提升译码速度，常考虑通过硬件来加速译码，主要思想是采用多核和图像处理单元（Graphics Processing Unit，GPU）[19, 20]。其中，采用 GPU 是利用 GPU 在并行计算方面的优势，以辅助 CPU 进行并行计算，同时减轻 CPU 的计算压力，从而有效减少总体计算时延，对实时应用（如流媒体直播和点播）具有较重要的实用价值。

3.2　实际网络编码

在将随机网络编码应用于基于数据包（Packet）的实际网络时，需要考虑一些实际问题。Chou 等人[21]提出实际网络编码（Practical Network Coding）的方法，包括数据包化、缓存更新、交织和纠错等。

1. 数据包化（Packetization）[21]

因为网络中的数据传输是采用数据包的传输格式，需要将数据放入数据包中。设一个数据包中可放入 N 个数据，待传输的 k 个数据包用向量 $\boldsymbol{X}_1$，$\boldsymbol{X}_2$，$\cdots$，$\boldsymbol{X}_k$ 表示，即

$$\begin{cases} \boldsymbol{X}_1 = [X_{11}, X_{12}, \cdots, X_{1N}] \\ \boldsymbol{X}_2 = [X_{21}, X_{22}, \cdots, X_{2N}] \\ \quad\quad\quad\vdots \\ \boldsymbol{X}_k = [X_{k1}, X_{k2}, \cdots, X_{kN}] \end{cases}$$

线性组合也用向量 C_1, C_2, $\cdots$, C_k 表示，即

$$
\begin{cases}
C_1 = [C_{11}, C_{12}, \cdots, C_{1N}] \\
C_2 = [C_{21}, C_{22}, \cdots, C_{2N}] \\
\quad\quad\quad\quad\vdots \\
C_k = [C_{k1}, C_{k2}, \cdots, C_{kN}]
\end{cases}
$$

则

$$
\begin{bmatrix} C_1 \\ C_2 \\ \vdots \\ C_k \end{bmatrix} =
\begin{bmatrix}
C_{11} & C_{12} & \cdots & C_{1N} \\
C_{21} & C_{22} & \cdots & C_{2N} \\
\vdots & \vdots & \vdots & \vdots \\
C_{k1} & C_{k2} & \cdots & C_{kN}
\end{bmatrix} =
\begin{bmatrix}
\xi_{11} & \xi_{12} & \cdots & \xi_{1k} \\
\xi_{21} & \xi_{22} & \cdots & \xi_{2k} \\
\vdots & \vdots & \vdots & \vdots \\
\xi_{k1} & \xi_{k2} & \cdots & \xi_{kk}
\end{bmatrix}
\begin{bmatrix} X_1 \\ X_2 \\ \vdots \\ X_k \end{bmatrix}
$$

$$
=
\begin{bmatrix}
\xi_{11} & \xi_{12} & \cdots & \xi_{1k} \\
\xi_{21} & \xi_{22} & \cdots & \xi_{2k} \\
\vdots & \vdots & \vdots & \vdots \\
\xi_{k1} & \xi_{k2} & \cdots & \xi_{kk}
\end{bmatrix}
\begin{bmatrix}
X_{11} & X_{12} & \cdots & X_{1N} \\
X_{21} & X_{22} & \cdots & X_{2N} \\
\vdots & \vdots & \vdots & \vdots \\
X_{k1} & X_{k2} & \cdots & X_{kN}
\end{bmatrix}
$$

可见系数矩阵可以共用。在传输数据包时，将系数放在 N 个线性组合前一起传输，如图 3-2-1 所示。

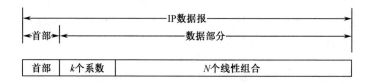

图 3-2-1　IP 数据报中数据部分包括随机系数和线性组合

由于帧格式中数据字段存在最大传输单元（Maximum Transmission Unit，MTU）[22]的限制，使得 IP 数据报的总长度（首部加上数据部分）不能超过 MTU 值（一般为 1500）。若有限域的大小 $q = 2^8$，意味着每个数据 1 字节，则取 N=1400；若有限域的大小 $q = 2^{16}$，意味着每个数据 2 字节，则取 N=700。

设信源发出原始数据包 k=50，有限域为 $q = 2^8$，则 N 取 1400，将随机系数与线性组合放在 IP 数据包中一起传输。虽然随机系数会占用一定的额外

开销（比例为 k/N=3.57%），对吞吐量的影响并不大，但是得到的优势是：可完全分布式实施，译码不需要事先知道拓扑，译码可以支持动态加入和离开的情况。

2. 缓存更新、交织

由于网络中传输的路径长度的差异，如图 3-2-2 所示，信宿节点从不同链路收到的数据包存在时延差，因此需进行缓存更新操作，即删除旧的数据。更新时间点可选择在当任意链路中收到新一代的数据时进行。删除一部分的数据包会使吞吐量有一定的损失，可通过如下公式计算：

吞吐量降低率∝时延差（秒）/分代时间（秒）

　　　　=时延差（秒）×发送速率（数据包/秒）/（$k×I$）。

其中，k 为发送的每代中的个数，增加 k 可以提升吞吐量，但会增加数据包中系数的个数，从而增加一部分额外开销；I 为交织数（图 3-2-2 中 I=1），I 的含义是将原来的多播会话分解为 I 个逻辑会话，任意一个会话 i 的编号按 $i=n \bmod I$ 来进行分配，n 为代的编号。交织可以减少时延差，降低发送速率，但不会降低总的发送速率。

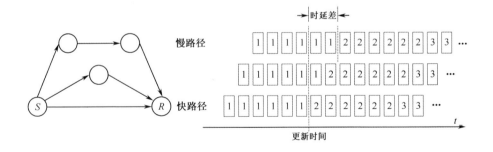

图 3-2-2　缓存更新

3. 纠错

传输中的差错控制常通过增加冗余来实现，可以简单地增加冗余，也可以采用较复杂的纠错方案，如采用基于优先权的编码传输（Priority Encoding

Transmission，PET）[23]纠错编码方式。

实际网络编码中的译码一般采用逐步译码，可以减少总体时延。

3.3　分代网络编码

分代网络编码（Multi-Generation Network Coding）[24, 25]的目的是：

（1）降低编码和译码的复杂性，尤其是降低译码的复杂度，进而减少译码时间。这是因为译码采用高斯消元法，其时间复杂度为$O(k^3)$[26, 27]，其中k指译码的数据个数，当k越大的，复杂度将随k值增大而呈立方级增大，所以采用分代技术，将k控制在一个合适的范围。

（2）为适应实时应用的需求。成功译码出所有数据的前提是收到的线性组合的个数大于或等于原始数据的个数。以实时流媒体为例，数据的个数一般较多，译码时间呈立方级增加，不能满足实时播放的要求。若采用分代网络编码，可以有效减少译码时间，并且可以实现边译码边播放。

分代网络编码可分为两类：代内网络编码和代间网络编码，主要区别在于代间是否存在关系。前者表示代与代之间相互无关联，后者则表示代与代之间有关联。事实上，随机网络编码可以看成是无分代网络编码，而分代网络编码中的代内或代间一般还是采用随机网络编码。

3.3.1　代内网络编码

代内网络编码（Intra-Generation Network Coding）[24, 25]将需要传输的数据分成多个代，每代拥有固定数目的数据，编译码的过程发生在代内的数据之间，如图 3-3-1 所示是一个拥有m代的网络编码示意图，分别对每代内的数据进行编码（一般采用随机网络编码）并产生多个线性组合，如第 1 代的线性组合为$C_1, C_2, \cdots, C_k$，其由数据$X_1, X_2, \cdots, X_k$通过随机网络编码得到，如式（3-1-1）所示。代与代之间产生的线性组合是相互无关联的。

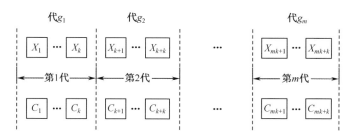

图 3-3-1　分代网络编码（代内网络编码）

分代网络编码可能存在"断代"问题。若接收节点未收齐足够数量线性无关的某一代内的线性组合，该代将无法成功译码原始数据。代内网络编码中各代之间的线性组合相互无关联，无法进行代与代之间的"互助"。例如，网络中的节点动态加入和离开，若网络中剩余节点恰好均没有足够数量线性无关的某一代内的线性组合，则将无法译码出该代的原始数据。为解决这一问题，可以采用的方法是，让代与代之间进行协作，可以通过当前代译码出其他代的原始数据，这就是 3.3.2 节介绍的代间网络编码。

在丢包率较大的网络中，中间节点收不到足够数量线性无关的线性组合，将不利于接收节点以较高译码成功率译码。一个解决办法是，信源节点/中间节点产生额外的线性无关的线性组合[25]，但这会产生一定的额外流量。

3.3.2　代间网络编码

代间网络编码（Inter-Generation Network Coding）[24, 25]是指将相邻的多代组成一个代集（Generation Set），如图 3-3-2 所示是一个拥有 m 代、每代拥有 k 个数据的代集，代集内每代的线性组合包括代集内这一代及之前所有代的数据。

考虑某代 g_i（$1 \leqslant i \leqslant m$）的线性组合，它是由代 $g_1, g_2, \cdots, g_i$ 中的所有数据进行线性组合而得到，共产生 ik 个线性无关的线性组合，即

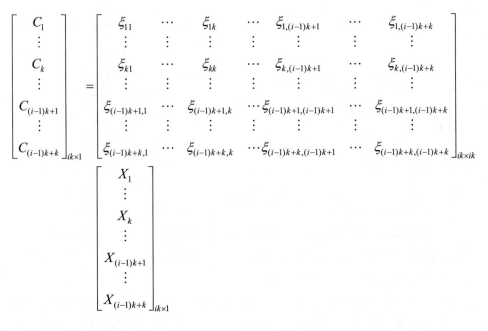

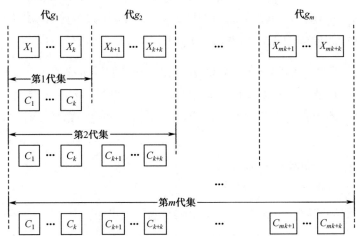

图 3-3-2　分代网络编码（代间网络编码）

注意：代集之间的线性组合是相互线性无关的。若要译码出第 g_i 代，总共需要获得代 $g_1, g_2, \cdots, g_i$ 之中共 ik 个线性无关的线性组合，并同时译码出代 $g_1, g_2, \cdots, g_i$。这样的代间网络编码技术决定了它无法单独译码出某一代。

当然，若 $g_1, g_2, \cdots, g_{i-1}$ 已经译码出，则译出 g_i 仅需要 k 个线性无关的线性组合即可。

代间网络编码的优势在于，当代集中的某一代无法得到译码所需的足够数量线性无关的线性组合时，缺少的部分可以由其序号之后的代来弥补，如当第 g_{i-1} 代无法译码时，可由后一代第 g_i 代弥补。因此，代间网络编码可解决代内网络编码可能出现的"断代"问题。采用代间网络编码之后，各代之间存在一定关联，即使有节点动态离开，仍可通过剩余节点将所需的原始数据译码出来，从而解决"断代"问题。

3.4　多级网络编码

多级网络编码（Hierarchical Network Coding，HNC）由 Nguyen 等人[28,29]提出，目的是提供一定程度的优先级。例如，可以应用于实时 P2P 流媒体中，使紧急的、重要的数据可以被优先译码。

多级网络编码的基本原理可以结合如下例子来解释：设一个消息流可分为多个数据包，每个数据包属于 A、B 和 C 三类中的一类。其中，A 类数据包最重要，B 类次之，C 类不重要，记为 A > B > C。不妨设该消息流共有 6 个数据包，分别为 $a_1, a_2, b_1, b_2, c_1, c_2$，其中，$a_1, a_2$ 属于 A 类，b_1, b_2 属于 B 类，c_1, c_2 属于 C 类。多级网络编码的编码构造方案为：

$$N_1 = \xi_1^1 a_1 + \xi_2^1 a_2 \text{；}$$

$$N_2 = \xi_1^2 a_1 + \xi_2^2 a_2 + \xi_3^2 b_1 + \xi_4^2 b_2 \text{；}$$

$$N_3 = \xi_1^3 a_1 + \xi_2^3 a_2 + \xi_3^3 b_1 + \xi_4^3 b_2 + \xi_5^3 c_1 + \xi_6^3 c_2 \text{。}$$

式中，$\xi_i^1, \xi_i^2, \xi_i^3$ 为在有限域上选取的随机系数。例如，当收到 2 个线性无关的线性组合数据包 N_1 后，即可译码出 a_1, a_2。当收到 4 个线性无关的线性组合数据包 N_1 和 N_2（至少 2 个 N_2）后，才可译码出 a_1, a_2, b_1, b_2。可见，通过控制线性组合数据包 N_1、N_2 和 N_3 的比例来控制 a_i, b_i, c_i 被译码的概率，从而满足重要性级别的需求 A > B > C。

多级网络编码可实现具有一定优先级的数据调度，可应用于对优先级有要求的应用。例如，基于网络编码的 P2P 流媒体中，由于流媒体实时播放的要求，靠近播放点的数据是需要被优先调度的紧急数据，此时可以采用多级网络编码。

多级网络编码与代间网络编码有类似之处，均可理解为跨代（Cross-Generation）进行线性组合，所以均可以解决"断代"问题。不同之处在于多级网络编码[29]侧重于提供一定的优先级。

3.5　稀疏网络编码

如何降低网络编码的计算复杂度，对于网络编码的实际应用具有重要的意义。由随机网络编码的原理可见，因为译码过程中系数矩阵求逆计算量大，所以译码复杂度大于编码复杂度。降低译码复杂度的一个解决思路是将系数矩阵转为稀疏矩阵（Sparse Matrix），即令系数矩阵中出现较多的零，由于稀疏矩阵有利于计算和存储，将有效减少一部分编码和译码的计算量。若随机系数矩阵中零的数目增大，也将降低译码的成功率。如何在不降低译码成功率的前提下，增加系数矩阵中零的个数，答案就是本节要介绍的稀疏网络编码。

稀疏网络编码（Sparse Network Coding）[30, 31]方案基于 Cooper 的研究结果[32]，可以构造稀疏矩阵的系数矩阵，且译码成功率可保持在较高的水平，所用到的重要定理[32]如下：

设有限域为 F_q，需要发送数据的个数为 n，随机系数的矩阵为 $\boldsymbol{M} = [m_{ij}]_{n \times n}$，其中，矩阵元素随机系数 m_{ij} 满足独立同分布（independently & identically distributed，i.i.d.），即有相同的概率分布，并且互相独立，其概率分布为：

$$P_r\left(m_{ij}=r\right)=\begin{cases}1-p, & r=0\\[2mm]\dfrac{p}{q-1}, & r\in[1,2,\cdots,q-1]\end{cases}$$

系数矩阵中元素为零的概率为 $1-p$，系数矩阵中元素不为零的概率为 $\dfrac{p}{q-1}$，其中，$p\geqslant\dfrac{\lg n+d}{n}$，$d$ 为非负常数，则矩阵 $\boldsymbol{M}$ 非奇异的概率为：

$$\lim_{n\to\infty}P_r\left(\boldsymbol{M}\text{为非奇异}\right)=\mathrm{e}^{-2\mathrm{e}^{-d}}\prod_{j=1}^{\infty}\left(1-\frac{1}{q^j}\right)$$

根据该定理，若取有限域大小 $q=2^8$，非负常数 $d=10$ 时，随机系数矩阵非奇异的概率 P_r 不小于 0.999 91[31]；若系数矩阵非奇异，接收节点即可译码出原始数据的内容。

稀疏网络编码可以通过控制随机系数矩阵中元素为零的个数，来有效降低编译码复杂度，并同时保持较高的译码成功率，具有较大的实际应用价值。稀疏网络编码可看成是具有较低编译码复杂度的随机网络编码。

3.6　部分网络编码

部分网络编码（Partial Network Coding，PNC）[33-35]的目的是解决中间节点缓存数据的超时过期问题，由 Wang 等人[33, 34]提出。传统网络编码的码构造算法没有考虑中间节点的缓存大小，当中间节点的缓存大小小于数据的总数时，将存在如何有效使用有限缓存的问题，即存在如何对超时过期的数据进行删除的问题。采用部分网络编码的优势是，可以在不译码的情况下删除过期的线性组合。

设中间节点缓存大小为 B，原始数据的个数为 N，传统网络编码的线性组合的形式为：

$$C_j=\sum_{i=0}^{N-1}\xi_i\times X_i$$

式中，$\xi_i = (\xi_0, \xi_1, \cdots, \xi_{N-1})$ 为系数向量，X_i 为原始数据。

若采用部分网络编码，线性组合的形式为：

$$P = \{C_j : C_j = \sum_{i=N-k-1}^{N-1} \xi_i \times X_i,\ 0 \leqslant k \leqslant N-1\}$$

可以构成一个上三角系数矩阵。由于一般情况下 $B < N$，因此每个中间节点只取集合 P 中的一部分。性能分析[33]显示部分网络编码性能接近传统网络编码，且可在不用译码的情况下删除过期的线性组合，在节点资源有限的应用场景（如无线传感器网络）中可以有效节省能耗。

下面结合无线传感器网络介绍部分网络编码的原理，并说明其优势。

设现有 6 个传感器节点 $S_0 \sim S_5$，每个节点的存储大小为 $B=2$，其中 $N=4$，初始状态的线性组合箭头左边。为简洁起见，略去系数。

S_0：$\{C_0 = [X_3\ X_2\ X_1\ X_0],\ C_1 = [X_3\ X_2]\} \rightarrow \{C_0 = [X_4\ X_3\ X_2],\ C_1 = [X_4]\}$

S_1：$\{C_0 = [X_3\ X_2\ X_1],\ C_1 = [X_3]\}$

S_2：$\{C_0 = [X_3\ X_2\ X_1],\ C_1 = [X_3\ X_2]\}$

S_3：$\{C_0 = [X_3\ X_2],\ C_1 = [X_3]\}$

S_4：$\{C_0 = [X_3\ X_2\ X_1\ X_0],\ C_1 = [X_3]\} \rightarrow \{C_0 = [X_4\ X_3],\ C_1 = [X_4]\}$

S_5：$\{C_0 = [X_3\ X_2\ X_1],\ C_1 = [X_3\ X_2]\}$

在无线传感器网络中，一般更关心最近收到的数据。例如，监测森林火灾，最关心的是当前是否有温度异常升高的现象。所以在本例中，假设在下一时刻产生了新的数据 X_4，过期的数据 X_0 即可删除。此时，若采用部分网络编码，则可简单地删除最长的线性组合（"最长"可以通过非零系数的个数来判别）。在上例中，对于传感器节点 S_0，删除最长的过期线性组合 $C_0 = [X_3\ X_2\ X_1\ X_0]$，然后将原来的线性组合 $C_1 = [X_3\ X_2]$ 与新的数据 X_4 组合成为新的线性组合 $C_0 = [X_4\ X_3\ X_2]$，新的数据 X_4 直接成为新的线性组合 $C_1 = [X_4]$。同理，对于传感器节点 S_4，新的线性组合变为 $\{C_0 = [X_4\ X_3], C_1 = [X_4]\}$。

采用部分网络编码可能存在的问题是，在传感器节点收集数据时，若没有一个传感器节点维持一个最长的线性组合，即使有再多数量的线性组合，也无法正确译码。所以在采用部分网络编码的设计方案中，须尽量避免此情况的发生。

本章小结

本章讲述网络编码的主要技术，最基础但应用最广泛的是随机网络编码，其中逐步译码（渐进译码）优于一步译码，常采用多核和 GPU 进行硬件加速；由于随机网络编码的译码复杂度随数据个数增大而呈立方级增大，因此提出分代网络编码，可分为代内网络编码和代间网络编码，尤其适合于实时领域，如 P2P 流媒体边下载、边译码、边播放的场景；为进一步解决在时延敏感、链路存在丢包情况下需要保证一定优先级的问题，可采用多级网络编码；为解决网络编码计算量较大的问题，可采用稀疏网络编码；为解决中间节点缓存数据超时过期的问题，可采用部分网络编码。

本章参考文献

[1]   HO T, MEDARD M, KOETTER R, et al. A random linear network coding approach to multicast[J]. IEEE Transactions on Information Theory, 2006, 52(10): 4413-4430.

[2]   HO T, LEONG B, MEDARD M, et al. On the utility of network coding in dynamic environments[C]// 2004 International Workshop on Wireless Ad-Hoc Networks, 2004.

[3]   HO T, KOETTER R, MEDARD M, et al. The benefits of coding over routing in a randomized setting[C]// IEEE ISIT, 2003.

[4]   HO T, MEDARD M, SHI J, et al. On randomized network coding[C]// Allerton Conference On Communication, Control and Computing, 2003.

[5]   甘特斯蒂斯 C，罗德里格兹 P R. 使用网络编码的内容分发[P]. 200510098097.5, 中国国家发明专利.

[6]   EFFROS M, HO T, KARGER D, et al. Randomized distributed network coding[P]. United States Patent, 7706365.

[7]   LI B, NIU D. Random network coding in peer-to-peer networks: from theory to practice[J]. Proceedings of the IEEE, 2011, 99(3): 513-523.

[8]   ZHANG D, MANDAYAM N B. Analyzing random network coding with differential equations and differential inclusions[J]. IEEE Transactions on Information Theory, 2011, 57(12): 7932-7949.

[9]   VUKOBRATOVIC D, KHIRALLAH C, STANKOVIC V, et al. Random network coding for multimedia delivery services in lte/lte-advanced[J]. IEEE Transactions on Multimedia, 2014, 16(1): 277-282.

[10]   YANG S, YEUNG R W. BATS codes: theory and practice[M]. Morgan & Claypool Publishers, 2017.

[11]   LEON S J. 线性代数[M]. 8 版. 张文博，张丽静，译. 北京：机械工业出版社，2010.

[12]   钱椿林. 线性代数[M]. 北京：高等教育出版社，2000.

[13]   李亚龙. 基于网络编码的 P2P 直播数据传输策略研究与实现[D]. 成都：电子科技大学，2009.

[14]   JAGGI S, SANDERS P, CHOU P A, et al. Polynomial time algorithms for multicast network code construction[J]. IEEE Transactions on Information Theory, 2005, 51(6): 1973-1982.

[15]   WANG M, LI B. Lava: a reality check of network coding in peer-to-peer live streaming[C]// IEEE INFOCOM, 2007.

[16]   WANG M, LI B. R^2: random push with random network coding in live peer-to-peer streaming[J]. IEEE Journal on Selected Areas in Communications, 2007, 25(9): 1655-1666.

[17]   LIU Z, WU C, LI B, et al. UUSee: large-scale operational on-demand

streaming with random network coding[C]// IEEE INFOCOM, 2010.

[18] WANG M, LI B. How practical is network coding?[C]// IEEE IWQoS, 2006.

[19] SHOJANIA H, LI B. Parallelized progressive network coding with hardware acceleration[C]// IEEE IWQoS, 2007.

[20] SHOJANIA H, LI B, WANG X. Nuclei: GPU-accelerated many-core network coding[C]// IEEE INFOCOM, 2009.

[21] CHOU P A, WU Y, JAIN K. Practical network coding[C]// Allerton Conference on Communication, Control, and Computing, 2003.

[22] 谢希仁. 计算机网络[M]. 5 版. 北京：电子工业出版社，2008.

[23] ALBANESE A, BLOMER J, EDMONDS J, et al. Priority encoding transmission[J]. IEEE Transactions on Information Theory, 1996, 42(6): 1737-1744.

[24] HALLOUSH M, RADHA H. Network coding with multi-generation mixing[C]// The 42nd Annual Conference on Information Sciences and Systems(CISS), 2008.

[25] HALLOUSH M, RADHA H. Network coding with multi-generation mixing: a generalized framework for practical network coding[J]. IEEE Transactions on Wireless Communications, 2011, 10(2): 466-473.

[26] GKANTSIDIS C, RODRIGUEZ P. Network coding for large scale content distribution[C]// IEEE INFOCOM, 2005.

[27] MAYMOUNKOV P, HARVEY N J A, LUN D S. Methods for efficient network coding[C]// 44th Annual Allerton Conference on Communication, Control, and Computing, 2006.

[28] NGUYEN K, NGUYEN T, CHEUNG S C. Video streaming with network coding[J]. Journal of Signal Processing Systems, 2010, 59(3): 319-333.

[29] NGUYEN K, NGUYEN T, CHEUNG S C. Peer-to-peer streaming with hierarchical network coding[C]// IEEE International Conference on Multimedia and Expo(ICME), 2007.

[30] MA G, XU Y, LIN M, et al. A content distribution system based on sparse linear network coding[C]// NetCod, 2007.

[31] 马冠骏，许胤龙，林明宏，等. 基于网络编码的 P2P 内容分发性能分析[J]. 中国科学技术大学学报，2006，36（11）：1237-1240.

[32] COOPER C. On the distribution of rank of a random matrix over a finite field[J]. Random Structures & Algorithms (Wiley), 2000, 17(3-4): 197-212.

[33] WANG D, ZHANG Q, LIU J. Partial network coding: theory and application for continuous sensor data collection[C]// IEEE International Workshop on Quality of Service(IWQoS), 2006.

[34] WANG D, ZHANG Q, LIU J. Partial network coding: concept, performance, and application for continuous data collection in sensor networks[J]. ACM Transactions on Sensor Networks, 2008, 4(3): 1-22.

[35] 王晓东，霍广城，孙海燕，等. 移动自组网中基于部分网络编码的机会主义路由[J]. 电子学报，2010，38（8）：1736-1740.

第 4 章

网络编码在无线多跳
网络中的应用

无线多跳网络（Wireless Multi-hop Networks）[1]可分为无线 Ad-Hoc 网络、无线传感器网络和无线 Mesh 网络三类，其中，多跳的含义是指信源节点与目的节点通过大于 2 跳的距离相连。与"多跳"相对的概念是"单跳"，如移动蜂窝网络就属于单跳网络，即移动端仅 1 跳即可与基站相连。本节主要介绍网络编码在无线多跳网络中的应用。

4.1　网络编码在无线 Ad-Hoc 网络中的应用

　　无线 Ad-Hoc 网络，也称为移动自组织网络（Mobile Ad-Hoc Network，MANET），是一种开放、无人工干预、无预设基础设施（基站）的自组织网络，属于自组织和自配置的无线多跳网络。无线 Ad-Hoc 网络最初起源于美国军事研究领域，因其组网灵活、快捷和高效的特点，可广泛应用于无法或不便架设网络基础设施的场合，具有较广泛的应用场景。本节结合实例介绍在无线 Ad-Hoc 网络中采用网络编码可节省传输次数，从而有效节省能耗。

　　无线 Ad-Hoc 网络如图 4-1-1 所示，设每个节点的覆盖范围仅为 1 跳，考虑信源节点 S 传输 1 比特消息到信宿节点 E 和 F 所需的能耗（单位以传输次数/比特来计算）。

　　图 4-1-1（a）所示为采用路由方式的无线 Ad-Hoc 网络。信源节点 S 广播发送 1 比特消息 a 到节点 A 和 B（需要 1 次传输），节点 A 通过节点 C 传输到信宿节点 E（需要 2 次传输），类似地，节点 B 通过节点 D 传输到信宿节点 F（需要 2 次传输），因此，完成通信目标共需要 5 次传输/比特。

　　图 4-1-1（b）所示为采用网络编码方式的无线 Ad-Hoc 网络。信源节点 S 发送 2 比特消息 a 和 b 到信宿节点 E 和 F。首先信源节点 s 分 2 个时隙广播发送消息 a 和 b 到节点 A 和 B（需要 2 次传输），节点 A 将消息 a 通过节点 C 传输到信宿节点 E（需要 2 次传输），节点 B 将消息 b 通过节点 D 传输到信宿节点 F（需要 2 次传输）。不同之处在于，信宿节点通过节点 G 交换消息。具体地，信宿节点 E 发送消息 a 到节点 G（需要 1 次传输），信宿节点

F 发送消息 b 到节点 G（需要 1 次传输），节点 G 广播 $a \oplus b$ 到信宿节点 E 和 F。这样，信宿节点 E 和 F 均可获得 2 比特消息。因此，完成传输 2 比特的通信目标，共需要 9 次传输，即 9/2 次传输/比特= 4.5 次传输/比特。减少了每个比特的传输次数，相当于节省了能耗。

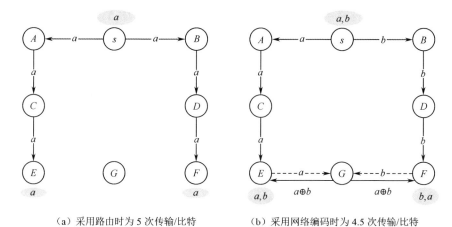

（a）采用路由时为 5 次传输/比特　　　（b）采用网络编码时为 4.5 次传输/比特

图 4-1-1　网络编码在无线 Ad-Hoc 网络中的应用

4.2　网络编码在无线传感器网络中的应用

本节介绍随机网络编码在水下无线传感器网络中的应用[2]。水下无线通信的丢包率较大，采用随机网络编码后可以较好地解决这个问题。如图 4-2-1 所示，假设信源节点 s 通过中继节点 U, V, W 传输消息 a, b, c 给信宿节点 R。

图 4-2-1（a）所示为采用路由方式的无线传感器网络。信源节点 s 传输消息 a, b, c 给中继节点，不妨设中继节点 U 仅收到消息 a, c，中继节点 V 仅收到消息 b, c，中继节点中继 W 收到消息 a, b, c，然后中继节点将收到的消息转发给信宿节点 R。由于丢包，所以不妨设信宿节点 R 从中继节点 U 仅收到消息 c，从中继节点 V 仅收到消息 c，从中继节点 W 仅收到消息 b。这样，信宿节点收到消息 b, c, c，由于未收到消息 a，所以无法收到信源节点发出的所有消息。

图 4-2-1（b）所示为采用网络编码方式的无线传感器网络。信源节点 s 传输消息 a, b, c 给中继节点，仍假设中继节点 U 仅收到消息 a, c，中继节点 V 仅收到消息 b, c，中继节点 W 收到消息 a, b, c。不同的是，中继节点在进行转发之前，先进行随机网络编码。不妨设中继节点 U 将收到的消息 a, c 编码成为 X_{11}, X_{12}，中继节点 V 将收到的消息 b, c 编码成为 X_{21}, X_{22}，中继节点 W 将收到的消息 a, b, c 编码成为 X_{31}, X_{32}, X_{33}，然后中继节点将编码好的线性组合发给信宿节点 R。由于丢包，所以不妨设信宿节点 R 从中继节点 U 仅收到消息 X_{12}，从中继节点 V 仅收到消息 X_{22}，从中继节点 W 仅收到消息 X_{32}，这样，信宿节点收到消息 X_{12}, X_{22}, X_{32}，由于收到的消息 X_{12}, X_{22}, X_{32} 是原始消息 a, b, c 的线性组合，所以根据随机网络编码的原理，信宿节点仍可以通过高斯消元法译码出原始消息 a, b, c。

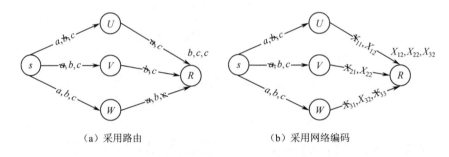

（a）采用路由   （b）采用网络编码

图 4-2-1 随机网络编码在水下无线传感器网络中的应用

4.3 网络编码在无线 Mesh 网络中的应用

本节介绍网络编码在无线 Mesh 网络中的三个应用，包括 COPE[3, 4]、MORE[5]和 MIXIT[6]。

4.3.1 COPE

COPE 由 Katti 等人[3, 4]提出，将机会路由（Opportunistic Routing）和网

络编码结合起来应用于无线 Mesh 网络，其中网络编码是采用最简单的异或（Exclusive OR，XOR）操作，并且首次在无线试验床（Testbed）上将之实现，从而证明网络编码在无线 Mesh 网络中的实际可行性。

设无线 Mesh 网络中的节点可以侦听到邻居节点的数据传输。如图 4-3-1 所示，设中继节点 R 含有 4 个数据包 P_4、P_3、P_2 和 P_1，且中继节点 R 通过侦听已经知道节点 A 存有数据包 P_4 和 P_3，节点 B 存有 P_3 和 P_1，节点 C 存有 P_4 和 P_1。假设下一时隙中继节点 R 广播传输的目标为：将数据包 P_1 传输给节点 A，将数据包 P_2 传输给节点 C，将数据包 P_3 传输给节点 C，将数据包 P_4 传输给节点 B。现在考虑下一时隙中继节点的最优传输策略。

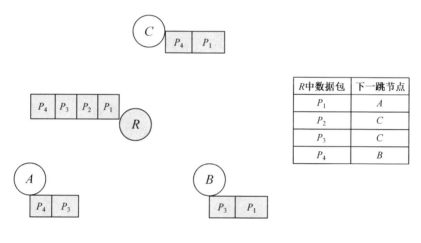

图 4-3-1　COPE（采用异或）

对于如图 4-3-1 所示中的传输需求，中继节点 R 采用基于异或的网络编码方案有多种选择，如可以使用广播数据包的线性组合$(P_1 \oplus P_2)$、$(P_1 \oplus P_3)$或$(P_1 \oplus P_3 \oplus P_4)$。

（1）若中继节点 R 广播$(P_1 \oplus P_2)$，则节点 A 无法译码出数据包 P_1，节点 B 无法译码出数据包 P_4，节点 C 可以译码出数据包 P_2 但无法译码出数据包 P_3，即仅有 1 个要求被满足。

（2）若中继节点 R 广播$(P_1 \oplus P_3)$，则有 2 个要求被满足，即节点 A 可译码出数据包 P_1，节点 C 可译码出数据包 P_3。

（3）若中继节点 R 广播 $(P_1 \oplus P_3 \oplus P_4)$，则有 3 个要求可被满足，即节点 A 可译码出数据包 P_1，节点 B 可译码出数据包 P_4，节点 C 可译码出数据包 P_3。可见，采用合适的方案，可以在 1 次传输中实现尽可能多的数据包传输，即提高吞吐量。

COPE 用简单的异或操作即可提高无线 Mesh 网络的吞吐量，前提条件是需要了解周围节点所存有的数据包的消息，所以需要采用机会侦听（Opportunistic Listening）[3, 4]技术。

4.3.2 MORE

MORE 由 Chachulski 等人[5]提出，将**随机网络编码**和机会路由相结合应用于无线 Mesh 网络中。在 MORE 中，机会路由与 MAC 层独立，中间节点采用随机网络编码，将数据包线性组合后再转发，因此不需要特别的调度机制。MORE 与 COPE 的主要区别在于前者采用随机网络编码，而后者采用简单的异或操作，需要相应的调度机制以保证发出线性相关的数据包尽可能少；两者相同的是，都采用了机会路由[6-8]的概念，在许多采用网络编码的应用中常会用到。

4.3.3 MIXIT

MIXIT 由 Katti 等人[9]提出，将基于码元级（Symbol-level）的网络编码应用于无线 Mesh 网络中，目的是提高应对无线干扰的能力和提升传输的并发性（Concurrency），以有效提高吞吐量。

MIXIT 的基本原理是：在无线 Mesh 网络中，即使没有节点收到正确的数据包，但一定存在某些节点可以收到某些正确的码元（数据包由一定数量的码元组成）。这些正确的码元若被合理地加以利用，可减少传输次数，所以在干扰较多的无线网络中，改变原来的策略——中间节点一定要转发正确的数据包，改进为新的 MIXIT 策略——中间节点转发正确的码元。在信宿节点，将正确的码元"拼接组装"成为一个完整的正确的数据包。由于空间分集

（Spatial Diversity）接收的数据包中，错误码元常常处于不同的位置，因此信宿端采用拼接组装的方法是具有可行性的。MIXIT 的核心思想可以归纳为将颗粒度（Granularity）变小，即数据包级别的颗粒度降为码元级别的颗粒度，然后采用空间分集。

例如，无线 Mesh 网络如图 4-3-2 所示，设信源节点 s_1 通过中继节点 U 和 V 传输数据包 P_a 给信宿节点 R_1，信源节点 s_2 通过中继节点 W 和 X 传输数据包 P_b 给信宿节点 R_2。由于这两对广播传输会互相影响，因此产生的干扰使中继节点收到的数据包存在错误（图 4-3-2 中加阴影的为错误码元），但是仍有正确的码元（未加阴影的为正确码元）。假设某个时刻正好出现如图 4-3-2 所示的场景，以信源节点 s_1 到信宿节点 R_1 的传输为例，中继节点 U 和 V 虽然均收到错误的数据包，但是收到的错误的数据包中仍存在正确的码元，此时中继节点 U 和 V 仅转发正确的码元给信宿节点 R_1，这样信宿节点可以将不同中继节点传输过来的正确码元进行拼接组装，还原成一个正确的数据包。类似的原理也可应用于信源节点 s_2 到信宿节点 R_2 的传输。

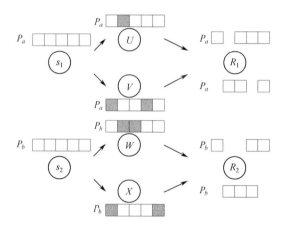

图 4-3-2　MIXIT 基本原理——码元级网络编码

具体实现中的一个重要问题是如何拼接组装。一般地，需要一套调度机制来完成拼接组装，但这样做的较大问题是可扩展性不强。所以，MIXIT 采用随机网络编码，较好地解决了这个问题。下面结合图 4-3-3 说明 MIXIT 的具体实现方法。

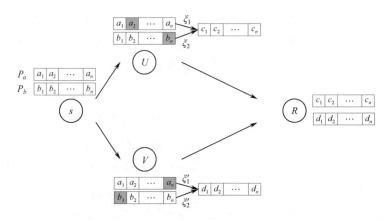

图 4-3-3　MIXIT 具体方法（码元级网络编码）

利用物理层提供的信息对错误数据包中的错误码元进行分类：干净（Clean）码元和污染（Dirty）码元。中继节点采用随机网络编码，对收到的码元进行线性组合。若是污染码元，则随机系数设置为零。如图 4-3-3 所示，中继节点 U 对所收到的码元进行随机网络编码：

$$c_1 = \xi_1 a_1 + \xi_2 b_1 \tag{4-3-1}$$

$$c_2 = 0 + \xi_2 b_2 \tag{4-3-2}$$

$$\cdots$$

$$c_n = \xi_1 a_n + 0 \tag{4-3-3}$$

式中，ξ_1 和 ξ_2 为随机系数。

中继节点 V 对所收到的码元进行随机网络编码：

$$d_1 = \xi_1' a_1 + 0 \tag{4-3-4}$$

$$d_2 = \xi_1' a_2 + \xi_2' b_2 \tag{4-3-5}$$

$$\cdots$$

$$d_n = 0 + \xi_2' b_n \tag{4-3-6}$$

式中，ξ_1' 和 ξ_2' 为随机系数。

在信宿节点 R，联立式（4-3-1）和式（4-3-4）可以译码出 a_1 和 b_1，联立式（4-3-2）和式（4-3-5）可以译码出 a_2 和 b_2，联立式（4-3-3）和式（4-3-6）可以译码出 a_n 和 b_n。

码元级网络编码的优势是通过降低颗粒度（数据包级别的颗粒度降低为码元级别的颗粒度），并结合空间分集，有效减少干扰对传输的影响，同时增大无线传输中的并发性，以有效提高吞吐量。码元级网络编码在设计中需要注意的地方是需要防止差错扩散[7]。

码元级网络编码与其他相关技术的比较如下。

（1）与分代网络编码的区别：从是否跨层的角度来比较，分代网络编码仅属于网络层，而码元级网络编码利用了跨层的思想，因为需要利用由物理层获得的信息来判断错误数据包中的正确码元，然后仅将正确码元采用随机网络编码加以线性组合后转发。码元级网络编码考虑了在存在丢包的信道中传输的问题，具有较大的实际意义。

（2）与 MORE[5]的区别：均采用机会路由，MORE 仅转发正确的数据包，而 MIXIT 打破这个限制条件，可以在错误的数据包中找到正确的码元，采用随机网络编码的线性组合后再转发，可有效减少传输次数。

（3）与模拟网络编码[10]和物理层网络编码[11, 12]的区别：码元级网络编码属于码元（比特）级，而模拟网络编码和物理层网络编码均属于信号（Signal）级。

本章小结

网络编码在无线多跳网络中的应用仍以随机网络编码为主；网络编码在无线 Mesh 网中的主要应用，包括将网络编码（或随机网络编码）与机会路由结合在一起，并将数据包级别的颗粒度精细为码元级别的颗粒度，然后通过空间分集提高差错环境下的吞吐量。

本章参考文献

[1]　HUANG J, GOBANA T. Network information flow and its wireless applications[M]. Selected Topics in Communication Networks and Distributed Systems, Singapore:World Scientific Publishing Co. Pte. Ltd., 2010, 463-483.

[2]　GUO Z, WANG B, XIE P, et al. Efficient error recovery with network coding in underwater sensor networks[J]. Ad Hoc Networks(Elsevier), 2009, 7(4): 791-802.

[3]　KATTI S, RAHUL H, WENJUN H, et al. XORs in the air: practical wireless network coding[J]. IEEE/ACM Transactions on Networking, 2008, 16(3): 497-510.

[4]　KATTI S, RAHUL H, HU W, et al. XORs in the air: practical wireless network coding[C]// ACM SIGCOMM, 2006.

[5]　CHACHULSKI S, JENNINGS M, KATTI S, et al. Trading structure for randomness in wireless opportunistic routing[C]// ACM SIGCOMM, 2007.

[6]　KAFAIE S, CHEN Y, DOBRE O A, et al. Joint inter-flow network coding and opportunistic routing in multi-hop wireless mesh networks: a comprehensive survey[J]. IEEE Communications Surveys and Tutorials, 2018, 20(2): 1014-1035.

[7]　ZHANG C, LI C, CHEN Y. Joint opportunistic routing and intra-flow network coding in multi-hop wireless networks: a survey[J]. IEEE Network, 2019, 33(1): 113-119.

[8]　田克，张宝贤，马建，等. 无线多跳网络中的机会路由[J]. 软件学报，2010，21（10）：2542-2553.

[9]　KATTI S, KATABI D, BALAKRISHNAN H, et al. Symbol-level network coding for wireless mesh networks[C]// ACM SIGCOMM, 2008.

[10] KATTI S, GOLLAKOTA S, KATABI D. Embracing wireless interference: analog network coding[C]// ACM SIGCOMM, 2007.

[11] ZHANG S, LIEW S C, LAM P P. Hot topic: physical-layer network coding[C]// ACM MobiCom, 2006.

[12] LIEW S C, ZHANG S, LU L. Physical-layer network coding: tutorial, survey, and beyond[J]. Physical Communication, 2013, 6: 4-42.

第 5 章

网络编码在无线中继网络中的应用

网络编码在无线通信中的一个典型应用场景是无线中继网络，本章阐述了网络编码在无线中继网络中的应用，包括物理层网络编码、异构物理层网络编码、模拟网络编码和复数域网络编码等。

5.1 物理层网络编码

物理层网络编码（Physical-Layer Network Coding，PLNC）由 Zhang 等人[1-4]首先提出，针对无线双向中继网络可提供比传统网络编码更优的吞吐量性能。该物理层网络编码需要保证严格的载波同步和码元同步，故可称为同步物理层网络编码。为了解决实际网络中严格同步不易满足的问题，Lu 等人[5]提出异步物理层网络编码（Asynchronous Physical-Layer Network Coding，APLNC）。若未特别注明，本节所介绍的物理层网络编码均指同步物理层网络编码，Salamat Ullah 等人[6]和 Wang 等人[7]提出无线中继网络中的短数据包物理层网络编码。物理层网络编码还可分为有限域物理层网络编码和无限域物理层网络编码[8, 9]。

下面采用无线双向中继信道（Two-Way Relay Channel，TWRC）模型，说明物理层网络编码的优势。在无线双向中继网络中，两个信源节点 s_1 和 s_2 通过中继节点 R 交换消息：采用路由的方法需要 4 次传输（可参见第 1 章中对图 1-2-3 的解释），如图 5-1-1（a）所示；采用传统网络编码则需要 3 次传输，如图 5-1-1（b）所示；若采用物理层网络编码，仅需要 2 次传输，相当于进一步提高了吞吐量，如图 5-1-1（c）所示。

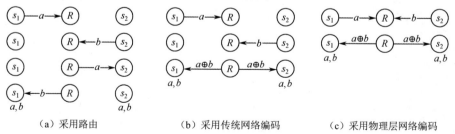

（a）采用路由　　　　　　（b）采用传统网络编码　　　　（c）采用物理层网络编码

图 5-1-1　物理层网络编码的优势

物理层网络编码的基本原理是引入合适的映射机制（见图 5-1-2），在物理层上利用同时到达的电磁波所具有的加性特点进行叠加，然后采用合适的调制和解调方案，使物理层电磁波叠加可以映射到网络层的编码，并完成网络层的异或编码，从而实现网络层的网络编码,达到 2 时隙完成通信的目的。可见，物理层网络编码的吞吐量大于传统网络编码（3 时隙），相对于未使用网络编码的情况（4 时隙），采用物理层网络编码提高了一倍的吞吐量。

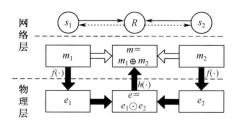

图 5-1-2　物理层网络编码的映射机制

物理层网络编码需满足严格的载波同步和码元同步，在物理层采用正交相移键控（Quadrature Phase Shift Keying，QPSK）调制方案，每个 QPSK 码元为 $M = \{00, 01, 11, 10\}$ 码元集中的一个。考虑 QPSK 信号可以用两个正交的二进制相移键控（Binary Phase Shift Keying，BPSK）分量来合成，则中继节点 R 接收到的混合信号为：

$$r(t) = s_1(t) + s_2(t) = (a_1 + a_2)\cos\omega t + (b_1 + b_2)\sin\omega t$$

式中，$(a_1 + a_2)$ 和 $(b_1 + b_2)$ 分别为中继节点 R 的两个正交 BPSK 调制分量，记为同相分量 I 和正交分量 Q。I-BPSK 同向分量，其码元集为 $M = \{0, 1\}$，对应调制后的电磁波信号量的值域 $E = \{-1, 1\}$，则调制映射 $f(\cdot): M \rightarrow E$ 为 $e_i = 2m_i - 1$。

考虑完全同步情况下电磁波的叠加为简单的振幅相加，使得信源节点 s_2 接收的电磁波信号的值域为 $E' = \{-2, 0, 2\}$，其基数超过了 E，可以看出反映射 $h(\cdot)$ 是多对一映射，只要能找到一个映射 $h(\cdot)$，使得物理层电磁波混合信号映射到网络层的比特符号，等同于直接在网络层进行的比特异或值，则可实现网络层的网络编码功能。

表 5-1-1 给出了物理层网络编码方案中节点的调制和解调映射表（仅列出 I 分量的映射，同理可以构造 Q 分量的映射）。

表 5-1-1　物理层网络编码方案中 BPSK 的 I 分量映射表

信源节点 S_1 和 S_2 的调制映射				中继节点 R 的调制/解调映射		
网络层比特数据		物理层振幅		物理层振幅	节点 R 的调制映射	
					网络层比特	物理层振幅
m_1	m_2	e_1	e_2	$e_1 + e_2$	m	e
1	1	1	1	2	0	−1
0	1	−1	1	0	1	1
1	0	1	−1	0	1	1
0	0	−1	−1	−2	0	−1

从表 5-1-1 中可以看出，由信源节点 s_1 和 s_2 同时发送给中继节点 R 的比特数据到达中断节点 R 的网络层时，其值刚好与两个信源节点比特数据的异或值相等。可见，物理层网络编码只用 2 次即可实现传统网络编码 3 次才能完成的同样功能，即物理层网络编码可以进一步提升网络的吞吐量性能。

若将物理层网络编码与网络层或更多层的网络编码研究结合起来，以期达到更加优化的资源利用的目的，则属于**跨层网络编码**（Cross-Layer Network Coding，CLNC）[10]，该方向是无线网络编码中的重要研究方向之一。

5.2　异构物理层网络编码

前文所阐述的无线双向中继信道（Two-Way Relay Channel，TWRC）模型下的物理层网络编码[1-3]中，假设中继节点左右两条信道条件是相同的，这样两个信源节点所交换的数据量是相同的，一般采用相同的数字调制方式，故称为**同构物理层网络编码**。

本节将介绍**异构物理层网络编码**（Heterogeneous Physical-Layer Network

Coding，HePLNC）[11-13]，采用异构双向中继信道模型。异构指中继节点左右两条信道条件不相同，如某一边的信道噪声比另一边少，或是某一边信源节点离中继节点比另一边近。由于信道条件不同，两个信源节点所交换的数据量不相同，因此将采用不同的数字调制方式。例如，信道条件好的一边传输 2 bits 数据，信道条件差的一边仅传输 1 bit 数据，故分别采用四进制数字调相（QPSK）和二进制数字调相（BPSK），简记为 QPSK-BPSK。再如，在异构情况下，若仍然采用同构的方法（如 BPSK-BPSK 或 QPSK-QPSK），异构双向中继网络吞吐量性能和能量效率将下降[12]，说明研究异构物理层网络编码具有必要性。从节省能量的角度来看，异构物理层网络编码可应用于绿色通信。

本节首先介绍异构物理层网络编码的模型和传输过程中的两个阶段，然后通过 QPSK-BPSK 的实例重点阐明其映射规则和星座图的设计。假设中继节点处可保证严格同步。

异构物理层网络编码[11, 12]采用双向中继信道模型（见图 5-2-1），信源节点 A 与 B 通过中继节点 R 交换数据，值得注意的是，中继节点左右两条信道 L_{AR} 和 L_{BR} 条件不相同，设中继节点两边信道的信道系数分别为 h_A 和 h_B，记 $h_B / h_A = \gamma e^{j\theta}$，其中 γ 和 θ 分别为信道系数之比的幅值和相位（$0 \leqslant \theta \leqslant 2\pi$），本节讨论 $\gamma < 1$ 的情况，即假设信道 L_{AR} 的信噪比优于信道 L_{BR}。在异构情况下，信源节点 A 与 B 所交换的数据量不相同，设节点 A 传输的数据量（记为 D_A）大于等于节点 B 的数据量（记为 D_B），并定义其传输异构程度 $\mu = \dfrac{D_A}{D_B} > 1$。例如，$\mu = 2$ 表示信源节点 A 传输 2 bit，而信源节点 B 传输 1 bit，即 QPSK-BPSK 的情况。

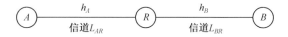

图 5-2-1　双向中继信道模型下的异构物理层网络编码

异构物理层网络编码采用降噪转发（DeNoise-and-Forward，DNF）的方式，具体包括两个阶段：多址接入（Multiple Access，MA）阶段和广播

（Broadcast，BC）阶段，如图 5-2-2 所示，其中的关键是降噪映射规则和星座图的设计，即中继节点 R 将收到的来自信源节点 A 和 B 发送的信号叠加映射成网络编码的码元，并利用特别设计的映射规则和星座图，以便能在第二阶段广播发送回信源节点 A 和 B 之后能成功译码。下面结合 QPSK-BPSK 实例具体说明。

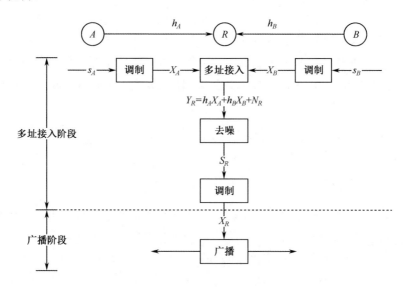

图 5-2-2　异构物理层网络编码的整个流程

设非负整数集 $\mathbb{Z}_{2^m} = \{0,1,\cdots,2^m-1\}$，其中 m 为整数。设信源节点 A 和 B 的信源码元（Symbol）分别为 S_A 和 S_B，且 $S_A \in \mathbb{Z}_{2^{m_A}}$ 和 $S_B \in \mathbb{Z}_{2^{m_B}}$，其中整数 m_A 和 m_B 分别为信源节点 A 和信源节点 B 采用的调制阶数，$X_A = M(s_A)$，$X_B = M(s_B)$。在本例 QPSK-BPSK 中，$m_A = 2$ 和 $m_B = 1$。

（1）多址接入阶段。信源节点 A 发送 s_A，信源节点 B 发送 s_B，中继节点 R 收到调制后的叠加信号，N_R 为高斯白噪声。根据映射规则 C 将之映射为 s_R，异或操作不再适用[14]，需要采用拉丁方阵（Latin Square）[15]，然后将 s_R 调制成 X_R，广播发送给信源节点 A 和 B。

（2）广播阶段。采用最大似然（Maximum Likelihood，ML）准则，译码出估计的 $\hat{s}_A$ 和 $\hat{s}_B$。受信道条件较差的信道 L_{BR} 限制，中继节点 R 广播需要采用较低阶的数字调制方式，所以每次广播采用 BPSK，传 1 bit，信源节点 A 和 B 通过 2 个时隙收到 2 bit，重组后得 $\hat{s}_R$，对于信源节点 A，利用映射规则 $C(s_A, s_B) = \hat{s}_R$，译码出 $\hat{s}_B$。

设计映射规则的目标是最小化差错概率，即减小各码元间最小欧几里得距离。具体地，需要满足拉丁方阵约束，亦称为排他律（Exclusive Law）[14] 约束。一个 3×3 拉丁方阵的实例为 $\begin{bmatrix} 1 & 2 & 3 \\ 2 & 3 & 1 \\ 3 & 1 & 2 \end{bmatrix}$，每行、每列均出现一次，将其应用于映射规则中，拉丁方阵约束条件可表达为：

$$\begin{cases} C(s_A, s_B) \neq C(s_A', s_B), & \text{对于任意} s_A \neq s_A' \in \mathbb{Z}_{2^{m_A}}, s_B \in \mathbb{Z}_{2^{m_B}} & [5\text{-}2\text{-}1(a)] \\ C(s_A, s_B) \neq C(s_A, s_B'), & \text{对于任意} s_B \neq s_B' \in \mathbb{Z}_{2^{m_B}}, s_A \in \mathbb{Z}_{2^{m_A}} & [5\text{-}2\text{-}1(b)] \end{cases}$$

式 [5-2-1 (a)] 表示对于同一个码元 s_B，若码元 s_A 与 s_A' 不同，则映射结果须不同；类似地，式 [5-2-1 (b)] 表示对于同一个码元 s_A，若码元 s_B 与 s_B' 不同，映射结果也须不同。将 QPSK-BPSK 的映射规则用表格表示出来更直观，如表 5-2-1 所示，阴影部分的任意行和任意列均不会出现重复的现象。

表 5-2-1 QPSK-BPSK 映射规则满足的拉丁方阵约束条件

s_A	s_B	
	0	1
0	0	1
1	1	0
2	2	3
3	3	2

由于满足拉丁方阵约束条件的结果不一定唯一，如表 5-2-1 所示的具体映射结果，设计星座图时还需采用最近相邻成簇（Closest Neighbor Clustering）算法[14]，目标是最小化差错概率，即保证各码元间最小欧几里得距离最大化。例如，将 QPSK 和 BPSK 叠加之后，形成 8 个点、4 个圆，如图 5-2-3（a）所示，其中 QPSK 采用格雷码（Gray Code），其信道系数之比的幅值 γ 和相位 $\theta \in [0, 2\pi]$ 的定义如图 5-2-3（b）所示。例如，(2, 1) 和 (2, 0) 位于同一

个圆，但是在映射时，不能映射为同一个结果，即不能形成同一个簇，否则就不满足拉丁方阵约束条件。采用最近相邻成簇算法，可以得到 4 个簇，所以(2, 0)应该与(3, 1)映射为同一个码元 2，(2, 1)应该与(3, 0)映射为同一个码元 3。为了最大化各码元间最小欧几里得距离，将最近相邻的两个点映射到一个码元非常重要，将与拉丁方阵约束原则共同作用，得到最大抗噪性能，所得到的星座图如图 5-2-4 所示。

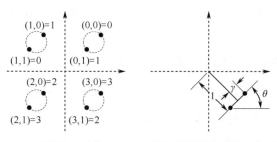

（a）最近相邻成簇　　（b）信道系数比的幅值γ和相位θ的定义

图 5-2-3　映射规则之最近相邻成簇算法原理

下面结合整个流程举例说明异构物理层网络编码的原理，如图 5-2-4 所示。

（1）多址接入阶段：设信源节点 A 采用 QPSK 发送 $s_A = 2$（2 比特"11"，映射为2），信源节点 B 采用 BPSK 发送 $s_B = 1$。中继节点 R 收到后，按照映射规则表和星座图（γ 约为 0.2，θ 为 45°），当信噪比足够大时，可得 $C(s_A, s_B) = C(2,1) = 3$（2 比特"10"）。

（2）广播阶段：中继节点 R 采用 BPSK，第一次广播比特"1"，第二次广播比特"0"。信源节点 A 收到二次广播的比特并重组成"10"后，按照映射规则表和星座图进行译码得到信源节点 B 发出的"1"；信源节点 B 收到二次广播的比特并重组成"10"后，按照映射规则表和星座图进行译码得到信源节点 A 发出的"2(11)"。

对于固定的信道条件（固定的 γ 和 θ），最近相邻成簇算法可以得到一种最优星座映射规则。若针对不同的信道条件（变化的 γ 和 θ），则需要列出所有可能信道条件，然后求出相应的星座图。QPSK-BPSK 采用的仅有一套星座映射规则，称为**静态映射规则**，而当采用 8PSK-BPSK 及更高的调制方式时，含有多种星座映射，称为动态映射规则，中继节点需要根据信道条件自适应选择最佳的映射规则，即将 γ 和 θ 组成的二维空间划分为小的量化单元，然后执行最近相邻成簇算法来确定映射规则。

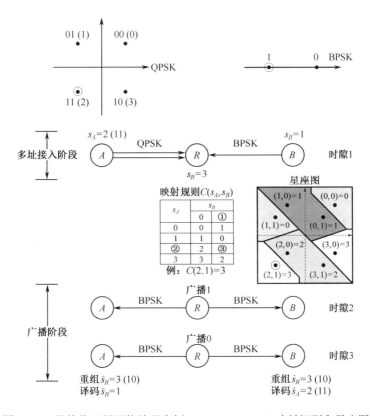

图 5-2-4　异构物理层网络编码实例——QPSK-BPSK 映射规则和星座图

以 8PSK-BPSK 为例，其动态映射规则如图 5-2-5（a）所示，如采用映射规则 C_1，若 $s_A = 6$ 和 $s_B = 1$，则映射规则 $C(s_A, s_B) = C(6, 1) = 5$。下面说明如何动态选择［见图 5-2-5（b）］：当 $\gamma \leqslant 0.191$ 时，4 种映射规则均可任意采用其中之一；当 $0.191 < \gamma \leqslant 0.4$ 时，最小簇间距离不仅决定于在同一个圆圈中两个码元间的距离，还决定于 θ，所以映射规则需要根据 θ 值来进行选择。例如，当 $0 < \theta \leqslant \pi/2$ 时，采用映射规则 C_1；当 $\pi/2 < \theta \leqslant \pi$ 时，采用映射规则 C_2；当 $\pi < \theta \leqslant 3\pi/2$ 时，采用映射规则 C_3；当 $3\pi/2 < \theta \leqslant 2\pi$ 时，采用映射规则 C_4。

s_A	s_B				
	0	1（C_1）	1（C_2）	1（C_3）	1（C_4）
0	0	1	7	7	4
1	1	2	2	0	5
2	2	6	3	1	1
3	3	7	4	4	2
4	4	3	0	5	3
5	5	4	1	6	6
6	6	5	5	2	7
7	7	0	6	3	0

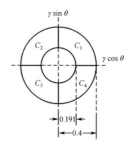

（a）8PSK-BPSK 映射规则　　　　（b）映射规则与相位 θ 的关系

图 5-2-5　异构物理层网络编码实例——8PSK-BPSK 映射规则

当异构程度 $\mu = D_a / D_b = 1$ 时，即退化为同构物理层网络编码的情况，采用 QPSK-BPSK 可获得最大吞吐量，当 μ 增加时，其吞吐量开始下降，说明 QPSK-BPSK 不适合异构的情况[12]；当 $\mu = 2$ 时，QPSK-BPSK 的吞吐量可达最大[12]；当 $\mu = 3$ 时，8PSK-BPSK 的吞吐量可达最大[12]，以此类推。由于实际信道情况不一致，因此需要相应调整数字调制方式以保证性能最大化。

异构物理层网络编码与同构物理层网络编码的本质不同在于映射规则：同构物理层网络编码可以理解为信号级别的叠加和映射，采用异或操作；异构物理层网络编码没有采用异或操作，而是采用拉丁方阵约束，并且通过基于最近相邻成簇的原则设计星座图。存在本质不同的主要原因是无线双向中继信道左右两边采用的调制方法不一致。

5.3　模拟网络编码

模拟网络编码（Analog Network Coding，ANC）由 Katti 等人[16]提出，目的是在没有严格同步的无线网络环境中提高吞吐量。

模拟网络编码的基本原理，如图 5-3-1 所示，当信源节点 s_1 和 s_2 发送数

据包给中继节点 R，中继节点 R 在物理层将收到相互干扰的叠加信号 $y(t)$（为模拟信号）。该叠加信号 $y(t)$ 包括 3 个部分，一部分是受干扰的信号，另外两部分分别为未受干扰的 s_1 和 s_2 信号。中继节点 R 并不译码，而是将叠加信号直接放大转发给 s_1 和 s_2。信源节点 s_1 收到中继节点 R 转发的叠加信号 $y(t)$，通过叠加信号 $y(t)$ 中未受到干扰的 s_1 信号来检测出 s_2 信号的相位差，从而译码出 s_2 的消息。同理，信源节点 s_2 可以译码出 s_1 的消息。可见，采用模拟网络编码，不但不需要担心不同步造成的干扰，而且必须保证一定程度的不同步。因此，在传输中常加入随机时延，来加强不同步。模拟网络编码创新性地利用常规认为是缺陷的干扰，反其道而行之的创新思维值得借鉴。由于该技术是对模拟信号进行处理，因此称为模拟网络编码。

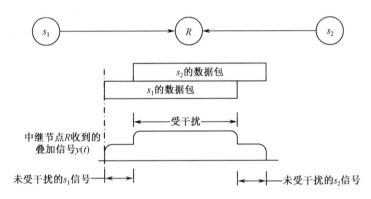

图 5-3-1　模拟网络编码的基本原理

　　模拟网络编码的具体方法：采用最小移频键控（Minimum Shift Keying，MSK）[17]，MSK 在本质上属于二进制数字调频。MSK 的一个重要特点是通过检测传输前后的相位差即可译码出消息，采用的 MSK 判决准则为：相位差为 $|\pi/2$，则为"1"比特；相位差为 $-\pi/2$，则为"0"比特。由于相位差对信道噪声和干扰具有较高的健壮性，因此模拟网络编码也采用相位差的方法来解调 MSK。

　　步骤 1：将中继节点 R 上收到的信号向量进行分解，存在两种可能解。

　　信源节点 s_1 和 s_2 发送数据包给中继节点 R，中继节点 R 上收到的模拟信号的抽样值可以表示为：

$$y[n] = Ae^{i\theta[n]} + Be^{i\phi[n]} \text{ 。}$$

式中，信源节点 s_1 的信号传输到中继节点 R 后的幅度为 A，相位为 $\theta[n]$；信源节点 s_2 的信号传输到中继节点 R 后的幅度为 B，相位为 $\phi[n]$。

可以证明[16,18]，将向量 $y[n]$ 分解后，$(\theta[n], \phi[n])$ 存在两种可能解。用向量图表述如图 5-3-2 所示，向量 $y[n]$ 可以分解为两对向量的合成，即 u_1 与 v_1 和 u_2 与 v_2，分别对应的相位对为 $(\theta_1[n], \phi_1[n])$ 和 $(\theta_2[n], \phi_2[n])$。

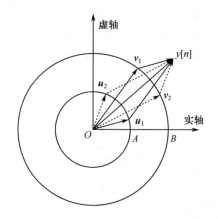

图 5-3-2　叠加信号的向量 $y[n]$ 分解后的两种可能解

步骤 2：求出所有可能的相位差（4 种可能性）。

当中继节点 R 将叠加信号放大转发广播给信源节点 s_1 和 s_2，对信源节点 s_1 而言，可能的相位差存在 4 种可能性。对于 $\forall x, y \in \{1, 2\}$，有：

$$(\Delta\theta_{xy}[n], \ \Delta\phi_{xy}[n]) = (\theta_x[n+1] - \theta_y[n], \ \phi_x[n+1] - \phi_y[n])$$

信源节点 s_1 知道其自身发出信号的相位，且从叠加信号中未被干扰的部分可知道传输后信号的相位，进而可以知道信号传输前后的相位差 $\Delta\theta_1[n]$。在 4 种可能相位差中选择一个与 $\Delta\theta_1[n]$ 最接近的 $\Delta\theta_{xy}[n]$，即为最优的相位差 $\Delta\theta_{xy}[n]^*$。最后从 $(\Delta\theta_{xy}[n], \ \Delta\phi_{xy}[n])$ 对中可以对应地找到 $\Delta\phi_{xy}[n]^*$，即找到信源节点 s_2 发出消息的相位差 $\Delta\phi_1[n]$。

步骤 3：根据 MSK 的判决准则，信源节点 s_1 即可译码出信源节点 s_2 发出的消息。同理，信源节点 s_2 可正确译码出信源节点 s_1 发出的消息。

模拟网络编码的优势：可以保证在无线网络环境下，两个节点同时向一个节点发送信息而不被干扰，这个结果与物理层网络编码相同，所以其吞吐量优势与物理层网络编码相同，可以采用基于双向中继信道模型的图 5-1-1来解释，即在信源节点 s_1 和 s_2 交换消息的场景中，模拟网络编码也可以在 2 时隙完成传统网络编码 3 时隙才能完成的通信，相对于未使用网络编码的情况（4 时隙），采用模拟网络编码提高了一倍的吞吐量。

下面结合无线链式（Chain）网络来进一步说明模拟网络编码的优势。如图 5-3-3 所示，设节点 A 发送消息给节点 D，且每个节点的无线覆盖范围仅1 跳。若采用传统网络编码，如图 5-3-3（a）所示，由于出现冲突，在时隙 3时，节点 C 传输数据包 P_i 给节点 D，节点 A 不能同时传输数据包给节点 B。这是因为无线网络所具有的广播特性，节点 C 在采用广播方式向节点 D 传输的同时，节点 B 也能收到。若在时隙 3 时，节点 A 也广播消息给节点 B，就会产生冲突，所以传统网络编码需要在 3 时隙进行 3 次无线传输。

若采用模拟网络编码，则可保证在同时接收的情况下利用干扰来正确译码。如图 5-3-3（b）所示，在时隙 1 传输第 i 个数据包 P_i；在时隙 2，节点 A广播第 $i+1$ 个数据包 P_{i+1} 给节点 B，而节点 C 广播消息 P_i 给节点 D，由于节点 B 也可以收到节点 C 广播的消息，会在节点 B 产生干扰。由于节点 B 在时隙 1 已有数据包 P_i，所以通过模拟网络编码利用干扰，可以正确译码出数据包 P_{i+1}。可见，采用模拟网络编码后，可以在 2 时隙完成 3 次无线传输，即吞吐量高于传统网络编码。

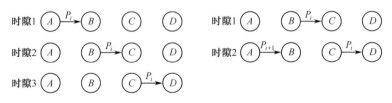

（a）采用传统网络编码　　　　　　　（b）采用模拟网络编码

图 5-3-3　无线链式网络中模拟网络编码的优势

模拟网络编码与物理层网络编码在获得吞吐量提高上是一致的，但对于同步的要求不同：模拟网络编码不要求同步，（同步）物理层网络编码则需要严格的载波同步和码元同步。另外，模拟网络编码中继节点因为无须执行去噪译码，所以操作较简单，但缺点是易造成噪声积累和扩散，其增益没有物理层网络编码大。

5.4　复数域网络编码

复数域网络编码（Complex Field Network Coding，CFNC）[19, 20]的目的是进一步提高中继网络的吞吐量，由 Wang 等人[19]首先提出。下面以 2 个信源节点（s_1 和 s_2）、1 个中继节点 R 和 1 个目的节点 D 的无线中继网络为例（见图 5-4-1）进行比较说明。

（1）若中继节点 R 采用传统中继方案，如图 5-4-1（a）所示，需要 4 时隙（Time Slot），网络吞吐量为 1/4 码元/信源/时隙（Sym/S/TS），由于目的节点 D 两次收到消息 X_1 和 X_2，所以获得 2 阶分集增益。

（2）若中继节点 R 采用**有限域网络编码**（Galois Field Network Coding，GFNC）[19]，如图 5-4-1（b）所示，需要 3 时隙，网络吞吐量为 1/3（码元/信源/时隙），可获得 2 阶分集增益。

（3）若中继节点 R 采用复数域网络编码，如图 5-4-1（c）所示，在时隙 1，中继节点 R 同时收到来自信源节点 s_1 和 s_2 的信号 $\theta_1 X_1$ 和 $\theta_2 X_2$，系数 θ_1 和 θ_2 属于复数域。在时隙 2，中继节点 R 将收到的估计信号在复数域上进行合并，即 $\theta_1 \hat{X}_1 + \theta_2 \hat{X}_2$，并将之发送给目的节点 D，分析表明[19]，其网络吞吐量为 1/2（码元/信源/时隙），还可获得完全分集增益。

复数域网络编码比有限域网络编码性能优越的原因之一：在复数域网络编码中，$u = \theta_1 X_1 + \theta_2 X_2$ 是一一映射，当 $X_1 \neq X_2$ 时，$\theta_1 X_1 + \theta_2 X_2 \neq \theta_2 X_2 + \theta_1 X_1$，这样根据 u 即可检测出 X_1 和 X_2。这在有限域网络编码中是无法达到的，因为若 $u' = X_1 \oplus X_2$，则 $X_1 \oplus X_2 = X_2 \oplus X_1$。

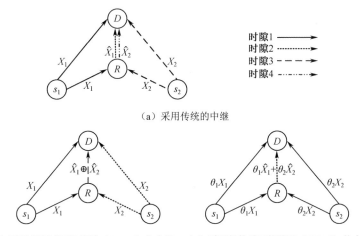

（a）采用传统的中继

（b）采用有限域网络编码（GFNC）的中继 　　（c）采用复数域网络编码（CFNC）的中继

图 5-4-1　3 种中继方式的比较

本章小结

网络编码在无线中继网络中的应用，是网络编码由理论走向实际应用的一个重要研究方向。为提升基于网络编码无线中继网络的性能，将网络层延伸到物理层，提出同步物理层网络编码；由于同步物理层网络编码要求严格同步，因此提出异步物理层网络编码；由于中继节点两边信道条件不一致，因此提出异构物理层网络编码；在物理层从模拟信号处理的角度实现与物理层网络编码相同的功能，称为模拟网络编码；为了进一步提高吞吐量和满分集增益，所以将有限域延伸到复数域，提出复数域网络编码。

本章参考文献

[1]　ZHANG S, LIEW S C, LAM P P. Hot topic: physical-layer network coding[C]// ACM MobiCom, 2006.

[2] LIEW S C, ZHANG S, LU L. Physical-layer network coding: tutorial, survey, and beyond[J]. Physical Communication, 2013, 6: 4-42.

[3] LIEW S C, LU L, ZHANG S. A primer on physical-layer network coding[M]. Morgan & Claypool Publishers, 2015.

[4] 周清峰，张胜利，开彩红，等. 无线网络编码[M]. 北京：人民邮电出版社，2014.

[5] LU L, SOUNG C L. Asynchronous physical-layer network coding[J]. IEEE Transactions on Wireless Communications, 2012, 11(2): 819-831.

[6] SALAMAT U S, LIEW S C, LIVA G, et al. Short-packet physical-layer network coding[J]. IEEE Transactions on Communications, 2020, 68(2): 737-751.

[7] WANG Z, LIEW S C. Coherent detection for short-packet physical-layer network coding with binary fsk modulation[J]. IEEE Transactions on Wireless Communications, 2020, 19(1): 279-292.

[8] ZHANG S, LIEW S C, LU L. Physical layer network coding schemes over finite and infinite fields[C]// IEEE GLOBECOM, 2008.

[9] 赵明峰，周亚建，原泉，等. 物理层网络编码研究进展[J]. 计算机应用，2011，31（8）：2015-2020.

[10] 樊平毅. 网络信息论[M]. 北京：清华大学出版社，2009.

[11] ZHANG H, ZHENG L, CAI L. Design and analysis of heterogeneous physical layer network coding[J]. IEEE Transactions on Wireless Communications, 2016, 15(4): 2484-2497.

[12] ZHANG H, ZHENG L, CAI L. HePNC: design of physical layer network coding with heterogeneous modulations[C]// IEEE GLOBECOM, 2014.

[13] ZHANG H, CAI L. Design of channel coded heterogeneous modulation physical layer network coding[J]. IEEE Transactions on Vehicular Technology, 2018, 67(3): 2219-2230.

[14] KOIKE-AKINO T, POPOVSKI P, TAROKH V. Optimized constellations for two-way wireless relaying with physical network coding[J]. IEEE Journal on Selected Areas in Communications, 2009, 27(5): 773-787.

[15]　MURALIDHARAN V T, NAMBOODIRI V, RAJAN B S. Wireless network-coded bidirectional relaying using latin squares for M-PSK modulation[J]. IEEE Transactions on Information Theory, 2013, 59(10): 6683-6711.

[16]　KATTI S, GOLLAKOTA S, KATABI D. Embracing wireless interference: analog network coding[C]// ACM SIGCOMM, 2007.

[17]　HAYKIN S. Communication systems(fourth edition): 英文版[M]. 北京：电子工业出版社，2003.

[18]　HAMKINS J. An analytic technique to separate cochannel FM signals[J]. IEEE Transactions on Communications, 2000, 48(4): 543-546.

[19]　WANG T, GIANNAKIS G B. Complex field network coding for multiuser cooperative communications[J]. IEEE Journal on Selected Areas in Communications, 2008, 26(3): 561-571.

[20]　WANG T, GIANNAKIS G B. High-throughput cooperative communications with complex field network coding[C]// Annual Conference on Information Sciences and Systems(CISS), 2007.

第 6 章

网络编码在内容分发网络中的应用

内容分发网络的传输方式主要包括 3 种：①客户端/服务器（Client/Server，C/S）模式；②浏览器/服务器（Blowser/Server，B/S）模式，是 C/S 模式的改进，客户端统一采用 Web 方式来访问，极大地降低客户端的载荷和复杂度。无论是 C/S 还是 B/S 模式，都属于一对多的传输模式，服务器端是网络性能的瓶颈，当客户端不断增多时，服务器端容易出现网络拥塞甚至崩溃；③对等网络（Peer-to-Peer，P2P）模式，与前两种模式存在本质不同，属于多对多模式。P2P 模式通过将服务器所分发的内容划分成多个分块，任何一个客户端（对等体）不仅可以从服务器端下载分块，还可以从任何一个其他客户端（对等体）下载分块，接收端只要收到所有分块即可恢复出原内容，并不一定要求从服务器端下载分块，这样做的优势是可以实现分块的并行下载，极大地降低服务器端网络拥塞的可能性，同时可以充分利用对等体之间的闲置带宽，从而有效提升整个网络带宽利用率。因此，在 P2P 模式中，当参与的对等体越多，可实现传输速度越快的效果。Bittorrent[1, 2]是采用 P2P 模式下载文件的典型实例，该软件出现伊始以"下载的人越多，速度越快"示人，一下子吸引了大众的目光，给当时以一对多模式下载为主的人们留下了较深刻的印象。P2P 模式是针对一对多模式的"杀手级"应用，一扫在一对多模式下载时常导致网络拥塞的阴霾。

将网络编码应用于采用 P2P 模式的内容分发网络，可结合二者优势提升传输性能。本章主要介绍网络编码在基于 P2P 模式的内容分发网络中的应用[3-5]，包括 P2P 文件下载[6]、P2P 流媒体直播[3, 4, 7-10]和 P2P 流媒体点播[11-15]。

6.1　网络编码在 P2P 文件下载中的应用

网络编码应用于 P2P 文件下载的典型案例是微软公司提出的 Avalanche[6]，其基本原理是采用随机线性网络编码。假设服务器需要向所有对等节点传输文件，如图 6-1-1 所示，首先将服务器上的文件划分成 n 个原始分块（Block），记为 $B_1, B_2, \cdots, B_n$，然后应用随机网络编码。服务器端随机选择系数 $c_1, c_2, \cdots, c_n$，将编码后的线性组合 $E_1 = c_1 B_1 + c_2 B_2 + \cdots + c_n B_n$ 传输给对等节点 A。注意：系数也需要与线性组合一起传输。设对等节点 A 收到线性组合 E_1，并收到另外一个线性组合 $E_2 = c_1' B_1 + c_2' B_2 + \cdots + c_n' B_n$，该线性组合来自服务器或者其他对等节点。对等节点 A 再随机选择编码系数 c_1'' 和 c_2''，对 E_1 和 E_2 进行线性组合操作，将线性组合 $E_3 = c_1'' E_1 + c_2'' E_2$ 发送给对等节点 B。类似地，对等节点 B 采用随机网络编码再传输给其他的对等节点。只要接收的对等节点收到 n 个线性无关的线性组合，即可通过高斯消元法译码出所有原始分块，进而恢复出原始文件。

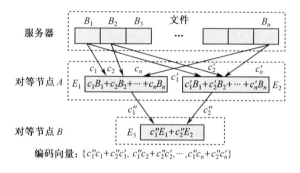

图 6-1-1　基于随机网络编码的 P2P 文件下载——Avalanche

P2P 文件下载中采用网络编码的优势在于，将原始分块进行线性组合后，任何一个线性组合中均含所有原始分块，使得原始分块在整个网络中的分布均衡化，能够适应 P2P 系统中对等节点动态加入和离开的变化，不会出现 BitTorrent 中的"死档"问题。网络编码带来的优势可以归纳为提升了文件原始分块的多样性（Variety）。下面进一步通过对比进行解释。

对于传统 P2P 文件下载的 BitTorrent[2]，为保证最大程度下载完整的原始文件，对等节点需要首先下载那些副本最少的原始分块，对了存在较多副本的原始分块，可以稍晚一步下载，即所谓的稀有优先（Rarest First）[2]原则。即便如此，由于对等节点的动态离开，最稀有的原始分块有可能在没有被下载之前随对等节点离开而消失，最终无处下载这些最稀有的原始分块，造成已经下载的其他分块也没法用，即所谓的死档问题。在实际的 BitTorrent 软件下载过程中，种子节点的关机或提前离开，极易造成下载量达到 99% 后长时间无法完成向 100% 的转变。之前虽然下载了绝大部分的文件，但是因为不

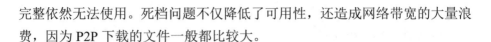

完整依然无法使用。死档问题不仅降低了可用性，还造成网络带宽的大量浪费，因为 P2P 下载的文件一般都比较大。

采用网络编码的 Avalanche[6]，由于网络中传输的是文件原始分块的线性组合，以及线性组合的再次线性组合，每个线性组合中均含有所有原始分块的内容，接收端只要收到足够数量线性无关的线性组合，即可通过高斯消元法译码出所有原始分块。理论上，采用网络编码的 P2P 文件下载不存在死档问题。当然，采用网络编码后将增加计算复杂度，因为编译码需要计算，计算产生时延，计算时延可能会影响总体性能。如何降低因计算引入的代价，涉及最小代价网络编码的研究范畴，在设计时需要仔细考虑。

6.2　网络编码在 P2P 流媒体直播中的应用

在传统的 P2P 流媒体直播中，为了满足实时性的需求，将整个流媒体文件分成若干数据分段（Segment），相当于采用了分代网络编码技术（参阅3.3 节）。在设计时，数据分段的大小需要选择合适的。

在基于网络编码的 P2P 流媒体直播中，为了实现线性组合，需要将数据分段进一步划分成 n 个数据分块（Block），即采用二层划分结构，如图 6-2-1所示。对数据分块进行线性组合，当收到至少 n 个线性无关的线性组合后，即可采用高斯消元法译码得到 n 个原始数据分块，相当于收到一个数据分段。

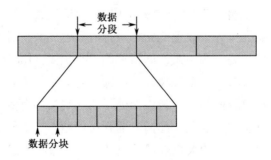

图 6-2-1　数据分段和数据分块的关系

在基于网络编码的 P2P 流媒体系统中，对等节点的一种常见系统构架[9]
如图 6-2-2 所示，对等节点从上游（Upstream）节点接收数据分块后，按照其
优先级进行排列，经由译码器送入播放缓存；编码器对译码后数据分块进行
重新编码，发送给下游（Downstream）对等节点。

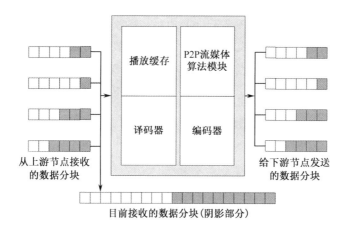

图 6-2-2　基于网络编码的对等节点架构

编码器：对每个数据分段中的数据分块进行随机网络编码。邻居节点随
机选取编码系数 $[\xi_1, \xi_2, \cdots, \xi_m]$（$m \leqslant n$），对当前数据分段中拥有的数据分块
进行编码。当 $m/n = 1$ 时，表明该节点已拥有该数据分段中所有的 n 个数据分块。

译码器：节点收到数据分块后，用高斯-约旦消元法进行渐进译码
（Progressive Decoding），且在译码过程中及时删除线性相关的线性组合。当
收到 n 个线性无关的线性组合时，则可正确译码出一个数据分段。

基于网络编码的 P2P 流媒体直播常采用 Push 机制，而传统 P2P 流媒体
常采用 Pull 机制[16]，下面结合图 6-2-3 进行对比说明。事实上，传统的 P2P
流媒体直播也可以采用 Push 机制，Li 等人[17]提出基于子流（Substreaming）
方式的传统 P2P 流媒体直播新 Coolstreaming，其与采用 Push 机制的网络编
码 P2P 流媒体的相同之处在于均可能出现冗余数据，不同之处在于子流方式
传输的是未经编码的原始数据分块。

（1）Pull 机制：如图 6-2-3（a）所示，为了接收所需数据分段，接收节

点根据一定原则选择上游节点并发送对数据分段的请求（同时启动请求定时器）。上游节点收到请求后响应，并发回所需的数据分段。若接收节点定时器超时仍未收到任何数据分段，则启动超时重传机制，即重新选择上游节点发送请求。Pull 机制可归纳为每发一次请求，即获得一个数据分段。

（2）Push 机制：如图 6-2-3（b）所示，接收节点广播发送对数据分段的请求，收到请求的上游节点将所请求的数据分段中的数据分块进行线性组合，并连续发送给接收节点。当接收节点收到足够多线性组合数据分块时，即可译码出所有原始数据分块，相当于收到一个数据分段。

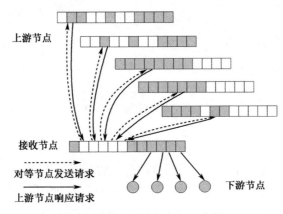

（a）未采用网络编码时的 Pull 机制

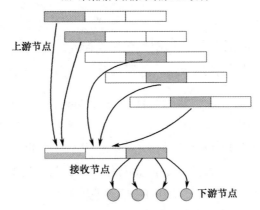

（b）采用网络编码时的 Push 机制

图 6-2-3　P2P 流媒体直播中 Pull 机制与 Push 机制的比较

采用 Push 机制的优点如下：

① 提升下载的速度和播放连续度，若采用 Pull 机制，每获得一个数据分段，均需要先发请求，这可能会导致一定程度的播放时延。若采用 Push 机制，只要请求一次，即可源源不断收到所需数据分块，对提升播放连续度有较大帮助。

② 减少控制消息的数量，提高带宽利用率。在采用 Pull 机制的调度中，节点间需要周期性地交换缓存映射（Buffer Map，BM）。在采用 Push 机制的调度中，发送一次请求消息即可连续接收数据，收满后再发送一次停止请求消息即可。

③ 支持节点的动态加入/离开。由于网络编码的引入，增加了数据分块的多样性，因此对节点的动态加入/离开的健壮性会更优。

采用 Push 机制存在的一个问题是，可能会出现数据的冗余。上游节点一旦收到请求消息，就会不停地发送数据直到收到停止请求消息为止。但是，接收节点收到足够多线性组合数据分块后才发送停止请求消息，上游节点收到停止请求消息也需要时间，这两个时间点之间所发送的数据均为冗余数据，显然会造成带宽的浪费。一种解决方案是采用"提前刹车"（Early Braking）机制，即在接近下载结束时，提前发送停止请求消息，来减少上游节点发送冗余的数据包。具体设计提前刹车机制也需要考虑较多问题，如提前多长时间发送刹车消息比较合适。因为刹车信号提前，上游节点会减少或停止发送线性组合数据包，所以会影响接收节点的下载速率，进而影响播放连续度。

6.3　网络编码在 P2P 流媒体点播中的应用

相对于 P2P 流媒体直播，P2P 流媒体点播（Video-on-Demand，VoD）[18]具有较强的异步时序性。因为点播的特点在同一时刻用户所看影片常常不同，即使是同一部影片，播放点也常常不同。还有一个重要的特点是，用户可以快进和快退，这都将增加 P2P 流媒体点播算法设计的难度。P2P 流媒体点播的核心目标是如何针对用户异步播放操作进行快速响应。网络编码的引入有助于对等节点更好地利用其邻居节点的资源，从而缩短信息获取时间，并缓解对等节点对服务器的压力。

数据的调度方式仍采用 Push 机制，与 P2P 流媒体直播区别不大。不同之处在于，P2P 流媒体直播的缓存映射（BM）仅包括若干个数据分段，而 P2P 流媒体点播中的缓存映射则包括整个流媒体文件，即包括所有的数据分段。由于整个数据分段的个数常常较多，因此采用分级的缓存映射。P2P 流媒体点播系统中主要分为数据分组（Group）、数据分段（Segment）和数据分块（Block）3 级[18]，如图 6-3-1 所示。

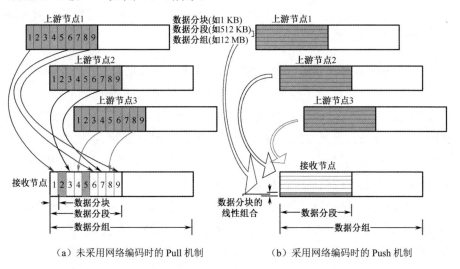

（a）未采用网络编码时的 Pull 机制　　　　（b）采用网络编码时的 Push 机制

图 6-3-1　P2P 流媒体点播中 Pull 机制与 Push 机制的比较

基于网络编码的 P2P 流媒体点播常采用 Push 机制，而传统 P2P 流媒体点播常采用 Pull 机制，下面结合图 6-3-1 进行对比说明。

（1）Pull 机制：如图 6-3-1（a）所示，该机制与传统 P2P 流媒体直播的 Pull 机制是类似的。不同之处在于，为了加速下载，常采用同时请求机制[18,19]，即向不同的上游节点同时请求不同的数据分块。例如，在图 6-3-1（a）中，设一个数据分段有 9 个数据分块，则接收节点向上游节点 1 请求数据分块 1、

6、9，同时向上游节点 2 请求数据分块 3 和 7，向上游节点 3 请求数据分块 4 和 8。

（2）Push 机制：如图 6-3-1（b）所示，类似基于网络编码的 P2P 流媒体直播的 Push 机制，也存在数据冗余问题，可能的解决思路之一也是采用提前刹车机制[11]。

本章小结

网络编码应用于 P2P 文件下载属于非实时应用，主要采用随机网络编码对文件的分块进行编码，接收端译码时采用渐进译码可有效节省下载时间。采用随机网络编码成为文件分块的线性组合后，增加了文件分块的多样性，有效避免了 P2P 文件下载中采用稀有优先常常存在的死档问题。网络编码用于 P2P 流媒体直播和 P2P 流媒体点播则属于实时应用，因为实时播放存在数据分块传输优先顺序问题，因此需采用分代随机网络编码，且常采用 Push 机制。

本章参考文献

[1]　唐红，胡容，朱辉云. BitTorrent 网络行为研究综述[J]. 小型微型计算机系统，2012，33（9）：2002-2007.

[2]　COHEN B. Incentives build robustness in bittorrent[C]// Proc. of Workshop on Economics of Peer-to-Peer Systems, 2003.

[3]　LI B, NIU D. Random network coding in peer-to-peer networks: from theory to practice[J]. Proceedings of the IEEE, 2011, 99(3): 513-523.

[4]　CHU X, JIANG Y. Random linear network coding for peer-to-peer applications[J]. IEEE Network, 2010, 24(4): 35-39.

[5]　黄佳庆，王帅，陈清文. 网络编码在 P2P 网络中的应用[J]. 中兴通讯技术，2009，15（1）：37-42.

[6]　GKANTSIDIS C, RODRIGUEZ P. Network coding for large scale content distribution[C]// IEEE INFOCOM, 2005.

[7]　SALEH B, QIU D. Performance analysis of network-coding-based P2P live streaming systems[J]. IEEE/ACM Transactions on Networking, 2016, 24(4): 2140-2153.

[8]　WANG M, LI B. Network coding in live peer-to-peer streaming[J]. IEEE Transactions on Multimedia, 2007, 9(8): 1554-1567.

[9]　WANG M, LI B. Lava: a reality check of network coding in peer-to-peer live streaming[C]// IEEE INFOCOM, 2007.

[10]　WANG M, LI B. R^2: random push with random network coding in live peer-to-peer streaming[J]. IEEE Journal on Selected Areas in Communications, 2007, 25(9): 1655-1666.

[11]　LIU Z, WU C, LI B, et al. UUSee: large-scale operational on-demand streaming with random network coding[C]// IEEE INFOCOM, 2010.

[12]　YU L, GAO L, ZHAO J, et al. SonicVoD: a VCR-supported P2P-VoD system with network coding[J]. IEEE Transactions on Consumer Electronics, 2009, 55(2): 576-582.

[13]　WANG X, ZHENG C, ZHANG Z, et al. The design of video segmentation-aided VCR support for P2P VoD systems[J]. IEEE Transactions on Consumer Electronics, 2008, 54(2): 531-537.

[14]　ANNAPUREDDY S, GUHA S, GKANTSIDIS C, et al. Exploring VoD in P2P swarming systems[C]// IEEE INFOCOM MiniSymposium, 2007.

[15]　ANNAPUREDDY S, GUHA S, GKANTSIDIS C, et al. Is high-quality VoD feasible using P2P swarming?[C]// World Wide Web(WWW), 2007.

[16]　HEI X, LIU Y, ROSS K W. IPTV over P2P streaming networks: the mesh-pull approach[J]. IEEE Communications Magazine, 2008, 46(2): 86-92.

[17]　LI B, XIE S, QU Y, et al. Inside the new coolstreaming: principles, measurements and performance implications[C]// IEEE INFOCOM, 2008.

[18]　HUANG Y, FU T Z J, CHIU D M, et al. Challenges, design and analysis of a large-scale P2P-VoD system[C]// ACM SIGCOMM, 2008.

[19]　HUANG J, ZHANG X. Performance comparison between P2P VoD with and without network coding[C]// Lecture Notes in Computer Science(Springer), 3CA2011, 2011.

第 7 章

网络编码在网络交换中的应用

将网络编码应用于纵横式（Crossbar）交换结构，可在某些流量模型中提高交换结构的吞吐量[1-7]。网络编码的引入，为解决交换结构中的传统争用问题提供新的思路。本节首先介绍网络编码与**冲突超图**（Conflict Hypergraph）的关系，然后介绍网络编码在交换结构中的应用。

7.1 网络编码与冲突超图

超图（Hypergraph）[8, 9]中的一条边可以连接任意个数的节点，该边定义为**超边**（Hyperedge），而**图**（Graph）中的一条边（Edge）只能连接两个节点。超图的特殊情形——2-均匀超图（2-Uniform Hypergraph）即为传统意义上的图，其中，2-均匀超图指超图中每个边连接的顶点个数均为2。

冲突图（Conflict Graph）是解决调度（Scheduling）问题的重要理论工具，冲突图中两个节点之间的边表示这两个节点所代表的事件存在冲突。

冲突超图中超边所代表的事件存在冲突。求解冲突超图的具体方法是：将所有可能的边抽象为节点，若有两个节点不能同时发生，则用边将这两个节点连接起来；若有多个节点不能同时发生，则用超边将其连接起来。

网络交换中网络编码的码构造，相当于求冲突超图中的稳定集[3]。稳定集[3]是指一系列的节点集，节点集中的节点不被任何超边所覆盖。采用冲突超图还可以求交换结构的可达速率区域[3]。

下面结合实例[3]介绍冲突超图与网络编码的码构造之间的关系。网络拓扑如图 7-1-1（a）所示，设边带宽为单位 1，通信目标是信源节点 s_1 发送给信宿节点 R_1、信源节点 s_2 发送给信宿节点 R_2。网络中的节点若具有单输入两输出（如节点 C 和 E），则该节点转发输入边的消息。由于该节点的输出边同于输入边，因此在冲突超图中不用额外标出，如图 7-1-1（b）所示。冲突超图中括号内的数字表示该边上流经信源的消息，如 $e_3(1, 0)$ 表示边 e_3 上流经的是信源节点 s_1 的消息，$e_3(0, 1)$ 表示边 e_3 上流经的是信源节点 s_2 的消息，$e_3(1, 1)$

表示边 e_3 上流经的是两个信源消息的编码。上述针对同一边 e_3 的 3 种情况不可能同时发生，所以在冲突超图中这 3 个节点分别两两相连。同时，冲突超图中还存在 2 个超边 $\{e_3(0,1)$，$e_4(0,1)$，$e_5(1,0)\}$ 和 $\{e_3(1,0)$，$e_5(1,0)$，$e_6(0,1)\}$，可求得稳定集为 $\{e_1(1,0)$，$e_2(0,1)$，$e_3(1,1)$，$e_4(0,1)$，$e_5(1,0)$，$e_6(0,1)\}$。根据求得的稳定集可以得到网络编码的构造码：$e_3(1,1)$ 说明节点 B 实施网络编码，$e_4(0,1)$ 和 $e_5(1,0)$ 说明节点 D 实施网络编码，$e_3(1,1)$（此时指边 CF）和 $e_6(0,1)$ 说明节点 F 实施网络编码。

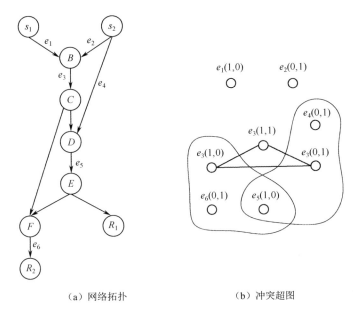

（a）网络拓扑　　　　　　　　（b）冲突超图

图 7-1-1　冲突超图与网络编码的码构造

网络编码在交换结构中的实现方式可分为两种[3]，一种是流内网络编码（Intra-Flow Network Coding），另一种是流间网络编码（Inter-Flow Network Coding）。

7.2　流内网络编码

本节结合实例[3]阐明流内网络编码在交换结构中的应用。如图 7-2-1 所示，设 2×3 交换结构中存在 4 个流，包括 1 个多播流（输入口 1 多播到输出口 1、2 和 3）和 3 个单播流（输入口 2 分别单播到输出口 1、2 和 3），所要求的可达速率对为（2/3, 1/3, 1/3, 1/3），其中，多播流速率为 2/3，单播流均为 1/3（见表 7-2-1）。注：此处的可达速率是经过归一化后的数值。冲突图如图 7-2-2 所示，记多播流为 f_1（到输出端口 1、2、3 的分别记为 $f_1^{(1)}$、$f_1^{(2)}$ 和 $f_1^{(3)}$），记单播流分别为 f_2、f_3 和 f_4，可求得稳定集为 $\{f_1^{(1)}, f_3\}$、$\{f_1^{(2)}, f_4\}$ 和 $\{f_1^{(3)}, f_2\}$。

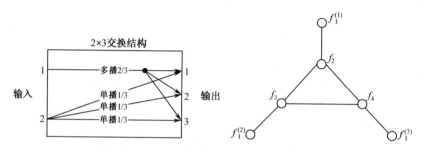

图 7-2-1　2×3 交换结构示意图　　　　图 7-2-2　2×3 交换结构的冲突图

表 7-2-1　2×3 交换结构中所要求的可达速率

流编号	输入口	输出口	说明
1	1	{1,2,3}	多播流（可达速率 2/3）
2	2	1	单播流（可达速率均为 1/3）
3	2	2	
4	2	3	

　　若不采用网络编码，也不采用**扇出分离**[1]，仅采用常规多播，无法达到可达速率对的要求[1-3]。因为多播流传输的时候会占用所有输出口，所以单播流不能与多播流同时传输。当多播流传输 2/3 后，余下的 3 个单播流不可能在同一时隙完成，所要求的可达速率对不能达到。

　　若不采用网络编码，即使采用扇出分离，也无法达到可达速率对的要

---

　　1 **扇出分离**（Fanout Splitting）[1-3]是指在基于多播的交换中，可以通过多时隙进行传输，每时隙仅传输给一部分目的节点。该方式与常规多播方式不同，常规多播是一次传输给所有的目的节点。

求[1-3]。这是因为输入口 2 为饱和（Saturated）输入（总速率为 1），所以输入口 2 至少有一个单播流被满足，至少有一个输出口被阻塞，那么余下的输出口不能在一个时隙满足输入口多播流的要求，或者说，至少要 2 时隙才能满足多播流的需求。因为多播流的速率不可能大于 1/2，所以要求的 2/3 是无法达到的。

若采用流内网络编码，则可以达到可达速率对的要求，具体的方案如表 7-2-2 所示。其中，P_1 和 P_1' 表示编号为 1 的多播流的数据包；P_2、P_3 和 P_4 分别表示编号为 2、3 和 4 的单播流的数据包；$(P_1 \oplus P_1')$ 表示多播流内部的编码。

（1）在输入口 1 采用网络编码的传输方式，分为 3 时隙。在时隙 1，将数据包 P_1 多播传输到输出口 1 和 2；在时隙 2，将数据包 P_1' 多播传输到输出口 2 和 3；在时隙 3，将多播流内的数据包的线性组合 $(P_1 \oplus P_1')$ 多播传输到输出口 1 和 3。可见，3 时隙每个输出端口可收到 2 个数据包（P_1 和 P_2），其可达速率为 2/3。这里采用的网络编码属于流内网络编码。

（2）在输入口 2，可见缝插针地使用每时隙多播流空闲下来的资源。在时隙 1，将数据包 P_4 单播传输到输出口 3；在时隙 2，将数据包 P_2 单播传输到输出口 1；在时隙 3，将数据包 P_3 单播传输到输出口 2。可见，对每个单播，3 时隙内传输 1 个数据包，所以对每个单播流而言，其可达速率均为 1/3。

表 7-2-2　采用流内网络编码的 2×3 交换结构中的具体方案

时隙	输入口 1	输入口 2
1	P_1 多播传输到输出口 {1, 2}	P_4 单播传输到输出口 3
2	P_1' 多播传输到输出口 {2, 3}	P_2 单播传输到输出口 1
3	$(P_1 \oplus P_1')$ 多播传输到输出口 {1, 3}（流内编码）	P_3 单播传输到输出口 2

7.3　流间网络编码

本节结合实例[3]阐明流间网络编码在交换结构中的应用。设 2×4 交换结构中存在 5 个不同的多播流，所要求的可达速率对为(1/3, 1/3, 1/3, 1/3,1/3)，如表 7-3-1 所示。

表 7-3-1　2×4 交换结构中所要求的可达速率对

流编号	输入口	输出口	说明
1	1	{1, 2, 3}	
2	1	{1, 2, 4}	
3	2	{1, 4}	均为多播流
4	2	{2, 3}	（可达速率对均为 1/3）
5	2	{3, 4}	

若不采用流间网络编码，即使采用扇出分离，也无法达到可达速率对的要求。对于来自相同输入口 2 的多播流 3、4 和 5，需要分别于不同的时隙传输，且均不必采用扇出分离（仅有两个输出口）。余下的多播流 1 和 2 通过扇出分离，分别嵌入多播流 3、4 和 5。此时若不允许流间网络编码，多播流 1 和 2 会出现无法译码的数据包。

若采用流间网络编码，则可以达到可达速率对的要求，具体的方案如表 7-3-2 所示。其中，P_1、P_2、P_3、P_4 和 P_5 分别表示编号为 1、2、3、4 和 5 的多播流的数据包；$(P_1 \oplus P_2)$ 表示多播流之间的编码。

表 7-3-2　采用流间网络编码的 2×4 交换结构中的具体方案

时隙	输入口 1	输入口 2
1	P_1 多播传输到输出口{2, 3}	P_3 多播传输到输出口{1, 4}
2	P_2 多播传输到输出口{1, 4}	P_4 多播传输到输出口{2, 3}
3	$(P_1 \oplus P_2)$ 多播传输到输出口{1, 2}（流间编码）	P_5 多播传输到输出口{3, 4}

本章小结

网络编码在交换结构中的应用，为解决交换结构中的传统争用问题提供新的思路。交换结构中的网络编码的构造，相当于求冲突超图中的稳定集。

网络编码在交换结构中的实现方式主要有流内网络编码和流间网络编码。

本章参考文献

[1]　MINJI K, SUNDARARAJAN J K, MEDARD M, et al. Network coding in a multicast switch[J]. IEEE Transactions on Information Theory, 2011, 57(1): 436-460.

[2]　SUNDARARAJAN J K, MEDARD M, MINJI K, et al. Network coding in a multicast switch[C]// IEEE INFOCOM, 2007.

[3]　SUNDARARAJAN J K, MEDARD M, KOETTER R, et al. A systematic approach to network coding problems using conflict graphs[C]// UCSD Workshop on Information Theory and its Applications, 2006.

[4]　李挥，林良敏，黄佳庆，等. 融合网络编码理论的组播交换结构[M]. 北京：国防工业出版社，2009.

[5]　CHEN F, LI H, LIU W, et al. LB-MSNC: a load-balanced multicast switching fabric with network coding[C]// IEEE ICC, 2015.

[6]　WANG W, YU L, ZHU G, et al. A novel framework of online network coding for multicast switches with constrained buffers[J]. Journal of Electronics (China), 2011, 28(4-6): 460-467.

[7]　CHEN F, LI H, TAN X, et al. Multicast switching fabric based on network coding and algebraic switching theory[J]. IEEE Transactions on Communications, 2016, 64(7): 2999-3010.

[8]　王志平，王从托. 超网络理论及其应用[M]. 北京：科学出版社，2008.

[9]　许小满，孙雨耕，杨山，等. 超图理论及其应用[J]. 电子学报，1994，22（8）：65-72.

第 8 章

网络编码在网络监测中的应用

网络监测指利用端到端测量方法推断网络的状态，包括测量拓扑、丢包率、时延和链路故障等，属于网络诊断（Network Tomography）[1-3]的一部分。监测方法可以分为主动探测和被动探测两种，本章主要讨论主动探测，即通过从信源节点发送一系列探测包到接收节点来判断链路状态，可采用单播方式[4]或多播方式[2, 3]，即信源节点分别采用单播方式或多播方式发送探测包。本节阐述利用网络编码来帮助提升网络监测性能。

8.1　网络编码监测原理

Fragouli 和 Markopoulou[5]提出基于网络编码的覆盖层网络监测方法，Firooz 等人[6]利用网络编码来监测链路失败，Yao 等人[7]提出基于网络编码的被动探测方法，Avci 和 Ayanoglu[8, 9]提出针对大规模网络的基于网络编码（分集编码）的监测和恢复方法，Qin 等人[10]给出基于网络编码的网络诊断详细综述。

下面结合实例[5]说明利用端到端测量实现链路级别的丢包率测量。假设网络拓扑已知（当拓扑未知时也可探测），每条链路上丢包率呈现独立同分布的伯努利（Bernoulli）分布。网络监测拓扑图如图 8-1-1 所示，信源节点为 s_1 和 s_2，分别发出探测包 x_1 和 x_2，中间节点为 U 和 V，接收节点为 R_1 和 R_2，通过接收节点接收的内容来估测链路 s_1U、s_2U、UV、VR_1 和 VR_2 的丢包率（分别记为 p_{s_1U}、p_{s_2U}、p_{UV}、p_{VR_1} 和 p_{VR_2}）。

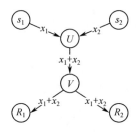

图 8-1-1　网络监测拓扑图

采用基于网络编码的网络监测，不仅可以通过包的个数来判断链路状态，还可以通过包的内容来协助判断链路状态，如表 8-1-1 所示。例如，第 1 种随机事件，若仅接收节点 R_1 收到探测包 x_1，而接收节点 R_2 未收到探测包，则由前者可判断链路 s_1U、UV 和 VR_1 正常，由后者可判断链路 s_2U 和 VR_2 存在故障。所以，第 1 种随机事件发生的成功概率 p_1 为：

$$p_1 = (1-p_{s_1U})p_{s_2U}(1-p_{UV})(1-p_{VR_1})p_{VR_2}$$

又如第 8 种随机事件，若两个接收节点 R_1 和 R_2 均可收到探测包 x_2，均未收到探测包 x_1，则由后者可判断链路 s_1U 存在故障，结合前者可判断其他链路 s_2U、UV、VR_1 和 VR_2 均正常。所以，第 8 种随机事件发生的成功概率 p_8 为：

$$p_8 = p_{s_1U}(1-p_{s_2U})(1-p_{UV})(1-p_{VR_1})(1-p_{VR_2})$$

表 8-1-1　由接收节点监测到的内容估测链路状态

事件序号	接收结果		链路状态				
	R_1	R_2	s_1U	s_2U	UV	VR_1	VR_2
1	x_1	0	1	0	1	1	0
2	x_2	0	0	1	1	1	0
3	x_1+x_2	0	1	1	1	1	0
4	0	x_1	1	0	1	0	1
5	0	x_2	0	1	1	0	1
6	0	x_1+x_2	1	1	1	0	1
7	x_1	x_1	1	0	1	1	1
8	x_2	x_2	0	1	1	1	1
9	x_1+x_2	x_1+x_2	1	1	1	1	1
10	0	0	不确定				

重复上述实验，记录每种事件发生的概率，然后采用最大似然（Maximum Likelihood，ML）估计方法，推断计算每条链路的丢包率。

8.2 网络编码监测优势

基于网络编码的监测方法较常规网络监测方法具有如下优势。

（1）节省带宽。若采用多播方式的常规网络监测方法，多个信源发送探测包的多播树会存在重叠而占用较多带宽。本例中，2 个信源节点 s_1 和 s_2 分别采用多播树发送探测包，则链路 UV、VR_1 和 VR_2 存在 2 个多播树所发出的探测包，而采用基于网络编码方式的网络监测方式则每条链路上仅有 1 个探测包。

（2）测量较准确。若采用常规网络监测方法——2 棵多播树监测法，无法区分链路 s_1U 和 UV（或 s_2U 和 UV）的丢包率，而采用基于网络编码的监测方法可以求出所有链路的丢包率。

结合如图 8-2-1 所示的 4 种网络监测实例[5]，具有不同的信源节点和信宿节点，基于网络编码的监测方法可以保证所有链路都是可以被识别的，可以进一步说明基于网络编码的网络监测所具有的优势。监测结果如表 8-2-1 所示。

表 8-2-1　4 种网络拓扑情况下可鉴别的链路对比

网络拓扑	基于网络编码的网络监测	常规的网络监测
1	所有链路可识别	所有链路可识别
2	所有链路可识别	VR_1 和 VR_2 可识别
3	所有链路可识别	s_1U 和 UR_1 可识别
4	所有链路可识别	没有链路可识别

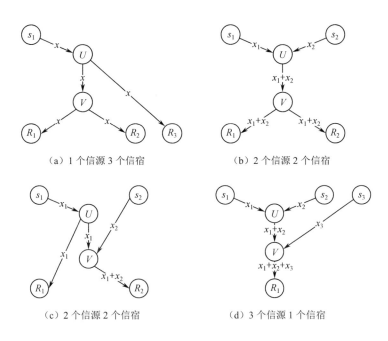

（a）1 个信源 3 个信宿　　　　　　（b）2 个信源 2 个信宿

（c）2 个信源 2 个信宿　　　　　　（d）3 个信源 1 个信宿

图 8-2-1　4 种网络监测

本章小结

网络编码用于网络管理中的网络监测，优于传统网络监测方法，因为基于网络编码的网络监测不仅可利用收到探测包的个数，还可利用收到探测包的内容进行深度诊断。这与以内容为中心的网络发展具有天然的切合度，是网络编码在未来发展中的一个有利契机。

本章参考文献

[1]　RABBAT M, NOWAK R, COATES M. Multiple source, multiple destination

network tomography[C]// IEEE INFOCOM, 2004.

[2]   CACERES R, DUFFIELD N G, HOROWITZ J, et al. Multicast-based inference of network-internal loss characteristics[J]. IEEE Transactions on Information Theory, 1999, 45(7): 2462-2480.

[3]   BU T, DUFFIELD N, PRESTI F L, et al. Network tomography on general topologies[C]// ACM SIGMETRICS, 2002.

[4]   CHEN Y, BINDEL D, SONG H, et al. An algebraic approach to practical and scalable overlay network monitoring[C]// ACM SIGCOMM, 2004.

[5]   FRAGOULI C, MARKOPOULOU A. A network coding approach to overlay network monitoring[C]// 43rd Annual Allerton Conference on Communication, Control, and Computing, 2005.

[6]   FIROOZ M H, ROY S, BAI L, et al. Link failure monitoring via network coding[C]// IEEE Conference on Local Computer Networks(LCN), 2010.

[7]   YAO H, JAGGI S, CHEN M. Passive network tomography for erroneous networks: a network coding approach[J]. IEEE Transactions on Information Theory, 2012, 58(9): 5922-5940.

[8]   AVCI S N, AYANOGLU E. Link failure recovery over large arbitrary networks: the case of coding[J]. IEEE Transactions on Communications, 2015, 63(5): 1726-1740.

[9]   AVCI S N, AYANOGLU E. Network coding-based link failure recovery over large arbitrary networks[C]// IEEE GLOBECOM, 2013.

[10]   QIN P, DAI B, HUANG B, et al. A survey on network tomography with network coding[J]. IEEE Communications Surveys & Tutorials, 2014, 16(4): 1981-1995.

第 9 章

网络编码在分布式
存储中的应用

网络数据的指数式增长对数据的可靠存储提出了更高的要求，具有高存储规模和低运行成本的分布式存储技术是海量数据环境下存储技术的发展趋势。分布式存储系统会将海量数据分散存储到处于不同地理位置的存储节点中。然而，当存储节点离开网络或出现故障时，其存储随之失效。此时通常需要系统管理其临近的另外一些存储节点来对其进行快速修复，以维持系统的稳定性。因此，数据纠删技术成为分布式存储的核心技术之一，其本质在于通过增加数据冗余来提高数据存储的可靠性。本章介绍基于网络编码的纠删技术在分布式存储系统中的典型应用。

9.1　最大距离可分码

数据复制是产生冗余最基本的方法。为了弥补数据失效带来的损失，确保数据的完整性，将数据副本存储在多个节点，但是由于其存储效率极低，目前已很难满足为海量数据提供冗余的要求。在此背景下基于纠删码的容错技术，开始通过加入编码来实现在相同可靠性的前提下消耗较少的存储代价。Weatherspoon 和 Kubiatowicz[1]比较了简单复制和纠删码（Erasure Coding）两种存储策略在分布式存储系统中的开销，结果表明：当存储节点的可用性为 0.5，存储系统的可靠性维持在 0.999 以上时，复制会产生源文件 10 倍大小的存储开销，而纠删码策略仅为 2.49 倍。典型的纠删码包括 RS（Reed-Solomon）码[2]、低密度奇偶校验（Low Density Parity Check，LDPC）码[3]和喷泉码[4]等，其中 RS 码属于一种经典的**最大距离可分码**（Maximum Distance Separable Codes）[5, 6]。

最大距离可分码的主要思想为：将原始文件分成 k 个等长的数据块，对 k 个数据块进行编码操作生成 n 个编码数据块（$n > k$，编码数据块长度与原始数据块一样），使得通过 n 中任意 k 个编码数据块均可恢复 k 个原始数据块。通过(n, k)-RS 纠删码，存储系统可以容忍任何 $(n-k)$ 个编码数据块失效而不发生数据丢失。

针对分布式存储网络，可以基于**阵列码**（Array codes）[7]的思想来设计更广义的(n, k)最大距离可分纠删码。假设将一原始文件分成αk个数据块，对于一个有n个存储节点（$n > k$）的系统，每个存储节点均可以储存α个等长数据块。若存在一种方法，基于αk个原始数据块为每个存储节点生成α个编码数据块（编码数据块与原始数据块等长），使得通过n中任意k个存储节点中的αk个编码数据块均可恢复αk个原始数据块，则该编码方案可被称为(n, k, α)-最大距离可分码。在分布式存储应用中，最大距离可分码具有最优的冗余性与可靠性之间的折中。如图 9-1-1 所示的一个$(4, 2, 2)$-最大距离可分码，共有$n = 4$个节点，每个节点存储$\alpha = 2$个编码数据块，而每个编码数据块都是原始数据块A_1、A_2、B_1、B_2的一种基于 GF(2)的线性组合，即"+"代表异或操作。从任意$k = 2$个存储节点中的编码数据块均可恢复出原始数据块。例如，通过存储节点 3 和 4 中的编码数据块，可按照下列操作顺序恢复出原始数据块B_2、A_2、B_1、A_1：

$$(A_1+B_1)+(A_2+B_1)+(A_1+A_2+B_2) = B_2,$$

$$(A_2+B_2)+B_2 = A_2,$$

$$(A_2+B_1)+A_2 = B_1,$$

$$(A_1+B_1)+B_1 = A_1。$$

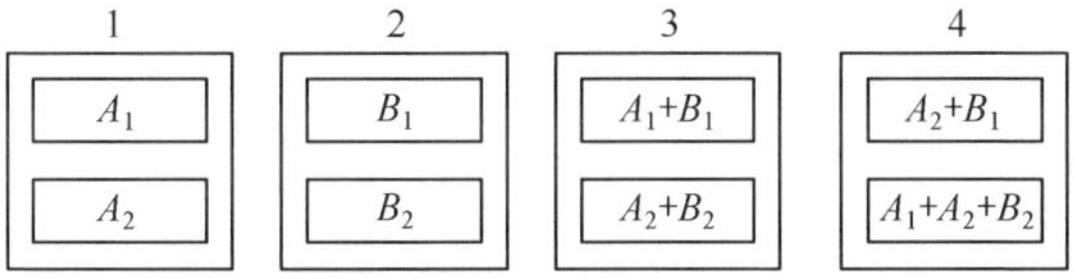

1	2	3	4
A_1	B_1	A_1+B_1	A_2+B_1
A_2	B_2	A_2+B_2	$A_1+A_2+B_2$

图 9-1-1　以存储节点为单位的$(4, 2, 2)$-最大距离可分码

9.2　再生码

在分布式存储中应用编码技术来提升存储性能已得到广泛共识，编码技术的不断优化将成为推动高效且安全分布式存储技术发展的核心动力之一。

对于一个采用(n, k, α)-最大距离可分码的分布式存储系统，当其中某些存储节点失效时，为了保证系统的完整性和后续可用性，分布式存储系统必须对失效节点进行修复，而传统的修复方案是从任意 k 个幸存节点中将其所存储的 α 个数据块传给待修复节点，待修复节点通过新接收的 αk 个编码数据块还原出原始数据块，之后对原始数据块进行再编码得到待恢复的 α 个编码数据块。为了修复单一存储节点中的 α 个数据块，网络中需传输 αk 个数据块，相当于整个原始文件的大小。当失效节点增多时，为了修复失效节点所引入的网络通信量会大大增加。本节所介绍的再生码，便是将网络编码巧妙地与纠删码结合，在达到最优的冗余性与可靠性之间折中的同时，还可以有效减少修复失效节点所需的网络通信量。

针对如图 9-1-1 所示的$(4, 2, 2)$-最大距离可分码，若存储节点 1 失效，则需采用传统的修复方案，从存储节点 2、3、4 中的任意两个接收共 4 个编码数据块来恢复存储节点 1 中的数据块 A_1、A_2。作为一种替代方案，为了修复失效节点 1 中的数据块 A_1、A_2，如图 9-2-1 所示，存储节点 2、3、4 可以分别传输其所拥有的数据块 B_2、A_2+B_2、$A_1+A_2+B_2$ 至待修复节点，继而待修复节点可以通过如下操作恢复出 A_1、A_2：

$$(A_2+B_2)+(A_1+A_2+B_2) = A_1,$$

$$B_2+(A_2+B_2) = A_2。$$

与传统修复方案相比，如图 9-2-1 所示的修复方案只需要传输 3 个数据块，可节省 25%的网络传输带宽。

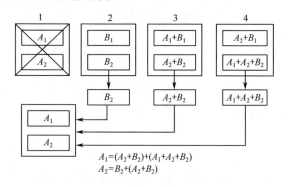

$$A_1=(A_2+B_2)+(A_1+A_2+B_2)$$
$$A_2=B_2+(A_2+B_2)$$

图 9-2-1 再生码（设存储节点 1 失效）

如图 9-2-1 所示的方案已经隐含了网络编码的思想，即在修复过程中，每个幸存节点不是直接将其存储的全部编码数据块进行传输，而是对所拥有的编码数据块先进行选择，再将部分数据块传输至待修复节点。如图 9-2-2 所示的修复过程进一步体现了基于网络编码先进行数据块编码再传输的思想。

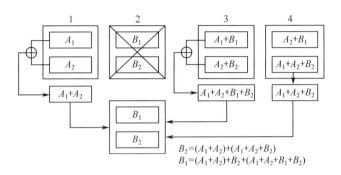

图 9-2-2　再生码（设存储节点 2 失效）

针对如图 9-1-1 所示的$(4, 2, 2)$-最大距离可分码，若存储节点 2 失效，存储节点 1 和 3 可以先进行网络编码操作 A_1+A_2 和 $(A_1+A_2)+(B_1+B_2)$，然后存储节点 1、3、4 分别传输数据块 A_1+A_2、$A_1+A_2+B_1+B_2$、$A_1+A_2+B_2$ 至待修复节点，从而待修复节点即可通过如下操作依次恢复出丢失的数据块 B_1 和 B_2：

$$(A_1+A_2)+(A_1+A_2+B_2) = B_2,$$

$$(A_1+A_2)+B_2+(A_1+A_2+B_1+B_2) = B_1.$$

与图 9-2-1 所示修复节点 1 的过程一样，如图 9-2-2 所示修复节点 2 的过程也只需要 3 个数据块，因此较传统方案也节省了 25%的传输带宽。

类似地，若存储节点 3 失效，存储节点 1、2、4 可分别传输再编码数据块 A_2、B_2、$(A_2+B_1)+(A_1+A_2+B_2) = A_1+B_1+B_2$ 至待修复节点，从而待修复节点可以通过如下操作依次恢复出丢失的数据块 A_1+B_1 和 A_2+B_2：

$$B_2+(A_1+B_1+B_2) = A_1+B_1,$$

$$A_2+(A_1+B_1)+(A_1+B_1+B_2) = A_2+B_2.$$

若存储节点 4 失效，存储节点 1、2、3 可分别传输再编码数据块 A_1、

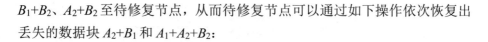

B_1+B_2、A_2+B_2 至待修复节点，从而待修复节点可以通过如下操作依次恢复出丢失的数据块 A_2+B_1 和 $A_1+A_2+B_2$：

$$(B_1+B_2)+(A_2+B_2) = A_2+B_1,$$

$$A_1+ (A_2 +B_2) = A_1+A_2+B_2。$$

通过上述讨论可知，针对如图 9-1-1 所示的(4, 2, 2)-最大距离可分码，若采用基于网络编码的节点修复，可以针对任意一个存储节点失效的情况，仅通过每个幸存节点传输一个再编码数据块，即可实现失效节点中所丢失数据块的恢复。该类编码方案被称为**再生码**（Regenerating Codes，RGC）[8-10]。通过合理设计再生码，网络编码可以显著地缩小节点修复所需数据传输带宽。

再生码除了保留(n, k, α)-最大距离可分码的性质，即从任意 k 个存储节点中均可恢复原始数据块，还在修复性能上优于最大距离可分码。再生码可进一步分类为**准确性修复**（Exact-Repair）**再生码**与**功能性修复**（Functional-Repair）**再生码**。在准确性修复再生码中，失效节点中所丢失的α个编码数据块需完整恢复，而功能性修复再生码只需保证待恢复节点中新存储的α个编码数据块与其他节点中的数据块一起，依然形成(n, k, α)-最大距离可分码即可。因此，功能性修复再生码的要求低于准确性修复再生码，也相对更易于分析和构建。

为了研究再生码的修复带宽γ，除了最大距离可分码中的参数 n、k、α，还需引入参数 d 和β，其中 d 表示在修复一个失效节点数据块时需要参与数据块传输的节点数量，而β表示从 d 中每个存储节点要传输至待修复节点的数据块数量。与 9.1 节所介绍的最大距离可分码不同，本节用(n, k, d)来描述一个再生码的参数。针对如图 9-1-1 所示的(4, 2, 2)-最大距离可分码，图 9-2-1和图 9-2-2 描绘了其作为一个(4, 2, 3)-再生码的修复过程，其所对应的$\beta = 1$。而该(4, 2, 2)-最大距离可分码也可被视为一个(4, 2, 2)-再生码，其所对应的$\beta = 2$。对于一个(n, k, d)-再生码，其修复一个失效节点所需的修复带宽为$\gamma = d\beta$。

对于一个(n, k, d)-再生码，其修复失效节点中数据块的过程可被建模为一个单信源多播网络传输问题，因此通过分析该单信源多播网络的割集来刻画可行的修复带宽$d\beta$。基于此模型，可以得出结论，对于给定 $d \leqslant n-1$，对任意失效节点进行修复所需的修复带宽 γ 下界为[8]：

$$\gamma_{\min} = \frac{\alpha d}{d-k+1} \qquad (9\text{-}2\text{-}1)$$

根据第 2 章介绍的线性网络编码理论，可进一步构造出达到该界的功能性修复再生码。根据式（9-2-1），随着 d 的增大，最小修复带宽下降。若 d 取恢复失效节点所需的最小值 k，则 $\gamma_{\min} = \alpha k$，表明该情况与传统最大距离可分码一样，需从任意 k 个节点分别获取 α 个数据块才可实现失效节点恢复。当 $d = n-1$ 时，$\gamma_{\min}$ 进一步减小至最小值 $\gamma_{\min} = \dfrac{\alpha(n-1)}{n-k}$。将 $\alpha = 2$、$n = 4$、$k = 2$ 代入式（9-2-1），可知如图 9-1-1 所示(4, 2, 2)-最大距离可分码作为一个(4, 2, 3)-再生码，可以达到最小修复带宽 3。

上述分析中延续了 9.1 节介绍最大距离可分码时关于原始文件大小 $M = k\alpha$ 的假设，此种情况下的再生码被称为**最小存储再生**（Minimum-Storage Regenerating，MSR）码。为了进一步缩小修复带宽，可以增加每个存储节点中编码数据块数量 α，即允许 $k\alpha \geq M$。依然通过将 (n, k, d)-再生码的修复过程建模为一个单信源多播网络的传输过程，通过分析该单信源多播网络的割集，可以刻画出以下有关文件大小 M 与 α、β 的折中：

$$M \leq \sum_{1 \leq j \leq k} \min\{(d-j+1)\beta, \alpha\} \qquad (9\text{-}2\text{-}2)$$

基于此，可以证明[8]当每个节点允许存储 $\alpha = \dfrac{2Md}{2kd - k^2 + k}$ 个数据块时，修复一个失效节点所需带宽 γ 的割集下界为：

$$\gamma_{\min} = \frac{2Md}{2kd - k^2 + k} \qquad (9\text{-}2\text{-}3)$$

可达式（9-2-3）中修复带宽下界的再生码被称为**最小带宽再生**（Minimum-Bandwidth Regenerating，MBR）码，而功能性修复 MBR 码可被构建出来。与 MSR 码一样，MBR 码的修复带宽随 d 的增大而缩小，当 $d = n-1$ 时，修复带宽达到最小值 $\gamma_{\min} = \alpha = \dfrac{M}{k} \dfrac{2n-2}{2n-k-1}$。与 MSR 码相比，MBR 码的代价

是每个存储节点的存储开销是 MSR 码存储开销 $\dfrac{M}{k}$ 的 $\dfrac{2n-2}{2n-k-1}$ 倍，但相对应地，最小修复带宽 $\gamma_{\min}$ 也可由 $\dfrac{M(n-1)}{k(n-k)}$ 缩小至 $\dfrac{M}{k}\dfrac{2n-2}{2n-k-1}$。

功能性修复再生码对数据块只需要进行功能性恢复，故每次在失效节点被恢复后，均需基于新生成的数据块重新更新修复与译码策略，因此其实用性低于准确性修复再生码。上文已讨论过，当如图 9-1-1 所示的(4,2,2)-最大距离可分码视为(4,2,3)-再生码时，除了满足功能性修复，还可满足准确性修复。对准确性修复再生码的刻画较功能性修复再生码复杂，对于任意 α，是否存在可以达到修复带宽割集下界的准确性修复再生码依然是开放问题。然而，针对 MBR 码与 MSR 码两种特殊情况，对准确性修复再生码的性能刻画与码构造研究已经相对充分。基于乘矩阵（Product Matrix）的框架，分别对于满足 $k \leqslant d \leqslant n-1$ 及 $2k-2 \leqslant d \leqslant n-1$ 的参数，达到修复带宽割集下界的最优(n, k, d)-准确性修复 MBR 码及(n, k, d)-准确性修复 MSR 码可被构建出来[11]。当 $k \leqslant n-2$ 及 $d = n-1$ 时，存在另一种方案构建最优(n, k, d)-准确性修复 MSR 码[12]。

为了降低再生码修复过程中的编码复杂度，与第 2 章所介绍的循环移位网络编码类似，循环移位操作也被应用于再生码的构造中[13]。

9.3 局部可修复码

除了 9.2 节所介绍的再生码，局部可修复码（Locally Recoverable Codes）[14-16]也是一种新型的分布式存储编码机制。这两种编码机制均采用尽可能小的传输带宽来实现对数据的修复。不同的是，当一个节点失效时，再生码可以借助其他较多的幸存节点传输部分数据，并通过编码运算来修复失效节点，而局部可修复码则借助邻近较少的幸存节点传输全部数据信息，并通过编码运算来实现相同的功能。

再生码修复失效节点时，都需要请求幸存节点将其多块数据的线性组合发送给新节点，即再生码仅考虑存储开销与修复带宽（参见 9.2 节 MSR 码与 MBR 码这两种特殊情况），而不能节省磁盘数据的读写量。这样，再生码最终从幸存节点读取的数据量将会多于所要恢复的数据量，过多的磁盘读写操作会影响数据中心的总体读写性能，同时降低磁盘的使用寿命，这成为再生码失效节点数据恢复的主要性能瓶颈。磁盘数据读取开销与参与修复的节点数——被称为局部修复度（Locality）——成正比。与通过牺牲磁盘数据读写开销来减少带宽消耗的再生码不同，局部可修复码具有较少的参与修复节点数，它通过限制一个失效节点中的数据，只能通过某些特定的存储节点来进行修复，从而缩小需要读取和下载的数据量来降低修复带宽。虽然这种方式牺牲了节点故障的容忍度（局部可修复码不具有最大距离可分性质）和少量存储开销（增加了额外的局部校验块），但是可以显著降低磁盘的读写开销，提高磁盘使用寿命，提高数据的安全性和实用成本。

本章小结

网络编码在分布式存储中的应用，基于网络编码的再生码比常规纠删码节省修复带宽。再生码可分为准确性修复再生码与功能性修复再生码，还可分为最小带宽再生（MBR）码和最小存储再生（MSR）码。为降低再生码修复过程中的编译码复杂度，循环移位网络编码可应用于再生码的构造。

本章参考文献

[1]　WEATHERSPOON H, KUBIATOWICZ J D. Erasure coding vs. Replication: a quantitative comparison[C]// 1st Intl. Workshop on Peer-to-Peer Systems, 2002.

[2]　REED I S, SOLOMON G. Polynomial codes over certain finite fields[J].

Journal of the Society for Industrial and Applied Mathematics, 1960, 8(2): 300-304.

[3]   SHOKROLLAHI A. Raptor codes[J]. IEEE Transactions on Information Theory, 2006, 52(6): 2551-2567.

[4]   RICHARDSON T, URBANKE R. Modern coding theory[M]. Cambridge, U.K.: Cambridge Univ. Press, 2008.

[5]   YAU S S, LIU Y C. On decoding of maximum-distance separable linear codes[J]. IEEE Transactions on Information Theory, 1971, 17(4): 487-491.

[6]   VERMANI L R, JINDAL S L. A note on maximum distance separable (optimal) codes[J]. IEEE Transactions on Information Theory, 1983, 29(1): 136-137.

[7]   BLAUM M, BRUCK J, VARDY A. MDS array codes with independent parity symbols[J]. IEEE Transactions on Information Theory, 1996, 42(2): 529-542.

[8]   DIMAKIS A G, GODFREY P B, WU Y, et al. Network coding for distributed storage systems[J]. IEEE Transactions on Information Theory, 2010, 56(9): 4539-4551.

[9]   DIMAKIS A G, RAMCHANDRAN K, WU Y, et al. A survey on network codes for distributed storage[J]. Proceedings of the IEEE, 2011, 99(3): 476-489.

[10]   DIMAKIS A G, GODFREY P B, WAINWRIGHT M J, et al. Network coding for distributed storage systems[C]// IEEE INFOCOM, 2007.

[11]   RASHMI K V, SHAH N B, KUMAR P V. Optimal exact-regenerating codes for distributed storage at the MSR and MBR points via a product-matrix construction[J]. IEEE Transactions on Information Theory, 2011, 57(8): 5227-5239.

[12]   TAMO I, WANG Z, BRUCK J. Zigzag codes: MDS array codes with optimal rebuilding[J]. IEEE Transactions on Information Theory, 2013, 59(3): 1597-1616.

[13]   HOU H, SHUM K W, CHEN M, et al. Basic codes: low-complexity

regenerating codes for distributed storage systems[J]. IEEE Transactions on Information Theory, 2016, 62(6): 3053-3069.

[14] GOPALAN P, HUANG C, SIMITCI H, et al. On the locality of codeword symbols[J]. IEEE Transactions on Information Theory, 2012, 58(11): 6925-6934.

[15] TAMO I, BARG A. A family of optimal locally recoverable codes[C]// IEEE ISIT, 2014.

[16] TAMO I, BARG A. A family of optimal locally recoverable codes[J]. IEEE Transactions on Information Theory, 2014, 60(8): 4661-4676.

第 10 章

网络编码在软件定义网络中的应用

软件定义网络（Software Defined Network，SDN）[1-6]的核心思想是将控制与数据分离，并支持软件可编程，数据采用分布式传输和处理，控制采用集中式管理，适合开发和部署新的协议和新的业务。由于控制器可以管控数据的各种操作，如常见的存储转发（路由）操作，也可管控数据的编码和译码操作，这样使得**网络编码**应用于软件定义网络成为可能。Hansen 等人[7, 8]设计和实现的网络编码与软件定义网络的结合，可应用于 5G 网络和存储，其中采用了 C++程序编写的随机网络编码 Kodo 库[9]。Németh 等人[10]实现了支持网络编码的 OpenFlow 交换机。Liu 和 Hua[11, 12]提出一个基于网络编码的软件定义网络框架（Network Coding over SDN，NCoS）。董景涛[13]实现了基于异或编译码操作的软件定义网络框架，并应用于电力通信网络。刘道桂[14]提出一种将网络编码、网络功能虚拟化（Network Function Virtualization，NFV）和软件定义网络三者相结合的方案，利用 SDN 获得全局拓扑和流量的控制信息，由网络功能虚拟化决定在合适的节点启动网络编码，并提出**网控编码**的概念。

本章首先介绍软件定义网络的概念和原理，然后介绍网络编码在软件定义网络中的应用。

10.1　软件定义网络

软件定义网络（Software Defined Network，SDN）与传统网络的主要区别在于控制与数据的分离。控制与数据分离的思路，在 SDN 出现之前已有不少地方有应用，该思路在 SDN 上应用的重要转折，是 2013 年 Google 公司公布 B4[15]在数据中心领域的成功应用，使软件定义网络得到学界和业界的广泛关注和深度认可。B4 使得数据中心链路的平均利用率从 30%～40%提升到 70%，在很多链路中利用率可以接近 100%。这种"杀手级"商业应用使得 SDN 的应用大获成功。本节介绍软件定义网络的基本概念和原理。

传统网络设备中的控制器（包括协议、控制和管理软件等）与数据转发硬件紧密耦合，如图 10-1-1（a）所示。而软件定义网络将原本紧耦合的控制和数据转发进行解耦（Decouple）[2]，如图 10-1-1（b）所示，将控制器独立出来，采用集中且可通过编程的方式来管控，从而增加了管控的灵活性。需要强调的一个概念是，软件定义网络中控制与数据的分离，是指地理位置上的分离，而非仅是逻辑上的分离。

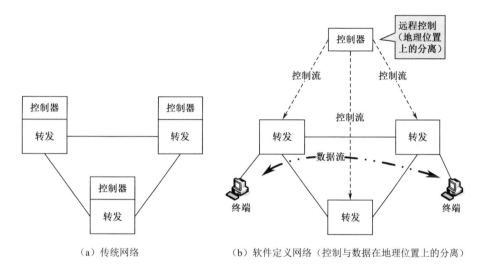

（a）传统网络　　　　　　（b）软件定义网络（控制与数据在地理位置上的分离）

图 10-1-1　软件定义网络与传统网络的比较

10.1.1　软件定义网络架构

软件定义网络架构可分为 3 层，如图 10-1-2 所示，包括应用层、控制层、数据层，相邻两层之间分别采用北向接口和南向接口，控制层中 SDN 控制器之间存在东、西向接口。控制层可以屏蔽底层网络的差异，以统一的接口为应用层提供服务。

需要说明的是，国际上不同的标准化组织对 SDN 架构的定义存在差异，具有代表性的标准化组织包括开放网络基金会（Open Networking Foundation，ONF）、互联网工程任务组（Internet Engineering Task Force，IETF）、欧洲电信标准协会（European Telecommunications Standards Institute，ETSI）。另外，还有 Cisco/HP/IBM/Juniper/Microsoft 等大公司联合提出的 OpenDaylight 的开

源 SDN 框架。但对 SDN 定义的主要特征均为控制与数据分离、集中控制、开放接口等。本节给出的架构是一个基本的原理框架，反映最基本的 SDN 特征。

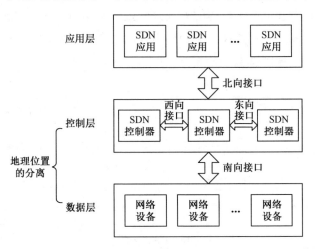

图 10-1-2　软件定义网络（SDN）架构

10.1.1.1　数据层

数据层主要负责数据的处理（如转发操作），即收到数据包后，根据流表中的匹配结果进行相应处理，最常用的是存储转发（路由）。转发可以看作是最简单的编码，所以当加入网络编码的编译码操作之后，可以向下兼容存储转发。SDN 中数据层与传统交换机的区别在于，流表中的内容不是由数据层自身计算生成的，而是由控制器统一下发的，可通俗归纳为 SDN 数据层的"去智能化"。这样，数据层可以忽略控制逻辑的实现，而集中关注于数据处理，例如，如何实现高性能转发。若支持网络编码，则需要实现高效的编译码器。

10.1.1.2　控制层

控制层主要负责整个网络的集中化管控和运维，包括链路发现、拓扑管理、路由计算、策略制定和流表下发等操作。控制层的关键是如何有效实现集中化控制，也可看成是东西向接口的问题。当规模较小时可以采用单一控制器；当规模中等时可以采用扁平化控制，如图 10-1-3（a）所示；当规模较大时可以采用分级控制，如图 10-1-3（b）所示。当分布式控制器数量增大时，因为要保持一致性，所以集中控制并不容易。

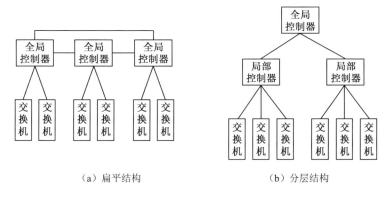

（a）扁平结构　　　　　　　　　（b）分层结构

图 10-1-3　控制器的东西向接口

控制层与数据层的通信通过南向接口，经典的控制协议是 OpenFlow 协议[16, 17]，由开放网络基金会（ONF）提出和倡导，已获得业界的广泛支持，成为 SDN 领域的事实标准。ONF 还提出 OF-Config 协议，用于对 SDN 数据层进行远程配置和管理，从而便于对分布式 SDN 数据层的集中化管控。

10.1.1.3　应用层

通过提供应用可编程接口（Application Programming Interface，API），向用户提供可编程的按需调用，目标是使用户方便调用底层网络资源而不受限于网络设备厂商，有利于新协议的部署和构建新网络结构。可编程接口被视作北向接口。通过开放的编程，极大地降低了网络服务开发门槛，将产生大量服务创新，满足各种用户需求。底层的网络硬件设备，其生命周期变短，为迎接不断更新的网络功能，需要软件的支持。底层硬件将逐渐变成所谓的"傻快"硬件，而更多的创新应用为控制层所负责。另外，提升控制层软件的速度则是 SDN 需要重点解决的问题。

10.1.2　SDN 与主动网络的比较

SDN 的特点之一是可编程性，可类比于 1994 年 DARPA（美国国防部高级研究计划局）提出的一种可编程网络[18]——主动网络[19, 20]。本节比较这两者的异同。

主动网络框架包括 3 个部分（见图 10-1-4），从底层到高层分别为：节点操作系统（Node Operating System，NodeOS）、执行环境（Execution Environment，EE）和主动应用（Active Application，AA）。节点操作系统负责节点资源的分配、调度和管理；对于执行环境而言，节点操作系统屏蔽资源管理的细节和不同执行环境之间的影响，其中 ANTS 是由 MIT（美国麻省理工学院）提出的基于 Java 的主动网络工具箱，SwitchWare 是由宾夕法尼亚大学提出的交换机[4]；对于节点操作系统而言，执行环境屏蔽了许多与用户交互的细节。

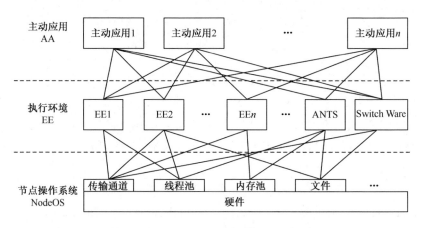

图 10-1-4　主动网络框架

主动网络允许开发者把代码下发到交换设备或在数据分组中添加可执行代码来提高网络的编程性。数据分组所携带的用户程序可由网络设备自动执行，用户通过编程方式动态配置网络，方便管理网络。主动网络节点不仅转发正常数据包，还执行用户自己定制的程序，对经过该节点的数据进行处理，以更好地满足用户需求。例如，在每个路由器节点上对数据包进行记录、统计和追踪等计算、分析任务。

SDN 的编程性主要体现在北向接口上，开发者可以在此基础上设计应用而不必关心底层的硬件细节。

SDN 与主动网络均可实现可编程性，但存在本质差别：主动网络协议兼容性差，中间节点处理大量信息使得网络较难控制和维护，节点计算开销大；

SDN 采用标准协议（如 OpenFlow）而具有较好的兼容性，采用集中式控制而具有较好的网络可控性。

10.1.3　SDN 与网络功能虚拟化的比较

2012 年由欧洲电信标准化组织（European Telecommunications Standards Institute，ETSI）提出**网络功能虚拟化**（Network Function Virtualization，NFV）[21]，该体系结构主要针对运营商网络。运营商网络存在的问题是，常由专属设备来部署，管理和升级这些专属硬件设备增加了运营成本及能耗，导致运营商发展出现瓶颈。NFV 强调软件与硬件的分离，网络功能由软件完成，且软件放在通用设备上。NFV 采用资源虚拟化的方式，在通用硬件设备上运行虚拟机来实现网络功能。这样，NFV 降低了设备成本，缩短了新的网络服务的部署周期，从而适应了网络运营商不断发展的需求。NFV 突破传统电信封闭专用平台，并引入弹性资源管理的思想。NFV 突破传统网元功能限制，其通用框架[21]如图 10-1-5 所示。

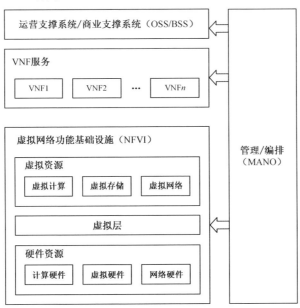

图 10-1-5　网络功能虚拟化（NFV）通用框架

网络功能虚拟化通用框架[21]主要包括下列 4 个部分。

（1）运营支撑系统/商业支撑系统（Operation/Business Support System，OSS/BSS）：电信运营商的一体化支撑系统，包括系统管理、网络管理、资源共享、计费、营业、账务和客户服务等系统。

（2）虚拟网络功能（Virtual Network Functions，VNF）服务[21]：提供各种 VNF 的虚拟服务。VNF 是一系列独立的可实现不同网络功能的模块，由软件完成，可以运行在任何一个通用设备上。

（3）虚拟网络功能基础设施（Network Function Virtualization Infrastructure，NFVI）：提供 NFV 所需的虚拟资源，包括虚拟计算资源、虚拟存储资源、虚拟网络资源等。这些虚拟资源均由虚拟层通过硬件资源统一提供。

（4）管理/编排（Management and Orchestration，MANO）：解析需要的网络功能，管理所需的各种资源，分配资源以达到所需。

NFV 与 SDN 的区别：两者侧重点不同，NFV 侧重于网络功能的抽象虚拟化，增加一个虚拟的网络功能层以屏蔽底层硬件差异，并强调采用通用的 IT 设备来取代传统的通信设备，如用 x86 取代 ASIC、DSP、NP 等；SDN 则侧重于控制与数据分离和可编程性；两者相互独立，没有依赖关系，两者技术存在一定互补，融合可以使网络和应用升级，但与网络硬件设备无关。NFV 可以不依赖于 SDN 的机制部署，但若基于 SDN 的控制与数据分离来实现，NFV 管控可以更加灵活，性能更好。NFV 则可为 SDN 软件应用的运行提供底层基础设施的支持。SDN 可以通过使用通用硬件作为 SDN 的控制器和交换机以虚拟化的形式实现。NFV 既可以基于非 OpenFlow 协议，又可以与 OpenFlow 协同工作。由于网络编码与路由一样，也属于网络功能，因此可以进行网络功能虚拟化，这样网络编码可以采用 NFV 实现。

需要注意的是，**网络功能虚拟化**[21]与**网络虚拟化**[22, 23]在概念上有些许区别，后者范围更宽泛些，如将物理网络虚拟为几个逻辑网络的 VLAN 等。

10.2 网络编码在 SDN 中的实现

在 SDN 中实现网络编码的基本思想是，增加网络编码的控制和数据操作，且网络编码的控制和网络编码的实际操作相分离。网络编码的控制是指，决定缓存哪些数据包，或因缓存时间过长而丢弃哪些数据包，对哪些数据包进行编码操作或译码操作，将这些指令传至数据层的流表。网络编码的实际操作是指按流表进行编码操作或译码操作。因此，在控制层需要增加编码/译码的决策管理模块，在数据层需要增加编码模块、译码模块，以及缓存管理模块（编译码需要的额外缓存模块）。基于网络编码的 SDN 框架如图 10-2-1 所示。

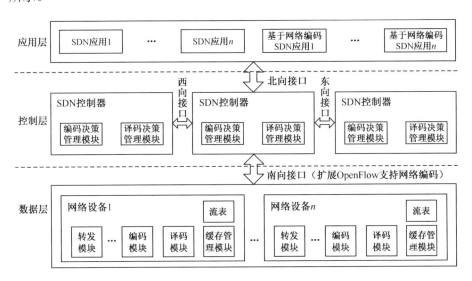

图 10-2-1 基于网络编码的 SDN 框架

若采用软件定义网络的原设计，需要进行编码/译码的数据包将在控制器和交换机之间不停地往返传输，这样无法实现网络编码功能。可采用基于网络编码的 MPLS[10, 24]扩展，加入 OpenFlow 中，以兼容网络编码和非网络编码操作的流。以异或操作为例，如图 10-2-2 所示，Flow-ID 可以作为标准的 SDN 中流表的匹配条件。若序列号 1 和序列号 2 同时不为零，表示数据为异或操作数据。

MPLS 标签 Flow-ID	MPLS 标签 序列号 1	MPLS 标签 序列号 2	数据

图 10-2-2　基于网络编码的数据包格式

在数据层需要加入相应的网络编码操作，以异或操作为例，需增加下列 3 个操作。

（1）set-mpls-label-from-counter：设置序列号。

（2）XOR-encode：产生一个副本到编码队列；或发现来自另一个流，则执行编码操作。

（3）XOR-decode：执行译码操作。

通过以上 3 个简单操作，便可以实现会话间多播、降低时延等。

相对于路由转发模块，数据层的编、译码模块复杂性较高，研发适用于数据层面的高性能编译码模块是网络编码能实用/商用的重要保障。

软件定义网络的核心是控制与数据分离，从"分离"的角度，联想到另一种新型网络架构——信息中心网络（Information Centric Network，ICN）[25]，其核心思想是将**信息**（或**内容**）与**转发**分离，故也称内容中心网络（Content Centric Network，CCN）[26, 27]。ICN/CCN 的出现是因为基于 TCP/IP 的寻址方式是基于 IP 地址的，或者称命名的主机（Named Host），无法有效适应当今互联网的移动性、安全性和可扩展性要求。ICN/CCN 可以满足互联网以信息为驱动的需求，采用命名的内容/数据（Named Content/Data），所以 ICN 也称命名数据网络（Named Data Network，NDN）[26, 27]。

SDN 与 ICN 这两种网络可以很自然地融合，成为基于 SDN 的 ICN 网络。因为网络编码可以应用于 SDN，所以网络编码理论上也可以应用于基于 SDN 的 ICN。另外，网络编码也是关注内容的编码组合，从这个角度看，网络编码与 ICN 也可以自然融合[28]。

最后，SDN 的无线网络版本和移动网络版本，即软件定义无线网络
（Software Defined Wireless Networks，SDWN）[29]和软件定义移动网络
（Software Defined Mobile Networks，SDMN）[30]均为 SDN 需要进一步研究的
方向，所以网络编码在 SDWN 和 SDMN 中的应用也是网络编码应用的重要
研究方向。

本章小结

软件定义网络是随着 2008 年网络通信领域顶级会议 ACM SIGCOMM 中
提出 OpenFlow 而正式进入大众视野的，但直到 Google 公司在 2013 年 ACM
SIGCOMM 会议上发表 B4 论文，证明 SDN 在 Google 数据中心发挥关键作
用并获得显著效果，商业价值巨大，SDN 才得到普遍认可和迅猛发展。SDN
核心概念中控制与数据分离的思想说来不是全新的，但类似 B4 "杀手级"
商业应用可直接实现理论的落地。由此可见，对应用而言，最关键的不是理
念全新而是找对方法将理论用对地方。SDN 本质上可看成是集中式与分布
式的一种博弈，到底是集中为好，还是分布为优，其实关键是看应用环境。
SDN 不一定是放之四海皆通用的技术，但是 SDN 在数据中心一定是绝对的
权威。

类比网络编码，其重要的理论价值不必多说，但网络编码本质上是用
"计算换吞吐量"，而计算会引入额外延时，且在处理编译码时需要处理同步
的问题，还会增加 CPU 的负担，网络编码的全硬件化暂不能达到商业级应用
的需求，用在高速主干网中会极大降低传输速率问题暂未有完美的解决方案。
若在 SDN 环境下，能够以一种 NFV 的功能进行配置和编排，网络编码可以
加速部署，这可能是网络编码发展的一个有利机会，其中软件处理的高速度
是一个需要解决的关键难题。网络编码急需商业级应用的出现，才能实现从
理论到应用的腾飞。

本章参考文献

[1]   XIA W, WEN Y, FOH C H, et al. A survey on software-defined networking[J]. IEEE Communications Surveys & Tutorials, 2015, 17(1): 27-51.

[2]   NUNES B A A, MENDONCA M, NGUYEN X N, et al. A survey of software-defined networking: past, present, and future of programmable networks[J]. IEEE Communications Surveys & Tutorials, 2014, 16(3): 1617-1634.

[3]   JARRAYA Y, MADI T, DEBBABI M. A survey and a layered taxonomy of software-defined networking[J]. IEEE Communications Surveys & Tutorials, 2014, 16(4): 1955-1980.

[4]   黄韬, 刘江, 魏亮, 等. 软件定义网络核心原理与应用实践[M]. 北京：人民邮电出版社, 2014.

[5]   雷葆华, 王峰, 王茜, 等. SDN 核心技术剖析和实战指南[M]. 北京：电子工业出版社, 2013.

[6]   张朝昆, 崔勇, 唐翯翯, 等. 软件定义网络（SDN）研究进展[J]. 软件学报, 2015, 26（1）：62-81.

[7]   HANSEN J, LUCANI D E, KRIGSLUND J, et al. Network coded software defined networking: enabling 5G transmission and storage networks[J]. IEEE Communications Magazine, 2015, 53(9): 100-107.

[8]   KRIGSLUND J, HANSEN J, LUCANI D E, et al. Network coded software defined networking: design and implementation[C]// European Wireless, 2015.

[9]   PEDERSEN M V, HEIDE J, FITZEK F. Kodo: an open and research oriented network coding library[J]. LNCS, 2011, 6827: 145-152.

[10]   NÉMETH F, STIPKOVITS A, SONKOLY B, et al. Towards smartflow: case studies on enhanced programmable forwarding in openflow switches[C]// ACM SIGCOMM, 2012.

[11]　LIU S, HUA B. NCoS: a framework for realizing network coding over software-defined network[C]// IEEE 39th Conference on Local Computer Networks (LCN), 2014.

[12]　刘思诚. 基于软件定义网络的网络编码框架[D]. 合肥：中国科学技术大学，2017.

[13]　董景涛. 基于 SDN 的网络编码研究与应用[D]. 北京：华北电力大学，2017.

[14]　刘道桂. 基于 SDN/NFV 的网控编码技术研究[D]. 成都：电子科技大学，2018.

[15]　JAIN S, KUMAR A, MANDAL S, et al. B4: experience with a globally-deployed software defined wan[J]. ACM SIGCOMM Computer Communication Review, 2013, 43(4): 3-14.

[16]　MCKEOWN N, ANDERSON T, BALAKRISHNAN H, et al. Openflow: enabling innovation in campus networks[J]. ACM SIGCOMM Computer Communication Review, 2008, 38(2): 69-74.

[17]　LARA A, KOLASANI A, RAMAMURTHY B. Network innovation using openflow: a survey[J]. IEEE Communications Surveys & Tutorials, 2014, 16(1): 493-512.

[18]　MACEDO D F, GUEDES D, VIEIRA L F M, et al. Programmable networks-from software-defined radio to software-defined networking[J]. IEEE Communications Surveys & Tutorials, 2015, 17(2): 1102-1125.

[19]　CALVERT K. Reflections on network architecture: an active networking perspective[J]. ACM SIGCOMM Computer Communication Review, 2006, 36(2): 27-30.

[20]　TENNENHOUSE D L, SMITH J M, SINCOSKIE W D, et al. A survey of active network research[J]. IEEE Communications Magazine, 1997, 35(1): 80-86.

[21]　MIJUMBI R, SERRAT J, GORRICHO J, et al. Network function virtualization: state-of-the-art and research challenges[J]. IEEE Communications Surveys & Tutorials, 2016, 18(1): 236-262.

[22] CHOWDHURY N M M K, BOUTABA R. Network virtualization: state of the art and research challenges[J]. IEEE Communications Magazine, 2009, 47(7): 20-26.

[23] LIANG C, YU F R. Wireless network virtualization: a survey, some research issues and challenges[J]. IEEE Communications Surveys & Tutorials, 2015, 17(1): 358-380.

[24] BIERMANN T, SCHWABE A, KARL H. Creating butterflies in the core - a network coding extension for MPLS/RSVP-TE[J]. Networking LNCS, 2009, 5550: 883-894.

[25] VASILAKOS A V, LI Z, SIMON G, et al. Information centric network: research challenges and opportunities[J]. Journal of Network and Computer Applications, 2015, 52: 1-10.

[26] JACOBSON V, SMETTERS D K, THORNTON J D, et al. Networking named content[C]// ACM CoNEXT, 2009.

[27] JACOBSON V, SMETTERS D K, THORNTON J D, et al. Networking named content[J]. Communications of the ACM, 2012, 55(1): 117-124.

[28] HUANG J, LIU Q, LEI Z, et al. Applications of social networks in peer-to-peer networks[M]. Computational Social Networks: Tools, Perspectives and Applications, London:Springer-Verlag, 2012: 301-327.

[29] ZHOU Q, WANG C, MCLAUGHLIN S, et al. Network virtualization and resource description in software-defined wireless networks[J]. IEEE Communications Magazine, 2015, 53(11): 110-117.

[30] CHEN T, MATINMIKKO M, CHEN X, et al. Software defined mobile networks: concept, survey, and research directions[J]. IEEE Communications Magazine, 2015, 53(11): 126-133.

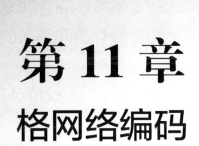

第 11 章

格网络编码

前文已经介绍，物理层网络编码可以显著提高无线双向中继网络的系统吞吐量。为了进一步研究物理层网络编码在无线双向中继网络中可达的可靠传输速率，并使物理层网络编码可靠、高效、系统地扩展应用于复杂无线网络，将引入复向量空间中的格（Lattice）代数结构来建模物理层网络编码，这就是本章的主要内容——格网络编码（Lattice Network Coding）[1]。

11.1　格码与计算转发

信息论中一个经典定理是高斯信道 $y = x+z$ 的信道容量为 $C = \log_2\left(1 + \dfrac{P}{\sigma^2}\right)$ 比特每信道使用，其中 P 为发射复信号向量 x 的平均功率限制，σ^2 为加性复高斯白噪声向量 z 的方差。该定理的原始证明是香农提出的基于随机码的存在性证明，随后有多种可逼近高斯信道容量的编码方案被设计出来，格码（Lattice Coding）[2]便是其中著名的一类。

在 n 维实向量空间 $\mathbb{R}^n$ 中，一个向量子集 Λ 若满足以下两个条件，则该集合被称为基于整数的格，即 $\mathbb{Z}$-格（$\mathbb{Z}$-Lattice）：

（1）对任意 $\lambda_1, \lambda_2 \in \Lambda$，有 $\lambda_1 + \lambda_2 \in \Lambda$；

（2）对任意 $\lambda \in \Lambda$ 和 $r \in \mathbb{Z}$，有 $r\lambda \in \Lambda$。

例如，整数集合 $\mathbb{Z}$ 本身就是一个 $\mathbb{Z}$-格。

一个 $\mathbb{Z}$-格 Λ 包含无穷多个元素，其本身无法作为一个编码方案的码本。为解决该问题，其中一种处理方案是在 $\mathbb{Z}$-格 Λ 中找到一个子集 Λ'，使 Λ' 本身也满足一个 $\mathbb{Z}$-格结构。这样，$\mathbb{Z}$-格 Λ' 便嵌套在了 $\mathbb{Z}$-格 Λ 中，Λ 被称为密格（Fine Lattice），Λ' 被称为疏格（Coarse Lattice）。例如，对任意非零整数 q，$q\mathbb{Z} = \{qa : a \in \mathbb{Z}\}$ 是 $\mathbb{Z}$ 的一个嵌套 $\mathbb{Z}$-格。

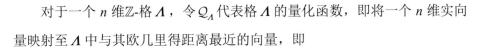

对于一个 n 维 $\mathbb{Z}$-格 Λ，令 Q_Λ 代表格 Λ 的量化函数，即将一个 n 维实向量映射至 Λ 中与其欧几里得距离最近的向量，即

$$Q_\Lambda(\boldsymbol{x}) = \arg\min_{\lambda \in \Lambda} \|\boldsymbol{x} - \lambda\|。$$

$\mathbb{Z}$-格 Λ 中的一条向量 λ 所对应的 **Voronoi 区域**包含实向量空间 $\mathbb{R}^n$ 中所有可以通过量化函数 Q_Λ 量化至 λ 的向量，而 Λ 的**基础 Voronoi 区域** $\mathcal{V}_\Lambda$ 包含所有可以量化到零向量的 n 维**实向量**，即

$$\mathcal{V}_\Lambda = \{\boldsymbol{x} \in \mathbb{R}^n : Q_\Lambda(\boldsymbol{x}) = \boldsymbol{0}\}。$$

通过以上定义，给定一 $\mathbb{Z}$-格 Λ 及其嵌套 $\mathbb{Z}$-格 Λ'，便可以定义出一个包含有限元素的码本 $\Lambda \cap \mathcal{V}_\Lambda$。这种编码方案被称为**嵌套格码**（Nested Lattice Code）。例如，基于 $\Lambda = \mathbb{Z}$ 及 $\Lambda' = 5\mathbb{Z}$ 所构造出的嵌套格码的码本为 $\{0, 1, 2, -1, -2\}$。

Erez 和 Zamir[2] 构造出了可逼近高斯信道容量的**整数嵌套格码**，其具有如下性质：首先，当码长 n 增加时，整数嵌套格码的基础 Voronoi 区域会趋近球状，进而在平均功率限制下增加码字间欧几里得距离；其次，当码长 n 增加时，密格的 Voronoi 区域也会趋近球状，进而提升抗高斯白噪声的能力；最后，整数嵌套格码还具备可加性，即两个码字分别乘以一个整数后相加，还可以通过基于疏格的模操作映射回一个码字，如对于 $\Lambda = \mathbb{Z}$ 和 $\Lambda' = 5\mathbb{Z}$ 所构造出的整数嵌套格码 $\{0, 1, 2, -1, -2\}$ 和 $1 + 2 = 3$，将 3 模 $5\mathbb{Z}$ 后可以映射回码字 -2。

在无线双向中继网络中，假设终端节点 A、B 需同时经由中继节点 R 传消息至对方，A 与 R 及 B 与 R 之间均为参数相同的高斯信道。A 经 R 传输至 B 及 B 经 R 传输至 A 均使用了两次高斯信道，A 与 B 的可靠传输速率上界均为高斯信道容量的一半，即 $\frac{1}{2}\log_2\left(1 + \frac{P}{\sigma^2}\right)$ 比特每信道使用。基于可逼近高斯信道容量的整数嵌套格码，Nam 等人[3] 设计出一种物理层网络编码方案，可使 A 与 B 的可靠传输速率同时达到 $\frac{1}{2}\log_2\left(\frac{1}{2} + \frac{P}{\sigma^2}\right)$ 比特每信道使用，即该方案的可靠传输速率与无线双向中继网络容量相比仅相差不超过 1/2 比特。

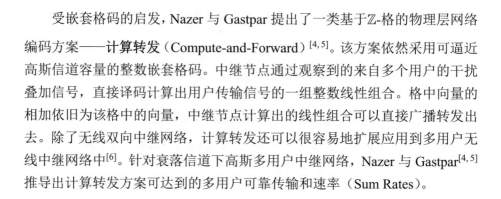

受嵌套格码的启发，Nazer 与 Gastpar 提出了一类基于 $\mathbb{Z}$-格的物理层网络编码方案——**计算转发**（Compute-and-Forward）[4, 5]。该方案依然采用可逼近高斯信道容量的整数嵌套格码。中继节点通过观察到的来自多个用户的干扰叠加信号，直接译码计算出用户传输信号的一组整数线性组合。格中向量的相加依旧为该格中的向量，中继节点计算出的线性组合可以直接广播转发出去。除了无线双向中继网络，计算转发还可以很容易地扩展应用到多用户无线中继网络中[6]。针对衰落信道下高斯多用户中继网络，Nazer 与 Gastpar[4, 5] 推导出计算转发方案可达到的多用户可靠传输和速率（Sum Rates）。

11.2　格网络编码概述

计算转发技术是以可逼近高斯信道容量的嵌套格码为出发点设计的，其贡献是从信息论角度分析论证了多用户无线中继网络中计算转发可带来的增益，但由于该方案涉及无限码长，无法直接应用于实际。为了更好地设计并分析实用的计算转发方案，Feng 等人[1]揭示了计算转发模型的模结构（Module Structure）代数本质，并由此建立了一套基于模理论的物理层线性网络编码理论框架——**格网络编码**（Lattice Network Coding）[1]。格网络编码具有可同时兼容调制与编码的代数结构，可将无线信道传输中信号间基于复数域 $\mathbb{C}$ 的线性叠加与（离散）消息空间中基于有限域的线性运算，简单无缝地结合起来。11.1 节介绍的嵌套格码及计算转发方案均是以实向量空间中的整数格为基础设计的。对于复向量空间中的信号 x，可以将嵌套格码分别独立用于 x 的实部和虚部。与嵌套格码的设计出发点不同，格网络编码需要更灵活地将复信号间的自然线性叠加与（离散）消息空间中基于有限域的线性运算相结合，因此格网络编码所利用的格结构是直接定义在复数向量空间中的。下面介绍格网络编码的代数建模。

令 R 表示复数域 $\mathbb{C}$ 中的一个子集，且满足主理想整环（Principal Ideal Domain）的代数结构。例如，R 可设为如图 11-2-1（a）所示的高斯整数集合

$\mathbb{Z}[i]=\{a+bi:a,b\in\mathbb{Z}\}$，其中 $i=\sqrt{-1}$；或设为如图 11-2-1（b）所示的艾森斯坦整数（Eisenstein Integer）集合 $\mathbb{Z}[\omega]=\{a+b\omega:a,b\in\mathbb{Z}\}$，其中 $\omega=(-1+\sqrt{-3})/2$，是三次单位根。当一个 n 维复向量集合 $\Lambda\subset\mathbb{C}^n$ 满足下列两个条件时，被称为 R-格（R-lattice）：

（1）对任意 $\lambda_1,\lambda_2\in\Lambda$，有 $\lambda_1+\lambda_2\in\Lambda$。

（2）对任意 $\lambda\in\Lambda$ 与 $r\in R$，有 $r\lambda\in\Lambda$。

给定 R 中任意非零元素 r，集合 $rR=\{r\lambda:\lambda\in R\}$ 即形成一个 1 维 R-格，而任意一个 R-格中的向量元素又被称为一个格点（Lattice Point）。图 11-2-1（a）中的方形格点描绘了 $(2+3i)\mathbb{Z}[i]$ 中的格点，图 11-2-1（b）中的方形格点描绘了 $(4+3\omega)\mathbb{Z}[\omega]$ 中的格点。

对于两个 R-格 Λ 与 Λ'，若 $\Lambda'\subset\Lambda$，则 Λ 被称为密格，Λ' 被称为疏格。基于疏格 Λ'，密格 Λ 中的格点可被划分为多个不同的子集，每个子集被称为一个陪集（Coset），以 $\lambda+\Lambda'$ 表示，其中 λ 为在该陪集中的任意一个格点。例如，在图 11-2-1（a）中，基于 $\Lambda'=(2+3i)\mathbb{Z}[i]$，$\mathbb{Z}[i]$ 被划分为 13 个陪集[1]，可分别被表示为：

$$0+\Lambda',\ \pm1+\Lambda',\ \pm i+\Lambda',\ \pm1\pm i+\Lambda',\ \pm2+\Lambda',\ \pm2i+\Lambda'。$$

在图 11-2-1（b）中，基于 $\Lambda'=(4+3\omega)\mathbb{Z}[\omega]$，$\mathbb{Z}[\omega]$ 也被划分为 13 个陪集[2]，可分别被表示为：

$$0+\Lambda',\pm1+\Lambda',\pm\omega+\Lambda',\pm\omega^2+\Lambda',\pm(2+\omega)+\Lambda',\pm(1+2\omega)+\Lambda',\pm(-1+\omega)+\Lambda'$$

以上操作定义出的代数结构被称为格划分（Lattice Partition），标记为 Λ/Λ'，满足抽象代数中的 R-模结构，具体性质如下：

（1）对任意 $\lambda_1+\Lambda',\lambda_2+\Lambda'\in\Lambda/\Lambda'$，有 $\lambda_1+\lambda_2+\Lambda'\in\Lambda/\Lambda'$。

1　基于 $(a+bi)\mathbb{Z}[i]$，$\mathbb{Z}[i]$ 可被划分为 a^2+b^2 个陪集。

2　基于 $(a+b\omega)\mathbb{Z}[\omega]$，$\mathbb{Z}[\omega]$ 可被划分为 a^2+b^2-ab 个陪集。

（2）对任意$r \in R$，$\lambda + \Lambda' \in \Lambda / \Lambda'$，有$r\lambda + \Lambda' \in \Lambda / \Lambda'$。

注意：虽然疏格Λ'与密格Λ之间也形成了嵌套结构，但是这里Λ / Λ'被称为格划分而非嵌套格，这是因为格划分可以更好地体现其内在的代数结构而非几何特征，而此代数结构是格网络编码相对格码而言更需要利用的。格划分Λ / Λ'中每个元素均代表一个陪集而非单个的格点。因此，在格划分Λ / Λ'中，两个属于相同陪集的格点是等价的。例如，设$\Lambda = \mathbb{Z}[i]$，$\Lambda' = (2 + 3i)\mathbb{Z}[i]$，则$0 + \Lambda' = (3 - 2i) + \Lambda' = (5 + i) + \Lambda'$，等等。

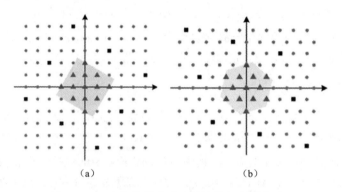

图 11-2-1　高斯整数集合和艾森斯坦整数集合

（a）高斯整数集合$\mathbb{Z}[i]$，其中，在$\mathbb{Z}[i]$的子集$(2 + 3i)\mathbb{Z}[i]$中格点由方形表示，三角形格点对应格划分$\mathbb{Z}[i]/(2 + 3i)\mathbb{Z}[i]$中 13 个陪集的陪集代表；（b）艾森斯坦整数集合$\mathbb{Z}[\omega]$，其中$\mathbb{Z}[\omega]$的子集$(4 + 3\omega)\mathbb{Z}[\omega]$中格点由方形表示，三角形格点对应格划分$\mathbb{Z}[\omega]/(4 + 3\omega)\mathbb{Z}[\omega]$中 13 个陪集的陪集代表。

格网络编码将待调制的消息建模为n维格划分Λ / Λ'中的一个陪集，而每个消息（陪集）所对应的调制信号是陪集中的一个格点（为一个n维复向量），被称为陪集代表（Coset Leader）。为了得到较低功率的发射信号，通常选取离原点欧几里得距离最近的格点作为该陪集代表，即每个陪集代表均在疏格Λ'的基础 Voronoi 区域$\mathcal{V}_{\Lambda'}$内。图 11-2-1（a）与图 11-2-1（b）中的三角形格点分别表示$\mathbb{Z}[i]/(2 + 3i)\mathbb{Z}[i]$与$\mathbb{Z}[\omega]/(4 + 3\omega)\mathbb{Z}[\omega]$中 13 个陪集的陪集代表，而每幅图中覆盖坐标原点的阴影区域即为疏格的基础 Voronoi 区域。

衰落信道下高斯多用户中继网络中格网络编码的基本编译结构如图 11-2-2所示。下行链路为广播信道，不存在信号间的干扰，此处仅考虑L个发送端同时经上行链路传输消息至中继的过程。选定一个 n 维格划分 Λ/Λ' 作为消息空间 W，发送端 l 将一个属于 W 的待传消息 $\boldsymbol{w}_l$ 通过函数 $\mathcal{E}:W\to\mathbb{C}^n$ 映射为 n 维复信号 $\boldsymbol{x}_l=\mathcal{E}(\boldsymbol{w}_l)$，并经过高斯多址接入信道传输至中继。$\mathcal{E}(\boldsymbol{w}_l)$ 表示陪集 $\boldsymbol{w}_l$ 的陪集代表。中继接收到干扰信号：

$$\boldsymbol{y}=\sum_{l=1}^{L}h_l\,\boldsymbol{x}_l+\boldsymbol{z}$$

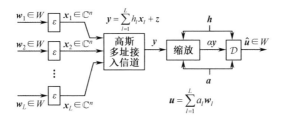

图 11-2-2　格网络编码的基本编译结构

其中，h_l 为第 l 个发送端到中继的信道衰落系数；$\boldsymbol{z}$ 为参数为 $(0,\ \sigma^2)$ 的 n 维加性复高斯白噪声向量。假设信道衰落系数向量 $\boldsymbol{h}=(h_1,h_2,\cdots,h_L)\in\mathbb{C}^L$ 对于发送端是未知的，而对于中继处是已知的。给定一组基于 R 的编码系数向量 $\boldsymbol{a}=(a_1,a_2,\cdots,a_L)\in R^L$，中继处基于以下译码函数 $\mathcal{D}$ 尝试从接收信号 $\boldsymbol{y}$ 中还原出发送端传输消息 $\boldsymbol{w}_l$ 的一组 R-线性叠加 $\boldsymbol{u}=\sum_{l=1}^{L}a_l\,\boldsymbol{w}_l\in\Lambda/\Lambda'$

$$\hat{\boldsymbol{u}}=\mathcal{D}(\boldsymbol{y})=\varphi(\mathcal{Q}_\Lambda(\alpha\,\boldsymbol{y}))$$

其中，$\alpha\in\mathbb{C}$ 为对信号 $\boldsymbol{y}$ 的缩放因子；$\mathcal{Q}_\Lambda$ 表示格 Λ 的量化函数，即将一个 n 维复向量映射至 Λ 中与其欧几里得距离最近的格点；φ 代表格 Λ 到格划分 Λ/Λ' 的自然投射，即将 Λ 中格点映射至其在 Λ/Λ' 中所属的陪集。若中继处译码出的消息 $\hat{\boldsymbol{u}}$ 不等于 $\boldsymbol{u}$，则产生译码错误。分别针对基于高斯整数 $\mathbb{Z}[\mathrm{i}]$ 和艾森斯坦整数 $\mathbb{Z}[\omega]$ 的格网络编码，文献[1]和文献[7]对中继处译码错误概率 $Pr\{\hat{\boldsymbol{u}}\neq\boldsymbol{u}\}$ 推导出一个联合界估计（Union Bound Estimate），并从最小化该联合界估计取值的角度，进一步论证了如何基于信道衰落系数向量 $\boldsymbol{h}$ 高效选取最优缩放因子 α 及最优编码系数向量 $\boldsymbol{a}$。然而，此种选择编码系数向量 $\boldsymbol{a}$ 的方式并不一定真正最小化 $Pr\{\hat{\boldsymbol{u}} \neq \boldsymbol{u}\}$。当 $L = 2$ 及 $W = \mathbb{Z}[i]/(a+bi)\mathbb{Z}[i]$ 时，其中，当 $a^2 + b^2$ 为素数时，Shi 和 Liew[8]详细讨论了如何选取最优编码系数向量 $\boldsymbol{a}$ 以最小化 $Pr\{\hat{\boldsymbol{u}} \neq \boldsymbol{u}\}$。

格网络编码模型中所运用到的最本质代数特性是有限域的代数运算，可以通过格划分以复数域的代数运算来表示。例如，格划分 $\mathbb{Z}[\omega]/2\mathbb{Z}[\omega]$ 中包含 4 个陪集：

$$0 + \mathbb{Z}[\omega], \ 1 + \mathbb{Z}[\omega], \ \omega + \mathbb{Z}[\omega], \ \omega^2 + \mathbb{Z}[\omega] \ 。$$

通过这 4 个陪集间的复数域运算，可以表示四元有限域 GF(4) 的代数操作。由于 $\omega^3 = 1$，可得 $\omega + \mathbb{Z}[\omega]$ 与 $\omega^2 + \mathbb{Z}[\omega]$ 互为乘法逆。通过性质 $\omega^2 + \omega + 1 = 0$，不难得出图 11-2-3 所列的 4 个陪集间的加法和乘法运算[9]。更一般地，假设 β 是 $R \subset \mathbb{C}$ 中的一个素元。若 $R = \mathbb{Z}[i]$，则 $\beta = a + bi$ 满足素元的充要条件是 β 的平方欧几里得范数 $|\beta|^2 = a^2 + b^2$ 为素整数，或 β 等于模 4 余 3 的素整数乘以 $\{\pm 1, \pm i\}$ 中的任意元素；若 $R = \mathbb{Z}[\omega]$，则 $\beta = a + b\omega$ 满足素元的充要条件是 $|\beta|^2 = a^2 + b^2 - ab$ 为素整数，或 β 等于模 3 余 2 的素整数乘以 $\{\pm 1, \pm \omega, \pm(1+\omega)\}$ 中的任意元素。在此假设下，包含 $|\beta|^2$ 个元素的有限域 $GF(|\beta|^2)$ 可由格划分 $R/\beta R$ 来表示。具体地，格划分 $R/\beta R$ 中的 $|\beta|^2$ 个陪集对应 $|\beta|^2$ 个域元素，$0 + \beta R$ 为加法单位元，$1 + \beta R$ 为乘法单位元，对于 $r_1 + \beta R$ 与 $r_2 + \beta R$：

$$(r_1 + \beta R) + (r_2 + \beta R) = (r_1 + r_2) + \beta R \ ；$$

$$(r_1 + \beta R) \times (r_2 + \beta R) = r_1 \times r_2 + \beta R \ 。$$

且对于非 0 陪集 $r + \beta R$，一定存在唯一非 0 陪集 $r' + \beta R$ 满足：

$$(r + \beta R) \times (r' + \beta R) = 1 + \beta R \ 。$$

此时 $r' + \beta R$ 为 $r + \beta R$ 的乘法逆，即 $(r + \beta R)^{-1} = r' + \beta R$。例如，包含 13 个元素的有限域 GF(13)，既可以表示为图11-2-1（a）中的格划分 $\mathbb{Z}[i]/(2+3i)\mathbb{Z}[i]$，也可以表示为图 11-2-1（b）中的格划分 $\mathbb{Z}[\omega]/(4+3\omega)\mathbb{Z}[\omega]$。不难验证，

$$[2+(2+3\mathrm{i})\mathbb{Z}[\mathrm{i}]] \times [(-1+1\mathrm{i})+(2+3\mathrm{i})\mathbb{Z}[\mathrm{i}]]$$
$$= (-2+2\mathrm{i})+(2+3\mathrm{i})\mathbb{Z}[\mathrm{i}]$$
$$= (-2+2\mathrm{i})-\mathrm{i}(2+3\mathrm{i})+(2+3\mathrm{i})\mathbb{Z}[\mathrm{i}]$$
$$= 1+(2+3\mathrm{i})\mathbb{Z}[\mathrm{i}]。$$

因此，

$$[2+(2+3\mathrm{i})\mathbb{Z}[\mathrm{i}]]^{-1} = (-1+1\mathrm{i})+(2+3\mathrm{i})\mathbb{Z}[\mathrm{i}]。$$

类似地，对于陪集 $2+(4+3\omega)\mathbb{Z}[\omega]$，可以验证：

$$[2+(4+3\omega)\mathbb{Z}[\omega]] \times [(1+2\omega)+(4+3\omega)\mathbb{Z}[\omega]]$$
$$= (2+4\omega)+(4+3\omega)\mathbb{Z}[\omega]$$
$$= (2+4\omega)-(1+\omega)(4+3\omega)+(4+3\omega)\mathbb{Z}[\omega]$$
$$= 1+(4+3\omega)\mathbb{Z}[\omega]。$$

此外，由

$$2+(4+3\omega)\mathbb{Z}[\omega] = 2+\omega(4+3\omega)+(4+3\omega)\mathbb{Z}[\omega] = (-1+\omega)+(4+3\omega)\mathbb{Z}[\omega]。$$

可得：

$$[(-1+\omega)+(4+3\omega)\mathbb{Z}[\omega]]^{-1} = [2+(4+3\omega)\mathbb{Z}[\omega]]^{-1} = (1+2\omega)+(4+3\omega)\mathbb{Z}[\omega]。$$

+	0	1	ω	ω^2
0	0	1	ω	ω^2
1	1	0	ω^2	ω
ω	ω	ω^2	0	1
ω^2	ω^2	ω	1	0

×	0	1	ω	ω^2
0	0	0	0	0
1	0	1	ω	ω^2
ω	0	ω	ω^2	1
ω^2	0	ω^2	1	ω

（a）加法运算　　　　　　　　　　　　（b）乘法运算

图 11-2-3　格划分 $\mathbb{Z}[\omega]/2\mathbb{Z}[\omega]$ 中 4 个陪集间的加法和乘法运算

（陪集仅由陪集代表表示）

假设 $R=\mathbb{Z}[\mathrm{i}]$ 或 $\mathbb{Z}[\omega]$，β 为 R 中的一个素元。基于以上所讨论的 $R/\beta R$ 与 $\mathrm{GF}(|\beta|^2)$ 的本质联系，可以借助丰富的信道编码技术来构建格网络编码的

n 维消息空间，以降低中继错误译码概率 $Pr\{\hat{\boldsymbol{u}} \neq \boldsymbol{u}\}$。$(R/\beta R)^n$ 是最基础的 n 维格划分，可以看出其等价于有限域 $\mathrm{GF}(|\beta|^2)$ 上的 n 维向量空间。由于其结构并不包含任何冗余信息位，可被称为未编码格划分（Uncoded Lattice Partition），而以 $(R/\beta R)^n$ 作为消息空间的格网络编码方案又被称为基线（Baseline）格网络编码方案，其码率为 $\log_2 |\beta|^2$ 比特每维度。给定任意有限域 $R/\beta R = \mathrm{GF}(|\beta|^2)$ 上的 (n,k) 纠错码 $\mathcal{C}$（码本 $\mathcal{C}$ 包含 $|\beta|^{2k}$ 个 n 维码字），可以定义以下 n 维 R-格 Λ：

$$\Lambda = \left\{ (\lambda_1, \lambda_2, \cdots, \lambda_n) \in R^n : (\sigma(\lambda_1), \sigma(\lambda_2), \cdots, \sigma(\lambda_n)) \in \mathcal{C} \right\} \qquad (11\text{-}2\text{-}1)$$

其中，σ 代表由 R 到 $R/\beta R$ 的自然投射，即将 R 中元素映射至其在 $R/\beta R$ 中所属的有限域元素。很显然，$\Lambda \subseteq R^n$。对任意 $r \in \beta R$，$\sigma(r)$ 等于 $R/\beta R$ 中零元素，可知 $\beta R^n \subseteq \Lambda$，继而定义出新的格划分 $\Lambda/\beta R^n$。可证明，$\Lambda/\beta R^n$ 与 $(R/\beta R)^k$ 同构。与 $(R/\beta R)^k$ 相比，$\Lambda/\beta R^n$ 的码速率降至 $\dfrac{k}{n}\log_2 |\beta|^2$ 比特每维度，但其通过纠错码加入冗余，码间距离增加，因此中继错误译码概率 $Pr\{\hat{\boldsymbol{u}} \neq \boldsymbol{u}\}$ 也会相应地降低。式（11-2-1）中构建 R-格的方法被称为 A 类复构建（Complex Construction A）。还有其他的经典方法，如 B 类复构建、D 类复构建等，以纠错码为基础来生成 R-格[10]。这些方法均可用于构建格网络编码的消息空间[1, 7]。

另外，基于有限域的格划分表示，格网络编码将物理层自然线性叠加的复信号与上层基于有限域的消息（陪集）间线性叠加有机联系起来。假设 $R/\beta R$ 可表示一包含 $|\beta|^2$ 个元素的有限域 $\mathrm{GF}(|\beta|^2)$，且消息空间 W 同构于 $(R/\beta R)^k$。进一步，针对 L 个原始消息 $\boldsymbol{w}_1, \boldsymbol{w}_2, \cdots, \boldsymbol{w}_L \in W$，假设成功收到 L 个 R-线性叠加消息 $\boldsymbol{u}_l = \sum\limits_{l=1}^{L} a_{1l}\boldsymbol{w}_l, \cdots, \boldsymbol{u}_L = \sum\limits_{l=1}^{L} a_{Ll}\boldsymbol{w}_l \in W$，$1 \leqslant l \leqslant L$。定义由 $R/\beta R$ 中陪集组成的 $L \times L$ 矩阵 $\boldsymbol{A}$：

$$\boldsymbol{A} = \begin{bmatrix} a_{11} + \beta R & a_{12} + \beta R & \dots & a_{1L} + \beta R \\ \vdots & \vdots & \vdots & \vdots \\ a_{L1} + \beta R & a_{L2} + \beta R & \dots & a_{LL} + \beta R \end{bmatrix}$$

若 A 的行列式计算结果等于非 0 陪集，则 A 在有限域 $\mathrm{GF}(|\beta|^2)$ 中可逆，可通过下列线性操作由 $u_1, u_2, \cdots, u_L$ 还原出原始消息 $w_1, w_2, \cdots, w_L$：

$$[w_1, w_2, \cdots, w_L] = [u_1, u_2, \cdots, u_L]A^{-1}。$$

综上可见，**格网络编码**是将物理层网络编码可靠、高效、系统地由无线双向中继网络扩展至复杂无线网络的一种重要代数模型，将嵌套格码与计算转发中所采用的整数格扩展至复向量空间中的 R-格。除了高斯整数 $\mathbb{Z}[\mathrm{i}]$ 与艾森斯坦整数 $\mathbb{Z}[\omega]$，复平面中其他代数整数（Algebraic Integers）结构也被应用于格网络编码和计算转发方案的建模中[11]，使新方案可以根据所得到的信道衰落状况反馈，适应性地选择代数整数结构来构建格划分，以达到选自该代数整数的编码系数可更好地适配信道衰落系数的效果，从而提升整体传输性能。

本章小结

格网络编码将复向量空间中的格（Lattice）代数结构引入物理层网络编码，该代数结构可同时兼容调制与编码。除了高斯整数与艾森斯坦整数，复平面中其他代数整数结构也可应用于格网络编码建模中，并可根据信道衰落状况，适应性地选择代数整数结构来构建格划分，从而提升整体传输性能。格网络编码可将物理层网络编码可靠、高效、系统地扩展应用于复杂无线网络。

本章参考文献

[1]　FENG C, SILVA D, KSCHISCHANG F R. An algebraic approach to physical-layer network coding[J]. IEEE Transactions on Information Theory, 2013, 59(11): 7576-7596.

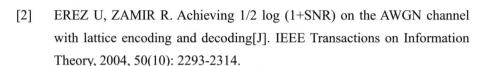

[2]   EREZ U, ZAMIR R. Achieving 1/2 log (1+SNR) on the AWGN channel with lattice encoding and decoding[J]. IEEE Transactions on Information Theory, 2004, 50(10): 2293-2314.

[3]   NAM W, CHUNG S, LEE Y H. Capacity of the Gaussian two-way relay channel to within 1/2 bit[J]. IEEE Transactions on Information Theory, 2010, 56(11): 5488-5494.

[4]   NAZER B, GASTPAR M. Compute-and-forward: harnessing interference through structured codes[J]. IEEE Transactions on Information Theory, 2011, 57(10): 6463-6486.

[5]   NAZER B, GASTPAR M. Compute-and-forward: harnessing interference with structured codes[C]// IEEE ISIT, 2008.

[6]   NAZER B, GASTPAR M. Reliable physical layer network coding[J]. Proceedings of the IEEE, 2011, 99(3): 438-460.

[7]   SUN Q T, YUAN J, HUANG T, et al. Lattice network codes based on Eisenstein integers[J]. IEEE Transactions on Communications, 2013, 61(7): 2713-2725.

[8]   SHI L, LIEW S C. Complex linear physical-layer network coding[J]. IEEE Transactions on Information Theory, 2017, 63(8): 4949-4981.

[9]   SUN Q T, HUANG T, YUAN J. On lattice-partition-based physical-layer network coding over GF(4)[J]. IEEE Communications Letters, 2013, 17(10): 1988-1991.

[10]   CONWAY J H, SLOANE N J A. Sphere packings, lattices and groups[M]. New York: Springer-Verlag, 1999.

[11]   HUANG Y, NARAYANAN K R, WANG P. Lattices over algebraic integers with an application to compute-and-forward[J]. IEEE Transactions on Information Theory, 2018, 64(10): 6863-6877.

第 12 章

空间网络编码

空间网络编码（Space Network Coding，SNC）[1-5]研究几何空间中的网络编码，也称为几何网络编码（Geometric Network Coding，GNC）[4,5]，常见几何空间是欧几里得空间（Euclidean Space），若无特别说明均指二维欧几里得空间。空间网络编码于 2011 年由 Z. P. Li [1]提出，是网络编码领域的一个新分支。由于网络编码的本质是信息流（参见 1.4 节），因此空间网络编码也称为空间信息流（Space Information Flow，SIF）[1-5]。空间信息流与已有网络编码，即网络信息流（Network Information Flow，NIF）[6]的主要区别在于前者允许在几何空间中加入额外节点。通过 12.1.2 节中的五角星（Pentagram）网络[5,7-10]实例，可快速了解空间网络编码的概念。

空间网络编码具有较大理论研究意义：空间网络编码理论将网络编码由离散域扩展到连续域中，从更一般的角度研究和揭示网络编码本质，具有较重要的理论价值；通过阐明空间网络编码理论与已有网络中网络编码理论的关系，指导已有网络编码的理论研究，尤其是从空间中网络编码理论来解决网络中网络编码的难题，具有较大理论指导意义；将几何方法引入网络编码领域，为研究网络编码增加强有力的数学工具，丰富了研究网络编码的方法，具有较大的方法论意义。

空间网络编码的研究具有较大应用意义：空间网络编码是基于连续空间中的研究，可用于新网络的规划和设计，如三维欧几里得空间中无线网络基站精确位置的选取等；通过研究空间中网络编码与网络中网络编码之间的关系，可指导现有网络性能改进和升级，具有实际指导意义；空间中路由的一个经典问题是欧几里得空间斯坦纳最小树（Euclidean Steiner Minimal Tree，ESMT）[11-14]问题，它属于 NP 难问题，将网络编码引入欧几里得空间后，可能降低问题复杂度，对网络编码走向实用具有较重要的应用价值。空间网络编码的一个应用实例是面向视频流媒体的应用。Hu 等人[15]采用网络坐标系统（Network Coordinate System）[16]——节点间的空间几何距离来估计节点间的时延，利用空间网络编码的算法求解最小代价多播网络编码问题，计算出最优的中继节点的位置，然后将中继节点位置映射到实际互联网中的服务器，即在实际互联网中，查找离所计算出的最优中继节点最近的服务器节点作为实际的中继节点，只要实际互联网中服务器节点分布密度足够大，空间网络编码所求出方案将具有近优的性能。空间网络编码的另一个应用是在无线传感器网络，Uwitonze 等人[17]将空间网络编码应用于无线传感器网络的连接恢复。另外，无线传感器中的传感器节点的最优部署可以通过无线空间网络编码的理论进行计算，然后调整传感器节点的位移，以接近最优位置，从而达到近优的网络性能。在三维无线传感器网络[18]的研究中，三维空间网络编码也具有较大的应用价值。

12.1　空间网络编码与空间路由比较

网络编码常与路由进行比较，为便于理解空间网络编码，首先介绍空间路由。12.1.1 节主要以多播路由为例，介绍空间路由的概念和原理等（注：该节内容并不影响对后续章节的理解，第一次阅读可以跳过）。12.1.2 节通过两个实例——单源多播实例和多源多播实例，阐明空间网络编码的概念，并说明空间中采用网络编码性能可严格优于空间中路由，反映空间网络编码与空间路由存在本质差别，以此说明研究空间网络编码的必要性。

12.1.1　空间路由

空间路由研究欧几里得几何空间中的路由，已有较长的研究历史。本节通过介绍欧几里得空间中的路由，解释"空间"的具体含义，为阐明空间网络编码打下基础。

考虑如下实际问题，将 3 座城市 A、B 和 C 用最短的公路连接起来[19,20]。为阐述方便，不妨设这 3 座城市处于等边三角形（边长为 1 千米）的 3 个顶点上 [如图 12-1-1（a）]。最直接的想法是利用图论中的最小生成树（Minimal Spanning Tree，MST）[21]算法，可得到的结果如图 12-1-1（b）所示，所需公路总长度为 2 千米。是否可进一步缩短总长度呢？答案是肯定的，当允许增加额外的节点，即利用欧几里得空间中斯坦纳最小树（Euclidean Steiner

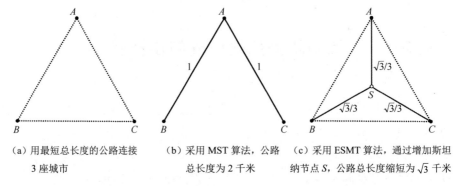

Minimal Tree，ESMT）[11-14, 20]算法，增加额外节点——斯坦纳（Steiner）节点 S，如图 12-1-1（c）所示，所需公路总长度缩短为 $\sqrt{3} \approx 1.732$ 千米。可见，在空间中研究路由问题（此例为最小树问题），最大的特点是允许在空间中增加额外的节点。此例中 $\triangle ABC$ 是等边三角形，故斯坦纳节点的位置正好与等边三角形的五心（重心、垂心、内心、外心和旁心）重合。若求任意三角形的斯坦纳节点，可采用 Torricelli 方法[22]或 Simpson 方法[22]。

（a）用最短总长度的公路连接　　（b）采用 MST 算法，公路　　（c）采用 ESMT 算法，通过增加斯坦
　　3 座城市　　　　　　　　　总长度为 2 千米　　　　　纳节点 S，公路总长度缩短为 $\sqrt{3}$ 千米

图 12-1-1　空间路由中采用 MST 和 ESMT 算法的比较

　　ESMT 问题是古老而经典的组合优化问题，也是许多实际问题的数学抽象，具有较大的应用价值。ESMT 问题可追溯至 1634 年由法国数学家 Fermat 提出的一个问题[13, 20]：对于欧几里得平面上任意给定的 3 点，如何求出一点，使得该点到给定 3 点的距离之和为最小（3 点的 ESMT 问题）。德国大数学家 Gauss 研究过如何用最短的铁路将 4 座城市连接起来[13, 20]（4 点的 ESMT 问题）。在通信领域中，可以一般化为如下问题：为保证 n 个给定节点之间的通信，如何敷设才能使通信线路总长度最短。

　　为便于读者理解，下面简要介绍二维欧几里得空间中任意给定 3 点如何求解斯坦纳节点（也称为 Fermat 点[13]）的两种方法。

　　（1）Torricelli 方法[22]：若给定 3 点组成的三角形所有内角都小于 120°，将三角形的 3 条边分别向外作等边三角形，然后分别作等边三角形的外接圆，3 个外接圆交于一点，即斯坦纳节点；若给定 3 点组成的三角形中有一个内角大于等于 120°，则斯坦纳节点就是该内角所在的点。

例如，如图 12-1-2（a）所示，设△ABC 3 个内角都小于 120°，将△ABC 3 条边分别向外作等边三角形（边 AB 向外作等边三角形△ABC'，边 BC 向外作等边三角形△A'BC，边 AC 向外作等边三角形△AB'C），然后分别求等边三角形的外接圆，则 3 个外接圆交于一点 S，即为斯坦纳节点（也称为 Torricelli点）。

（2）Simpson 方法[22]：若给定由 3 个点组成的三角形所有内角都小于 120°，将三角形的 3 条边分别向外作等边三角形，然后将三角形一个顶点与其相对的边所作等边三角形的第 3 个顶点分别连接，这 3 条线段交于一点，即为斯坦纳节点；若在给定由 3 个点组成的三角形中，有一个内角大于等于 120°，则斯坦纳节点就是该内角所在的点。

例如，如图 12-1-2（b）所示，设△ABC 3 个内角都小于 120°，将△ABC 3 条边分别向外作等边三角形（边 AB 向外作等边三角形△ABC'，边 BC 向外作等边三角形△A'BC，边 AC 向外作等边三角形△AB'C），然后分别连接点 A 与 A'、B 与 B'和 C 与 C'，则 3 条线段交于一点 S，即为斯坦纳节点（也称为 Simpson 点）。其中，这 3 条线段 AA'、BB'和 CC'称为 Simpson 线段。

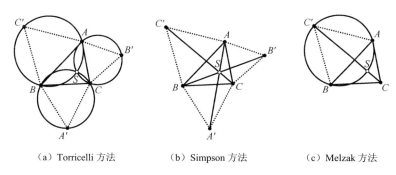

（a）Torricelli 方法　　　（b）Simpson 方法　　　（c）Melzak 方法

图 12-1-2　二维欧几里得空间中求解给定 3 点的斯坦纳节点的方法

可将上述两种方法结合起来求解斯坦纳节点，例如，如图 12-1-2（c）所示，设△ABC 3 个内角都小于 120°，将△ABC 的边 AB 向外作等边三角形△ABC'，然后求该等边三角形的外接圆，该外接圆与线段 CC'交于一点 S，即为斯坦纳节点。该方法由 Melzak 首次提出[23]，常记为 Melzak 方法[24]，且该方法可以扩展为求大于等于 4 个给定点的斯坦纳节点[24-26]。

Simpson 线段的一个重要性质是，这 3 条 Simpson 线段长度都相等，且正好等于 $AS+BS+CS$，即 $AA'=BB'=CC'=AS+BS+CS$。先证明 $AA'=AS+BS+CS$，如图 12-1-3 所示，添加辅助线 CC''，且令 $\angle SCC''=60°$，使得 $\triangle SCC''$ 为等边三角形，故 $CS=CC''$ 和 $CS=SC''$。由等边三角形 $\triangle A'BC$ 知 $CB=CA'$。又因为 $\angle BCS+\angle BCC''=60°=\angle BCC''+\angle A'CC''$，故 $\angle BCS=\angle A'CC''$。综上，这两个三角形全等，即 $\triangle BCS\cong\triangle A'CC''$，这样 $BS=C''A'$。所以 $AA'=AS+SC''+C''A'=AS+CS+BS$。类似可证明 $BB'=CC'=AS+BS+CS$。

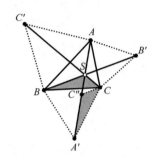

图 12-1-3　Simpson 线段的性质

12.1.1.1　ESMT 典型实例

下面给出 ESMT 的几类典型实例，便于直观地了解空间路由中增加斯坦纳节点的具体结果。

（1）正 n 边形网络[27]：二维欧几里得空间中 n 个终端节点排列成正 n 边形，其 ESMT 结果如图 12-1-4 中实线所示（实心点为终端节点，空心点为斯坦纳节点，下同）。当 $n\geqslant6$ 时，ESMT 的结果就是正 n 边形的 $n-1$ 条边组成的最小生成树，不必引入斯坦纳节点。

（2）含圆心的正 n 边形网络[28]：二维欧几里得空间中 $n+1$ 个终端节点，其中 n 个终端节点位于正 n 边形的顶点，1 个终端节点位于正 n 边形的外接圆的圆心，其 ESMT 的结果如图 12-1-5 所示。其中，$n=5$ 时的 ESMT 结果在12.1.2 节的五角星网络实例中还会被用到。

（3）梯子（Ladder）网络[29, 30]：以 $2\times n$ 正方形梯子网络为例，即 $2\times n$ 个终端节点位于 2 行和 n 列的交点处，相邻的 4 个终端节点构成正方形。当 n

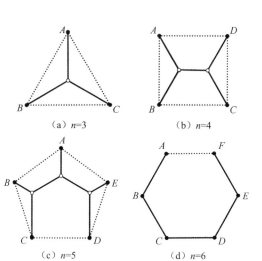

（a）n=3　　　　　（b）n=4

（c）n=5　　　　　（d）n=6

图 12-1-4　正 n 边形网络的 ESMT

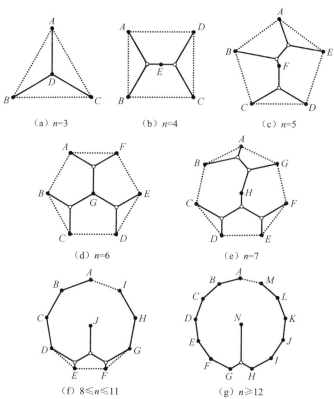

（a）n=3　　　（b）n=4　　　（c）n=5

（d）n=6　　　　　（e）n=7

（f）8≤n≤11　　　　　（g）n≥12

图 12-1-5　含圆心的正 n 边形网络的 ESMT

为偶数时，ESMT 的结果如图 12-1-6（a）所示，其结果不唯一（此处仅列出 3 种可能）。当 n 为奇数时，ESMT 的结果如图 12-1-6（b）所示，其结果也不唯一（2 种可能）。需要注意的是，虽然连接的方式不唯一，但是这些连接方式最后得到的最短路径值均相等，也就是说，ESMT 的最优解不唯一，但最优解的数值是唯一的。

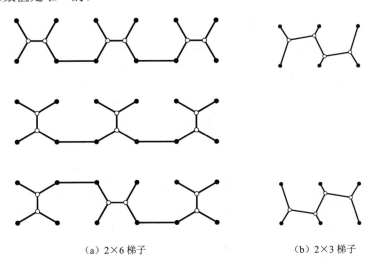

（a）2×6 梯子　　　　　　　　（b）2×3 梯子

图 12-1-6　梯子网络的 ESMT

（4）栅格（Lattice）网络[31-33]：以 4×n 正方形栅格网络为例，4×n 个终端节点位于 4 行和 n 列的交点处，相邻的 4 个终端节点构成正方形。ESMT 的结果如图 12-1-7 所示。

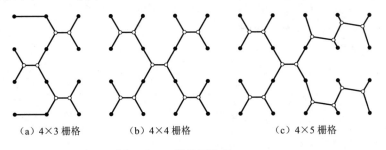

（a）4×3 栅格　　　　　（b）4×4 栅格　　　　　（c）4×5 栅格

图 12-1-7　栅格网络的 ESMT

（5）Z 形（Zig-zag）网络[34]：以规则 Z 形网络为例，n 个终端节点位于 Z 形网络的拐点处。△ABC、△BCD、△CDE 和 △DEF 均为等边三角形，

ESMT 的结果如图 12-1-8 所示。

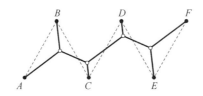

图 12-1-8 Z 形网络的 ESMT（$n=6$）

（6）三维网络[11]：以三维空间中不同终端节点个数所构成的四面体（Tetrahedron）、八面体（Octahedron）和正方体（Cube）为例，ESMT 结果如图 12-1-9 所示，其中终端节点个数 n 分别为 4、6 和 8。

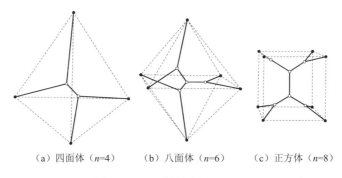

（a）四面体（$n=4$）　（b）八面体（$n=6$）　（c）正方体（$n=8$）

图 12-1-9 三维网络的 ESMT

12.1.1.2 ESMT 性质

本节介绍 ESMT 的性质[11]，这些性质在设计有效 ESMT 算法时十分重要。

性质 12-1 ESMT 树中所有夹角大于等于 120°。

反证法 假设某最优 ESMT 树中存在一个小于 120° 的夹角，记为 $\angle BAC < 120°$，如图 12-1-10（a）所示，则总可以找到一个斯坦纳节点 S（如通过 Simpson 方法），如图 12-1-10（b）所示，使 $AS+BS+CS<AB+AC$，与最优 ESMT 树总长度最小的前提假设相矛盾。

下面将证明 $AS+BS+CS<AB+AC$。如图 12-1-10（c）所示，根据 Simpson 方法，以 AC 为边向外作等边三角形 $\triangle ACB'$，连接 BB' 即为 Simpson 线段，

由 Simpson 线段性质，可得 $AS+BS+CS=BB'$，然后根据阴影 $\triangle ABB'$ 中两边之和大于第三边，即 $BB'<AB+AB'=AB+AC$，其中 $AB'=AC$ 是因为 $\triangle ACB'$ 是等边三角形。

为什么该性质中夹角的阈值正好是 $120°$ 呢？从证明过程可见，当夹角 $\angle BAC=120°$ 时，则 $\angle BAC+\angle CAB'=120°+60°=180°$，阴影 $\triangle ABB'$ 退化为一直线，斯坦纳节点 S 退化为节点 A。也就是说，当夹角达到 $120°$ 时，不需要引入斯坦纳节点 S。当然，若夹角大于 $120°$ 时，也不需要引入斯坦纳节点 S。

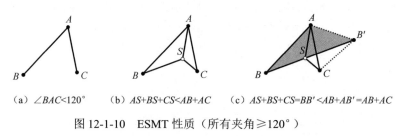

(a) $\angle BAC<120°$ (b) $AS+BS+CS<AB+AC$ (c) $AS+BS+CS=BB'<AB+AB'=AB+AC$

图 12-1-10 ESMT 性质（所有夹角 $\geqslant 120°$）

ESMT 树中夹角的顶点分两种，包括终端节点或斯坦纳节点。

若夹角顶点为终端节点，①夹角可以大于 $120°$，如构成钝角三角形的 3 个终端节点（A、B 和 C）的最优 ESMT 中，其中钝角 $\angle BAC>120°$，如图 12-1-11（a）所示，此时不需要增加斯坦纳节点就可以达到总长最小；②夹角也可以等于 $120°$，如在某终端节点数为 4 的最优 ESMT 中，以终端节点 D 为顶点的三个夹角均为 $120°$，即 $\angle ADB=\angle BDC=\angle ADC=120°$，如图 12-1-11（b）所示。实际上，该情形相当于前述实例中含圆心的正三边形网络［见图 12-1-5（a）］。

若夹角顶点为斯坦纳节点，夹角必须等于 $120°$。例如，构成等边三角形的 3 个终端节点（A、B 和 C）的最优 ESMT 中，需增加斯坦纳节点 S，如图 12-1-11（c）所示，以斯坦纳节点 S 为顶点的 3 个夹角也均为 $120°$。图 12-1-11（b）与图 12-1-11（c）的区别在于（b）图中的 D 为终端节点，（c）图中的 S 为增加的斯坦纳节点。

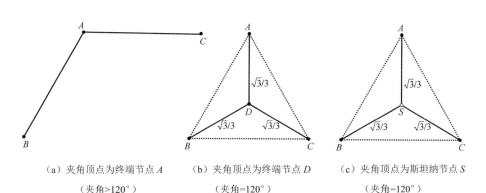

（a）夹角顶点为终端节点 A　　　　（b）夹角顶点为终端节点 D　　　　（c）夹角顶点为斯坦纳节点 S

（夹角>120°）　　　　　　　　　（夹角=120°）　　　　　　　　　（夹角=120°）

图 12-1-11　ESMT 实例（夹角≥120°）

性质 12-2　节点的链路数不超过 3 个。

由性质 12-1，ESMT 中的所有夹角大于等于 120°，这样，每个夹角最小就是 120°，所以 ESMT 中节点相连的链路最多为 3 个。该节点可能为终端节点，如图 12-1-11（b）中的节点 D；也可能为斯坦纳节点，如图 12-1-11（c）中的节点 S。

性质 12-3　ESMT 中与斯坦纳节点相连的链路为 3，各链路夹角为 120°。

从前述两个性质中可得性质 12-3，如图 12-1-11（c）中的节点 S。

该性质可从力学平衡的角度来理解：ESMT 可以看成一个力学系统，当 ESMT 达到最优时，就是力学达到平衡状态的时候。例如，以 3 个终端节点为例，对于增加的斯坦纳节点 S，想象沿其每条链路 SA、SB 和 SC 都有一个单位的受力［见图 12-1-12（a）］，仅当这几个受力合力为零时，斯坦纳节点 S 所处位置得到的 ESMT 总长度最小。有类似机械装置求解斯坦纳节点 S 的位置［见图 12-1-12（b）］，在给定 3 个终端节点的位置处放置滑轮并悬挂相同质量的砝码，将 3 根砝码线连在一起为 S 点，当该机械装置平衡后，S 的点位置即为所求。容易理解，当处于受力平衡的位置时，S 点处的 3 个夹角均为 120°。

What is Mathematics？[35]一书中给出了一个有趣的肥皂薄膜实验[13]，可演示 ESMT 的结果：取两块平行玻璃板，用 4 根固定短棒垂直连接起来，若

将这个装置浸入肥皂水中然后取出，可得到垂直于两玻璃板且连接固定短棒的薄膜，它在玻璃板上的投影就是 4 个终端节点的 ESMT 问题的解（见图 12-1-13）。因为肥皂薄膜表面张力的作用，仅当其面积为最小时，肥皂薄膜才能处于稳定的平衡。值得注意的是，演示实验得到的 ESMT 一般是局部极小，不一定总是全局最小，但可以通过一个微小的扰动让其调整到全局最小。可见自然世界本身就是趋于代价最小或最优，通过 ESMT 问题可以从一个侧面领略自然世界的神奇。

（a）S 点受力平衡（合力为零）

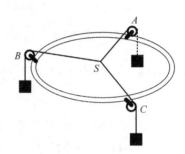

（b）求 S 点的简单机械装置

图 12-1-12　斯坦纳节点力学平衡的解释

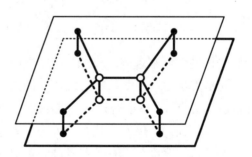

图 12-1-13　肥皂薄膜实验（4 个终端节点的 EMST 结果）

性质 12-4　斯坦纳节点个数不超过 $n-2$。

若给定终端节点个数为 n，则斯坦纳节点总数最大为 $n-2$。以前述正 n 边形网络（见图 12-1-4）为例，正三角形的斯坦纳节点数为 1，正四边形的斯坦纳节点数为 2，正五边形的斯坦纳节点数为 3。

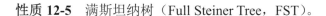

性质 12-5　满斯坦纳树（Full Steiner Tree，FST）。

若给定终端节点个数为 n，且斯坦纳节点总数恰好为 $n-2$，则该斯坦纳树称为满斯坦纳树（Full Steiner Tree，FST）[11]。满斯坦纳树的充要条件是每个终端节点仅有一条链路相连。

一个重要的推论是，每个非满斯坦纳树可以分解为若干个满斯坦纳树的并集，方法如下：针对一个非满斯坦那树中具有 $k \geqslant 2$ 链路的终端节点 A_i，用虚拟节点 A_{i1}，A_{i2}，$\cdots$，A_{ik} 代替节点 A_i，这些 A_{ik} 节点所处位置均在 A_i，但并不互相连接。这样，非满斯坦纳树可以分解为若干个满斯坦纳树的并集。如图 12-1-14 所示，终端节点 D 含有 2 条链路，故此树为非满斯坦纳树。将节点 D 分解为虚拟节点 D_1 和 D_2（这两个虚拟节点的位置在节点 D，但互不连接），即可分解为左右两个满斯坦纳树，在两个满斯坦纳树中，所有终端节点均仅有 1 条链路。

由该性质，可采用穷举的方法求解 ESMT：将给定终端节点分解为若干组节点的并集，求每组节点的满斯坦纳树，然后将这些满斯坦纳树拼接起来，就是一种可能的斯坦纳树；遍历所有可能的分解，求解所有可能的斯坦纳树，找到其中最小的即是 ESMT。

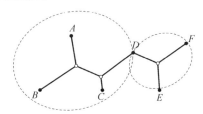

图 12-1-14　任意非满斯坦纳树可以分解为若干个满斯坦纳树的并集

性质 12-6　凸包（Convex Hull）[11]。

EMST 中所有的斯坦纳节点一定在给定终端节点所形成的凸包内。以二维欧几里得空间中的凸包为例，凸包就是将二维平面上给定节点集中最外层的节点连接起来所构成的凸多边形，这个凸多边形包含节点集中所有的节点，如图 12-1-15 所示。更直观地理解，凸包可想象为一个刚好包着所有终端节点的橡皮圈。

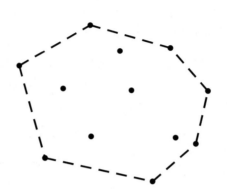

图 12-1-15　凸包

性质 12-7　ESMT 最优的数值唯一性，但可能存在多种解决方案。

以构成正方形的 4 个终端节点（*A*、*B*、*C* 和 *D*）的最优 ESMT 为例，存在两种解决方案，如图 12-1-16 所示。

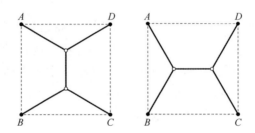

图 12-1-16　ESMT 最优的数值唯一性，但存在两种连接终端节点 *A*、*B*、*C* 和 *D* 的方案

性质 12-8　楔形（Wedge）性质[11]

记 *W* 为夹角不小于 120° 的开放楔形区域，如图 12-1-17 所示阴影部分，且该区域不包含任何终端节点，则该楔形区域 *W* 中不包含任何斯坦纳节点。

该性质可以推导出一个有用的性质——斯坦纳节点只能在凸包内。以二维欧几里得空间中的凸包为例，因为凸多边形的内角均小于 180°，其凸多边形的外角都是大于 180° 的。例如，凸多边形顶点 *A* 的外角大于 180°，如图 12-1-18 所示，根据凸包的定义，外角所围的楔形内是不含终端节点的，再由楔形的性质，外角所围的楔形内不含斯坦纳节点。推广到凸多边形的每个终端节点，楔形将覆盖所有凸多边形的外部区域。也就是说，斯坦纳节点不能出现在凸包之外。这个性质可以直观加以解释，连接凸包内的所有终端节点的最短路径，从凸包内部连接终端节点肯定比从凸包外部连接更节省。

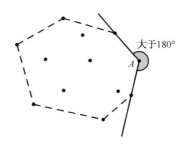

图 12-1-17　楔形性质　　　　　图 12-1-18　斯坦纳节点只能在凸包内

性质 12-9　弓形（Lune）性质[11]。

线段 *AB* 是最优 ESMT 中的任意一段，以 *A* 点和 *B* 点为圆心的两个圆的交集是弓形，记为 *L*(*A*, *B*)，如图 12-1-19 所示阴影部分，则弓形 *L*(*A*, *B*)中不能包含任何终端节点和斯坦纳节点。

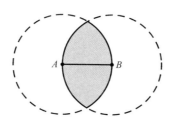

图 12-1-19　弓形性质

ESMT 的性质还包括双楔形（Double Wedge）[11]性质、钻石（Diamond）[11]性质、决定区域（Deciding Region）[11]等。

性质 12-10　斯坦纳比（Steiner Ratio）[11]。

1968 年提出的斯坦纳比猜想（Gilbert-Pollak 猜想）[11]，即欧几里得平面上给定的有限终端节点集，其平面斯坦纳最小树与平面最小生成树之比不小于 $\sqrt{3}/2$，1992 年堵丁柱和黄光明宣布证明此猜想[36]，该比率对于指导求解 ESMT 的启发式算法具有较大价值，由于 ESMT 是 NP 难问题[25]，常采用启发式算法，如在最小生成树基础上启发式插入斯坦纳节点来近似求解 ESMT。

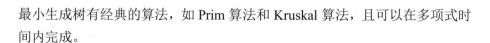

最小生成树有经典的算法，如 Prim 算法和 Kruskal 算法，且可以在多项式时间内完成。

12.1.1.3　ESMT 算法

ESMT 算法包括精确算法[14]、启发式算法和近似算法。由于 ESMT 是 NP 难问题[25]，精确算法的复杂度随问题规模增加而呈指数级上升，因此常采用启发式算法和近似算法，虽然无法获得精确的最优解，但是可以在多项式时间给出近似最优解。近似算法也属于启发式算法，但近似算法可定量给出近似解与最优解的性能差距（上界或下界）。

（1）精确算法。该算法的基本思想是，对于给定的终端节点集合，穷举所有可能的满斯坦纳树，将之拼接成所有可行的斯坦纳树，求出其中最小的即为 ESMT。该思想基于 ESMT 满斯坦纳树性质的推论，即非满斯坦树可以分解为若干满斯坦纳树的并集。

ESMT 精确算法的一个开源软件实现是 Geosteiner[26, 37]，其优点是可以计算 2000 多个终端节点的精确解，有助于对 ESMT 性质的直观认识。

（2）启发式算法。由于 ESMT 与最小生成树（MST）很接近，因此常采用最小生成树辅助产生 ESMT。基本思想是，先产生最小生成树（如采用经典的 Prim 算法和 Kruskal 算法），然后在夹角大于 120°的位置插入斯坦纳节点。ESMT 的斯坦纳比性质恰好反映利用最小生成树寻找 ESMT 算法的性能。

三角剖分（Delaunay Triangulation）[38]和 Voronoi 图也被用于求解 ESMT 问题。

除上述传统方法外，还有采用智能优化算法，如蚂蚁算法、模拟退火算法、遗传算法、进化算法、神经网络算法、量子算法等。

启发式算法在性能上与精确算法相比存在差距，但在运行时间上具有较大优势，从应用角度看，具有较大的实用价值。

（3）近似算法。Arora 提出一种具有多项式时间的 ESMT 近似算法

（Polynomial Time Approximation Schemes，PTAS）[39]，其采用几何分割
（Geometric Partitioning）方法，并定量给出近似算法与最优解的性能差距。

12.1.2　空间网络编码概述

本节通过两个实例——单源多播实例和多源多播实例，说明空间中采用
网络编码性能可严格优于空间中路由，反映空间网络编码与空间路由存在本
质差别，阐明研究空间网络编码的必要性。

12.1.2.1　单源多播实例——五角星网络

本节介绍二维欧几里得空间中基于单源多播的空间网络编码实例——
五角星（Pentagram）网络[5,7-10]。如图 12-1-20（a）所示，在二维欧几里得空
间中给定 6 个终端节点，分别记为 $A \sim F$，其中 5 个终端节点 $A \sim E$ 均匀分布
在以圆心为 F、半径为 1 的单位圆上，即终端节点 $A \sim E$ 处于规则五边形的
5 个顶点，终端节点 F 处于圆心位置。不妨设信源节点为处于圆心的终端节
点 F，其余 5 个终端节点为信宿节点。通信目标：信源节点采用单源多播方
式传输数据到各信宿节点，并要求具有最小传输代价，其代价定义为单位比
特的欧几里得距离之和（欧几里得距离定义为欧几里得空间中两节点之间的
直线段距离）。

（1）若采用空间路由但不允许增加额外节点，则相当于求欧几里得空间
中最小生成树（Euclidean Minimal Spanning Tree，EMST）[40]问题，可采用图
论中经典最小生成树算法[41]（Prim 算法或 Kruskal 算法），其最小代价为
5/bit，如图 12-1-20（b）所示。

（2）若采用空间路由且允许增加额外节点——斯坦纳节点，则相当于求
欧几里得空间中斯坦纳最小树（ESMT）[11-14]问题，如图 12-1-20（c）所示，
即增加 3 个斯坦纳节点 S_1、S_2、S_3，最小代价为 4.6400/bit[28]，该结果由 ESMT
的精确算法[25, 26]计算得到，也可通过 GeoSteiner 开源软件加以验证。可见，
通过增加额外节点可降低代价。细心的读者会问，代价能否进一步降低？答
案是肯定的，当引入空间网络编码的时候，代价会进一步降低。

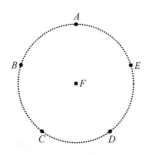

（a）二维欧几里得空间中给定 6 个终端节点
（实心节点）

（b）采用欧几里得空间中最小生成树（EMST），
最小代价为 5/bit

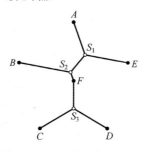

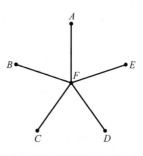

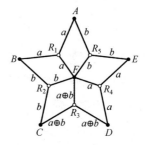

（c）采用欧几里得空间中斯坦纳最小树（ESMT），
最小代价为 4.6400/bit，所增加的额外节点
S_1、S_2、S_3 为斯坦纳节点（空心节点）

（d）采用欧几里得空间中的空间网络编码，最小
代价为 4.5677/bit，所增加的额外节点
$R_1, R_2, \cdots, R_5$ 为中继节点（空心节点）
（代价优势为 4.6400/4.5677≈1.0158）

图 12-1-20　空间网络编码单源多播实例——五角星网络

（3）若采用空间网络编码且允许增加额外节点——中继（Relay）节点（便于与斯坦纳节点相区别），可进一步降低代价。如图 12-1-20（d）所示，即增加 5 个中继节点 $R_1, R_2, \cdots, R_5$，每个中继节点存在 3 条相邻链路，链路之间夹角均为 120°。该传输方案的距离总和为 9.1354，但因传输了 2 bits，所以每比特代价为 9.1354/2=4.5677/bit <4.6400/bit。

可见，在单源多播的情况下，空间中网络编码的代价可严格小于空间中最优路由的代价，定义代价优势（Cost Advantage）[42,43]为达到所需吞吐量的最小路由代价与最小网络编码代价之比，即 4.6400/4.5677≈1.0158（严格大于 1），说明空间中网络编码与空间中路由存在本质差别，需对单源空间网络编码进行重新建模并加以研究。

12.1.2.2　多源多播实例——金字塔网络

本节介绍二维欧几里得空间中基于多源多播的空间网络编码实例——金字塔（Pyramid）网络[3]。如图 12-1-21（a）所示，在二维欧几里得空间中给定 3 个信源节点和 3 个信宿节点，3 个信源节点分别处于等边三角形（边长为 2）的 3 个顶点，3 个信宿节点分别位于等边三角形三条边的中点。通信目标：信源节点 S_1、S_2 和 S_3 分别传输数据到信宿节点 D_1、D_2 和 D_3，也要求具有最小传输代价。

（1）若采用空间网络编码，如图 12-1-21（b）所示，信源节点 S_1 传输数据 a 给 D_1 和 D_3（增加 1 个中继节点），信源节点 S_2 传输数据 b 给 D_1 和 D_2（增加 1 个中继节点），信源节点 S_3 传输数据 $a\oplus b$ 给 D_2 和 D_3（增加 1 个中继节点），传输 2 bits 的距离总和为 $3\sqrt{3}$，每比特代价为 $3\sqrt{3}/2=2.5981/\text{bit}$。

（2）若采用空间路由，如图 12-1-21（c）所示，信源节点 S_1 传输数据 a 给 3 个信宿（增加 2 个斯坦纳节点），信源节点 S_2 传输数据 b 给 3 个信宿（增加 2 个斯坦纳节点），信源节点 S_3 传输数据 c 给 3 个信宿（增加 2 个斯坦纳节点）。传输 3 bits 的距离总和为 $3\sqrt{7}$，每比特代价为 $3\sqrt{7}/3=2.6458/\text{bit}$。

可见，在多源多播的情况下，空间网络编码的代价可严格小于空间最优路由的代价，其代价优势[42,43]为 $2.6458/2.5981\approx1.0184$（严格大于 1），说明空间网络编码与空间路由存在本质差别，需对多源空间网络编码进行重新建模并加以研究。

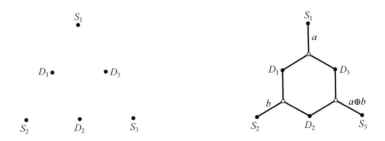

（a）二维欧几里得空间中 3 个信源节点和 3 个信宿节点　（b）采用空间网络编码，最小代价为 2.598 1/bit

图 12-1-21　空间网络编码多源多播实例——金字塔网络

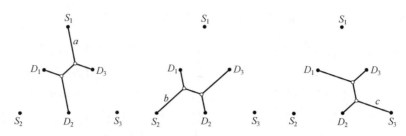

（c）采用空间路由，最小代价为 2.6458/bit（代价优势为 2.6458/2.5981≈1.0184）

图 12-1-21　空间网络编码多源多播实例——金字塔网络（续）

12.1.3　空间网络编码与已有研究的关系

本节介绍空间网络编码与已有相关研究的区别和联系[8, 9]，下面按图 12-1-22 中双向箭头的编号顺序依次阐述。

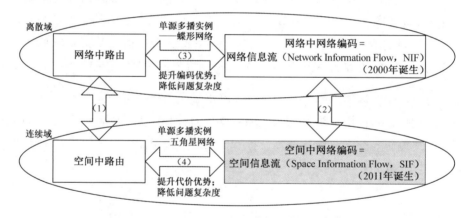

图 12-1-22　空间网络编码（空间信息流）

12.1.3.1　空间中路由与网络中路由的比较

空间中路由与网络中路由的主要区别在于，是否允许增加额外节点，前者允许增加额外节点，后者则不允许。空间中路由在多播情况下即为经典的 ESMT 问题[11-14]，由于额外增加的斯坦纳节点可以处于空间任意位置，因此可将空间中路由理解为连续域中的路由问题。网络中的路由，由于不允许增加额外的节点，也就不存在连续位置的问题，因此可理解为离散域中的路由问题。

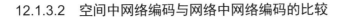

12.1.3.2 空间中网络编码与网络中网络编码的比较

空间中网络编码允许增加额外的中继节点及与其相连的链路，由于额外增加的中继节点可以处于空间任意位置，因此可将空间中网络编码理解为连续域中的网络编码问题。自 2000 年诞生的网络编码[6]，属于网络中的网络编码。由于网络中网络编码不允许增加额外的节点，不存在连续的位置问题，因此可理解为离散域中的网络编码问题。因为网络编码本质是信息流，所以网络中网络编码也称为网络信息流（Network Information Flow，NIF）[6]，相应地，空间中网络编码也称为空间信息流[1, 2]。

12.1.3.3 网络中网络编码与网络中路由存在本质差别

网络中采用网络编码可提升编码优势。编码优势（Coding Advantage）[42-44]定义为采用网络编码时的最大吞吐量与未采用网络编码时的最大吞吐量之比。当编码优势严格大于 1 时，说明可以提升编码优势。基于单源多播的典型实例是经典的蝶形网络[6, 45]（见图 1-1-1），其编码优势为 2/1.5=1.33（严格大于 1），说明网络编码达到的吞吐量可严格大于路由可达到的吞吐量，或者说网络编码的性能可严格优于路由的性能，这说明网络中网络编码与路由存在本质差别，因此需要研究网络中网络编码（以 2000 年的先锋论文[6]为标志）。

网络中采用网络编码可降低问题复杂度。例如，网络中基于多播路由的最大吞吐量问题相当于斯坦纳树装箱（Steiner Tree Packing）问题[46]，属于 NP完全问题，但采用网络编码，可采用线性规划得以有效求解[47, 48]，即网络编码可将 NP 完全问题转化为 P 问题，从而有效降低问题的复杂度。

12.1.3.4 空间中网络编码与空间中路由存在本质差别

空间中采用网络编码可提升代价优势：代价优势（Cost Advantage）[42, 43]定义为达到所需吞吐量的最小路由代价与最小网络编码代价之比。当代价优势严格大于 1 时，说明可以提升代价优势。代价优势与编码优势具有对偶关系[42, 43, 49]，且代价优势更具一般性。基于单源多播的典型实例是五角星网络（详见 12.1.2 节），其代价优势为 4.6400/4.5677≈1.0158（严格大于 1），说明在空间中网络编码代价可严格小于空间中的最优路由的代价。基于多源多播的典型实例是金字塔网络[3]（详见 12.1.2 节），其代价优势为 2.6458/2.5981≈1.0184

（严格大于 1），也说明在空间中网络编码代价可严格小于空间中的最优路由的代价。

关于空间中采用网络编码能否降低问题复杂度仍为开放问题。

五角星网络的意义与经典的蝶形网络[6, 45]的类似（见表 12-1-1）。蝶形网络说明网络中网络编码性能可严格优于网络中路由，即网络中网络编码与网络中路由存在本质差别，进而说明研究网络中网络编码的必要性；五角星网络则说明空间中网络编码性能可严格优于空间中路由，即空间中网络编码与空间中路由存在本质差别，进而说明研究空间中网络编码的必要性。

表 12-1-1　两个单源多播典型实例的比较

实例	性能比较	信息流	范围	域
蝶形网络[6, 45]	网络中网络编码性能可严格优于网络中路由	网络信息流（NIF）	网络	离散域
五角星网络[8]	空间中网络编码性能可严格优于空间中路由	空间信息流（SIF）	空间（允许增加额外节点）	连续域

为了进一步说明空间网络编码与网络路由的本质差别，给出一个实例——二维空间中的蝶形网络[50]，即对二维欧几里得空间中 7 个给定终端节点，比较空间路由和空间网络编码的区别。网络中的蝶形网络是 7 个终端节点，很自然的一个疑问是，将这 7 个终端节点放到空间中结果是什么？这里称之为二维空间中的蝶形网络实例。

（1）若采用空间路由但不允许增加额外节点，则相当于求欧几里得空间中最小生成树，其最小代价为 4.930/bit，如图 12-1-23（a）所示。

（2）若采用空间路由且允许增加额外节点——斯坦纳节点，则相当于求欧几里得空间中斯坦纳最小树问题，增加 3 个斯坦纳节点，如图 12-1-23（b）所示，最小代价为 4.640/bit。

（3）若采用空间网络编码且允许增加额外节点——中继节点，可进一步降低代价。如图 12-1-23（c）所示，增加 7 个中继节点，最小代价为 4.590/bit。

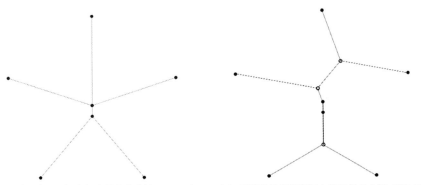

（a）采用欧几里得空间中最小生成树（EMST），　　（b）采用欧几里得空间中斯坦纳最小树（ESMT），

最小代价为 4.930/bit　　　　　　　　　　　　　　　最小代价为 4.640/bit

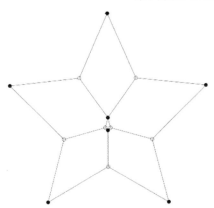

（c）采用欧几里得空间中的空间网络编码，最小代价为 4.590/bit（代价优势为 4.640/4.590≈1.011）

图 12-1-23　空间中网络编码与空间中路由的比较：欧几里得空间中的蝶形网络

由空间中蝶形网络也可见，空间中网络编码的代价可严格小于空间中的最优路由的代价，其代价优势 4.640/4.590≈1.011，说明空间中网络编码与空间中路由存在本质差别。

空间网络编码已有相关研究，综述如下：空间网络编码（空间信息流）的概念于 2011 年提出[1]，接着 Li 和 Wu[2]研究空间中的多单播网络编码；Yin 等人[3]研究二维欧几里得空间中最小代价多播网络编码的性质；Xiahou 等人[4, 5]提出面向多单播网络编码的几何框架，以研究无向网络中多单播网络编码的猜想[51, 52]；Huang 等人[8]提出空间网络编码中的单源多播实例——五角星网络，并提出基于均匀划分的空间网络编码启发式算法，研究空间中单

235

源多播网络编码的性质。Huang 和 Li[9]提出基于非均匀划分的空间网络编码启发式算法，可以适用于给定终端节点具有任意位置分布的二维欧几里得空间中的空间网络编码问题。Hu 等人[15]针对空间网络编码在实际应用中存在的限制——实用中所增加额外中继节点往往存在一定限制，提出带约束的空间网络编码的概念。Zhang 等人[53]和 Jin 等人[54]开启了无线网络中空间网络编码的研究。

非规则（Irregular）五角星网络的性能研究，即在前文提及的规则（Regular）五角星网络［见图 12-1-20 （d）］中，若允许终端节点改变位置，或者说，终端节点在什么范围内变化，依然保证空间网络编码严格优于空间路由。Zhang 和 Huang[55]研究非规则五角星网络中处于圆周上的一个给定终端节点，当仅在圆周上移动且偏离的角度不大于 8.5657° 时，代价优势仍然可严格大于 1，且非规则五角星网络代价优势的上界为 1.0158，即最大值出现在规则五角星的时候。Wen 等人[56]研究非规则五角星网络中处于圆周上的一个给定终端节点任意移动（可在圆内或圆外）时，求出代价优势依然严格大于 1 的移动范围，代价优势最大值也为 1.0158。Ye 等人[57]研究非规则五角星网络中处于圆心上的一个给定终端节点在圆内任意移动时，求出代价优势依然严格大于 1 的移动范围，代价优势最大值也为 1.0158。由于非规则五角星网络的数量可以为无穷多个，从这个角度来看，空间网络编码的研究涉及连续域的概念。

空间网络编码的研究存在着较大空白，目前主要研究空间网络编码的性质、算法和问题复杂性 3 类仍是开放的问题，且这 3 类问题紧密联系，解决任何一类问题都将有助于解决其他两类问题。例如，若得到空间网络编码的性质，则可依据性质提出有效的算法；若提出空间网络编码精确算法，将有利于归纳出空间网络编码的性质；若问题复杂性是 NP 难，则主要研究近似算法或启发式算法，而不必研究具有多项式复杂度的精确算法；若提出具有多项式复杂度的精确算法，则可以证明空间网络编码问题是 P 问题，而且可以进一步证明空间中采用网络编码可以有效降低问题的复杂度。若将上述问题推广至三维乃至更高维，则需研究高维度的空间网络编码。若将欧几里得空间推广至非欧几里得空间，则需研究非欧几里得空间的网络编码。若在无线网络中考虑上述问题，则需研究针对无线版本的空间网络编码。另一类重要问题是从空间网络编码的角度证明网络中的网络编码难题，如无向网络中多单播网络编码猜想[51,52]，即无向网络中多单播网络编码的编码优势等于 1。

12.2　基于多播的空间网络编码

12.2.1　空间网络编码性质

空间网络编码是将终端节点和允许加入的额外中继节点所共同构建的具有最小代价的网络嵌入（Embed）空间。相对最小嵌入（Relatively Minimal Embedding）[3]是指对于一个嵌入，任意微小移动中继节点的位置不能进一步降低代价。

下面定义最小代价多播空间网络编码的线性规划数学模型。对于二维欧几里得空间中给定的 N 个终端节点，以及额外增加的 M（大于等于 0）个中继节点所组成的网络 $G=(V,E)$，其中，节点集合 V 由终端节点和中继节点组成，即 $|V|=N+M$。节点集合 V 中任意两个节点 u 和 v 之间用无向链路 uv 连接，$uv \in E$，E 表示所有无向链路的集合。无向链路中链路使用的方向可以是双向的，定义有向链路集合 $A = \{\overrightarrow{uv}, \overrightarrow{vu} \mid uv \in E\}$。线性规划数学模型为：

$$\text{Minimize Cost} = \sum_{uv \in A} \omega(\overrightarrow{uv}) f(\overrightarrow{uv}) ,$$

服从

$$
\begin{cases}
\displaystyle\sum_{v \in V_{\leftarrow}(u)} f_i(\overrightarrow{uv}) - \sum_{v \in V_{\rightarrow}(u)} f_i(\overrightarrow{vu}) = \begin{cases} h, & u = t_0 \\ -h, & u = t_i \\ 0, & u \neq t_0 \text{和} t_i \end{cases} \\
\qquad f_i(\overrightarrow{uv}) \leqslant f(\overrightarrow{uv}) \\
\qquad f(\overrightarrow{uv}) \geqslant 0, f_i(\overrightarrow{uv}) \geqslant 0
\end{cases}
$$

其中，$i = 1, 2, \cdots, N-1$。目标函数中决策变量为有向链路 $\overrightarrow{uv}(\overrightarrow{uv} \in A)$ 上信息流的总信息传输速率 $f(\overrightarrow{uv})$，此处信息流意指采用了网络编码。决策变量 $f(\overrightarrow{uv})$ 的系数 $\omega(\overrightarrow{uv}) = \omega(uv)$，其中，无向链路 uv 的权值 $\omega(uv)$ 为节点 u 和节点 v 之间的欧几里得距离。一般地，若链路的两个端节点 u 和 v 的坐标分别为 $X_{u,1}, X_{u,2}, \cdots, X_{u,d}$ 和 $X_{v,1}, X_{v,2}, \cdots, X_{v,d}$，则 d 维欧几里得空间距离 $\|uv\|_d = \sqrt{\sum_{l=1}^{d}(X_{u,i} - X_{v,i})^2}$。

约束条件分别为信息流守恒条件、信息流上限条件和非负条件：其中，$u, v, t_0, t_i \in V$，$\overrightarrow{uv}$，$\overrightarrow{vu} \in A$，$V_{\leftarrow}(u)$ 表示始节点为 u 的所有有向链路终节点的集合，$V_{\rightarrow}(u)$ 表示终节点为 u 的所有有向链路始节点的集合；$f_i(\overrightarrow{uv})$ 表示从信源终端节点 t_0 发送到信宿终端节点 t_i 的信息流在有向链路 $\overrightarrow{uv}$ 上的信息传输速率[58]；$f(\overrightarrow{uv})$ 为有向链路 $\overrightarrow{uv}$ 上的总信息传输速率，其等于有向链路 $\overrightarrow{uv}$ 上所有 $f_i(\overrightarrow{uv})$ 的最大值[58]，而非等于所有 $f_i(\overrightarrow{uv})$ 的和，此处体现采用网络编码的优势；$f_i(\overrightarrow{vu})$ 表示从信源终端节点 t_0 发送到信宿终端节点 t_i 的信息流在有向链路 $\overrightarrow{vu}$ 上的信息传输速率；h（大于 0）为信源发出的总信息传输速率。

空间网络编码的性质包括凸性（Convexity）[3]、凸包（Convex Hull）[3]、楔形（Wedge）[3]、平衡性[3]和信源无关性[8]等。

性质 12-11　凸性[3]。

设 ρ_1 和 ρ_2 是同一网络在空间中的嵌入，代价分别为 C_1 和 C_2，对于任意 $0 \leqslant p \leqslant 1$，则嵌入 $\rho = p\rho_1 + (1-p)\rho_2$ 的代价 $C \leqslant pC_1 + (1-p)C_2$。任意相对最小嵌入即为具有最小代价的空间网络编码。

性质 12-12　凸包[3]。

具有最小代价的空间网络编码中所有的中继节点一定在给定终端节点所形成的凸包内。

性质 12-13　楔形[3]。

记 W 为角度不小于 120° 的开放楔形，如图 12-2-1 所示阴影部分。对于欧几里得平面上的任意一个相对最小嵌入，若每个中继节点有 3 条非零长度的链路，且 W 内不含终端节点，则 W 内不含中继节点。

图 12-2-1 楔形性质

性质 12-14 平衡性[3]。

平衡性[3]指具有最小代价的空间网络编码的中继节点应处于受力平衡的位置。该性质可以用自然界物理现象加以解释：当处于平衡位置时即是代价最小的时候。该性质将在后文阐述的基于多播的空间网络编码启发式算法中得到利用。

性质 12-15 信源无关性[8]。

基于多播的空间网络编码的最优解（包括最优拓扑和中继节点的最优位置）与给定终端节点中信源节点的选择无关，或者说，终端节点中任意一点选为信源，最优解不变。因为空间中的拓扑实际上相当于无向网络。例如，对于五角星网络，可以选择任意终端节点作为信源，即可以将圆心的节点 F 选为信源［见图 12-2-2（a）］，也可以将圆周上的节点 A 选为信源［见图 12-2-2（b）］，除传输方向不同外，吞吐量和码构造结果是相同的。

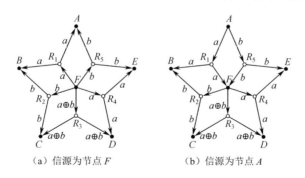

（a）信源为节点 F （b）信源为节点 A

图 12-2-2 空间网络编码的信源无关性

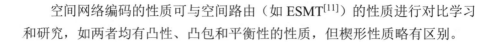

空间网络编码的性质可与空间路由（如 ESMT[11]）的性质进行对比学习和研究，如两者均有凸性、凸包和平衡性的性质，但楔形性质略有区别。

12.2.2 空间网络编码算法

根据前述的空间网络编码线性模型，首先需要确定额外加入的 M（大于等于 0）个中继节点及其拓扑（包括确定中继节点的个数、中继节点与终端节点的链路连接方式及其链路上的信息传输速率），其次确定中继节点在欧几里得空间中的几何位置。因此，空间网络编码的算法需要解决两个问题，一是确定所增加中继节点的拓扑（包括确定中继节点的个数及其与终端节点的连接），二是确定中继节点的位置。这里以启发式算法为例进行说明。启发式算法[8-10, 59-61]通过两步来解决上述两个问题：第一步通过几何划分（Partitioning）来产生候选中继节点，即对给定的终端节点所形成的约束矩形进行均匀划分（Uniform Partitioning）[8]或非均匀划分（Non-uniform Partitioning）[9, 10, 59]得到若干个小矩形格子，将所得每个小矩形格子的中心点作为候选中继节点，然后与给定的终端节点一起构建完全图（Complete Graph），通过线性规划模型对该完全图求解，得到最优的候选中继节点和各信息流的信息传输速率；第二步是根据空间网络编码性质之平衡性，采用平衡的方法将线性规划求得的中继节点移至平衡位置，可将代价降到最低。下面简要解释算法的正确性：当划分的粒度足够小，候选的中继节点将无限逼近最优的中继节点，从而保证每个小矩形格子中最多仅有一个中继节点，这样通过线性规划求出的拓扑即为最优拓扑，然后通过第二步的平衡算法即可求得最优的空间网络编码。上述启发式算法的思想可以推广至三维欧几里得空间[61]。

关于几何划分的比较：若采用均匀划分，则无法适用终端节点分布不均匀的情况，一个极端例子，若存在 3 个终端节点距离趋于零，而其余终端节点的分布比较稀疏，划分的数量将趋于无穷大，则会导致线性规划的规模趋于无穷大而无法计算；若采用非均匀划分，密集的终端节点划分的粒度细，稀疏的终端节点划分的粒度粗，这样划分所得的格子数量得到有效控制，则可以减小后续线性规划计算的规模。由于非均匀划分适应于终端节点具有任

意二维空间密度分布，且具有较快的算法收敛速度，因此，下文采用非均匀划分来获得候选中继节点。

对于二维欧几里得空间中任意给定的 N 个终端节点，采用非线性划分的启发式算法[9]主要通过 8 个步骤来实现。

（1）采用非均匀划分[9]产生候选中继节点：对于每个给定终端节点，画水平线和垂直线，所产生若干交点形成若干大小矩形，其中最外围交点所形成的最大矩形称为约束矩形（Bounding Rectangle），其内部若干小矩形称为子矩形（Sub-Rectangle）。对于每个子矩形进行 $p \times p$ 划分，产生若干个格子（Cell），每个格子的中心点作为候选中继节点，且需删除凸包外候选中继节点（因为中继节点不会在凸包外）。例如，二维欧几里得空间中给定 9 个终端节点，如图 12-2-3 所示，对于 9 个给定终端节点，分别画水平线和垂直线，所产生的交点形成 1 个约束矩形及其内部 3×8=24 个不重叠的子矩形［见图 12-2-3（a）］，然后将每个子矩形均匀划分为 2×2=4 个小格子，但总体上是非线性划分［见图 12-2-3（b）］。

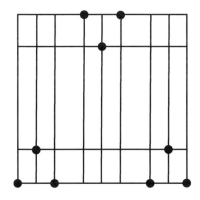

（a）约束矩形及其内部的若干子矩形

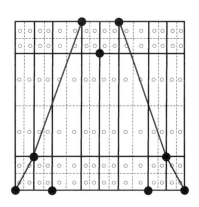

（b）每个子矩形再进行 2×2 的划分，每个格子的中心（空心点）且包含在凸包内的选为候选中继节点

图 12-2-3　非均匀划分

（2）采用计算几何（Computational Geometry）[62, 63]的方法——Delaunay 三角划分（Delaunay Triangulation，DT）[64]产生候选斯坦纳节点作为候选中继节点的补充[10]。因为 Delaunay 三角划分后的 DT 三角形是最小生成树（MST）

的超集，而最小生成树可以用于辅助求解欧几里得空间斯坦纳最小树（ESMT）问题[38, 65]，所以 Delaunay 三角划分可以通过产生斯坦纳节点辅助求解欧几里得空间斯坦纳最小树（ESMT）问题[38, 65]。空间网络编码可以分解为多个 ESMT 的叠加，所以 Delaunay 三角划分可以用于辅助求解最小代价空间网络编码[10, 60]。针对终端节点和中继节点具有任意二维空间密度分布的情况，由于 Delaunay 三角划分产生的候选斯坦纳节点比候选中继节点位置信息更加精确，因此可加速算法收敛速度。

（3）将候选斯坦纳节点合并到候选中继节点，然后合并上一轮经过平衡算法所得的平衡后中继节点。后者的合并采用累加（Retention）机制[9]，即保留经过平衡算法之后的中继节点并加入下一轮的迭代中，用于加速算法收敛速度。其原因是，经过前一轮线性规划和平衡算法之后的计算结果具有一定程度的近优性，从前一轮的近优结果开始新一轮迭代，可有效加快迭代收敛速度，而且可保证在迭代过程中代价的非增性，便于判断程序是否收敛。

（4）利用上述所有候选中继节点和终端节点构建完全图 $K_{N+M} = (V, E, \omega(uv))$，节点集合 V 由 N 个终端节点和 M 个中继节点构成，节点集合 V 中任意两个节点 u 和 v 之间用无向链路 uv 连接，$uv \in E$，E 表示所有无向链路的集合；无向链路 uv 的权值 $\omega(uv)$ 为两节点 u 和 v 之间的欧几里得距离。

（5）按照线性规划数学模型求平衡前最小代价，求得平衡前的中继节点。线性规划数学模型为：

$$\text{Minimize Cost}_p = \sum_{uv \in A} \omega(\overrightarrow{uv}) f(\overrightarrow{uv}),$$

服从

$$\begin{cases} \sum_{v \in V_{\leftarrow}(u)} f_i(\overrightarrow{uv}) - \sum_{v \in V_{\rightarrow}(u)} f_i(\overrightarrow{vu}) = \begin{cases} h, & u = t_0 \\ -h, & u = t_i \\ 0, & u \neq t_0 和 t_i \end{cases} \\ \\ f_i(\overrightarrow{uv}) \leqslant f(\overrightarrow{uv}) \\ f(\overrightarrow{uv}) \geqslant 0, f_i(\overrightarrow{uv}) \geqslant 0 \end{cases}$$

其中，$i=1,2,\cdots,N-1$。目标函数中有向链路集合 $A=\{\overrightarrow{uv},\overrightarrow{vu}\,|\,uv\in E\}$；决策变量为完全图中有向链路 $\overrightarrow{uv}(uv\in A)$ 的总信息传输速率 $f(\overrightarrow{uv})$，决策变量 $f(\overrightarrow{uv})$ 的系数 $\omega(\overrightarrow{uv})=\omega(uv)$。

约束条件分别为信息流守恒条件、信息流上限条件和非负条件：其中，$u,v,t_0,t_i\in V$，$\overrightarrow{uv},\overrightarrow{vu}\in A$，$V_{\leftarrow}(u)$ 表示始节点为 u 的所有有向链路终节点的集合，$V_{\leftarrow}(u)$ 表示终节点为 u 的所有有向链路始节点的集合；$f_i(\overrightarrow{uv})$ 表示从信源终端节点 t_0 发送到信宿终端节点 t_i 的信息流在有向链路 $\overrightarrow{uv}$ 上的信息传输速率；$f(\overrightarrow{uv})$ 为有向链路 $\overrightarrow{uv}$ 上的总信息传输速率，其等于有向链路 $\overrightarrow{uv}$ 上所有 $f_i(\overrightarrow{uv})$ 的最大值；$f_i(\overrightarrow{vu})$ 表示从信源终端节点 t_0 发送到信宿终端节点 t_i 的信息流在有向链路 $\overrightarrow{vu}$ 上的信息传输速率；h 为信源发出的总信息传输速率，$h>0$。

（6）利用平衡算法求得平衡后的中继节点：若 $h=1$，采用基于解析几何的算法[9]精确求解平衡后中继节点的坐标；若 $h>1$，采用基于力学平衡的算法[8,9]求平衡后中继节点的坐标。

（7）利用平衡算法求得平衡后的中继节点和终端节点构成完全图 $K_{N+M'}^{*}=(V^{*},E^{*},\omega^{*}(u'v'))$，节点集合 V^{*} 由 N 个终端节点和 M' 个调整到平衡位置后的中继节点构成，节点集合 V^{*} 中任意两个节点 u' 和 v' 之间用无向链路 $u'v'$ 连接，$u'v'\in E^{*}$，E^{*} 表示所有无向链路的集合；无向链路 $u'v'$ 的权值 $\omega^{*}(u'v')$ 为两个节点 u' 和 v' 之间的欧几里得距离；采用线性规划模型求平衡后最小代价，求得平衡后的中继节点。线性规划数学模型中的目标函数和约束条件为：

$$\text{Minimize Cost}_p^{*}=\sum_{\overrightarrow{u'v'}\in A^{*}}\omega^{*}\left(\overrightarrow{u'v'}\right)f\left(\overrightarrow{u'v'}\right),$$

服从

$$\begin{cases} \displaystyle\sum_{v'\in V_{\leftarrow}^{*}(u')}f_i(\overrightarrow{u'v'})-\sum_{v'\in V_{\rightarrow}^{*}(u')}f_i(\overrightarrow{v'u'})=\begin{cases}h,&u'=t_0\\-h,&u'=t_i\\0,&u'\neq t_0 \text{和} t_i\end{cases}\\[4ex] f_i(\overrightarrow{u'v'})\leqslant f(\overrightarrow{u'v'})\\ f(\overrightarrow{u'v'})\geqslant 0,\ f_i(\overrightarrow{u'v'})\geqslant 0\end{cases}$$

其中，$i = 1, 2, \cdots, N-1$。目标函数中有向链路集合 $A^* = \{\overrightarrow{u'v'}, \overrightarrow{v'u'} \,|\, u'v' \in E^*\}$；决策变量为完全图 K_{N+M}^* 中有向链路 $\overrightarrow{u'v'}(\overrightarrow{u'v'} \in A^*)$ 的总信息传输速率 $f(\overrightarrow{u'v'})$，决策变量 $f(\overrightarrow{u'v'})$ 的系数 $\omega^*(\overrightarrow{u'v'}) = \omega^*(u'v')$。

约束条件分别为信息流守恒条件、信息流上限条件和非负条件。其中，$u', v', t_0, t_i \in V^*$，$\overrightarrow{u'v'}, \overrightarrow{v'u'} \in A^*$，$V^*_{\leftarrow}(u')$ 表示始节点为 u' 的所有有向链路终节点的集合，$V^*_{\rightarrow}(u')$ 表示终节点为 u' 的所有有向链路始节点的集合；$f_i(\overrightarrow{u'v'})$ 表示从信源终端节点 t_0 发送到信宿终端节点 t_i 的信息流在有向链路 $\overrightarrow{u'v'}$ 上的信息传输速率；$f(\overrightarrow{u'v'})$ 为有向链路 $\overrightarrow{u'v'}$ 上的总信息传输速率，其等于有向链路 $\overrightarrow{u'v'}$ 上所有 $f_i(\overrightarrow{u'v'})$ 的最大值；$f_i(\overrightarrow{v'u'})$ 表示从信源终端节点 t_0 发送到信宿终端节点 t_i 的信息流在有向链路 $\overrightarrow{v'u'}$ 上的信息传输速率；h 为信源发出的总信息传输速率，$h > 0$。

（8）若前后两轮最小代价之差小于给定阈值，算法结束；否则增大划分 p 值，重新执行上述过程。

12.3 基于多单播的空间网络编码

本节介绍面向多单播的空间网络编码的几何框架[4,5]，该框架通过构建空间中网络编码和网络中网络编码的映射关系，拟从空间的角度来解决网络中的难题，具有较重要的方法论意义，尤其是针对"网络中多单播网络编码猜想[51,52]"的难题。该猜想的内容是：若允许采用分数路由（Fractional Routing）[66]，无向网络中多单播情况下网络编码与路由的最大吞吐量一致，或者说，多单播无向网络中网络编码不起作用。该猜想的内容看起来简单、直观，但暂未得到理论上的严格证明，也暂未找到反例，其证明被认为涉及网络编码最基本问题的证明，故该研究具有较大理论意义。下面给出上述猜想成立的两个多单播典型实例。

无向网络中 2 对单播实例[52]：无向网络中每条链路均为单位 1，存在 2 对单播（s_1 到 T_1，s_2 到 T_2），通信目标是 2 对单播均可达到最大吞吐量 1。

若采用网络编码，如图 12-3-1（a）所示，2 对单播可分别达到最大吞吐量 1；若采用分数路由（$a_1=a_2=b_1=b_2=0.5$），如图 12-3-1（b）所示，2 对单播也可分别达到最大吞吐量 1。

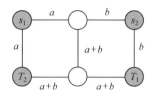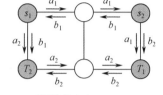

（a）采用网络编码　　　　　　（b）采用分数路由（$a_1=a_2=b_1=b_2=0.5$）

图 12-3-1　无向网络中 2 对单播（s_1 到 T_1，s_2 到 T_2）：网络编码与路由性能一致

无向网络中 3 对单播实例[5, 67]：无向网络中每条链路均为单位 1，存在 3 对单播（s_1 到 T_1，s_2 到 T_2，s_3 到 T_3），通信目标是 3 对单播均可分别达到吞吐量 1。若采用网络编码，如图 12-3-2（a）所示，3 对单播可分别达到最大吞吐量 1；若采用分数路由（$a_1=a_2=b_1=b_2=c_1=c_2=0.5$），如图 12-3-2（b）所示，3 对单播也可分别达到最大吞吐量 1。

构建面向多单播的空间网络编码的几何框架[4, 5]包括下列 4 个步骤。

（1）吞吐量域转化为代价域：利用线性规划对偶（Duality）方法，将最大吞吐量问题转化为最小代价问题，为将网络（离散域）问题映射到空间（连续域）问题，可采用空间中丰富的几何工具加以解决。

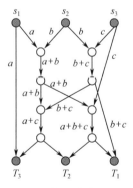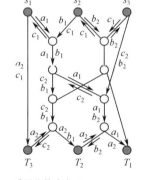

（a）采用网络编码　　　　　　（b）采用分数路由（$a_1=a_2=b_1=b_2=c_1=c_2=0.5$）

图 12-3-2　无向网络中 3 对单播（s_1 到 T_1，s_2 到 T_2，s_3 到 T_3）：网络编码与路由性能一致

（2）网络嵌入空间：嵌入时需要满足等距（Isometric）原则，具体包括两种：等距全封闭性嵌入（Closure Embedding）——嵌入空间之后所有两两节点之间的代价分别等于网络在嵌入空间之前所有相应两两节点之间的最短距离；等距部分封闭性嵌入（Partial Closure Embedding）——嵌入空间之后仅所有信源—信宿节点之间的代价分别等于网络在嵌入空间之前相应信源—信宿节点之间的最短距离。封闭性程度不同的两种等距嵌入的相同目标是保证从网络嵌入高维空间的代价具有非增性，从而保证在高维空间中获得的多单播网络编码关于代价的结论返嵌回网络中依然成立。在等距嵌入查找合适的高维空间较难的情况下，可采用次优方案——低畸变嵌入原则，也包括两种：β-畸变全封闭性嵌入和 β-畸变部分封闭性嵌入。该次优方案的结果非紧致，若在高维空间中获得的多单播网络编码代价优势为 1，返嵌回网络中的无向网络多单播网络编码代价优势上限为 β。

（3）降维：为进一步降低高维空间中证明的难度，采用从高维空间到低维空间的降维方法，如投影（Projection）等。

（4）在一维空间中证明：降维后在低维空间中利用割不等式（Cut Inequality）加以证明，也可结合香农类型信息不等式和非香农类型信息不等式加以证明。

利用上述几何框架可以验证两个现有已证明的结论[5]：两对单播结论和星形网络多单播结论。采用上述方法还可证明两个新的结论[5]，即两种典型网络中多单播网络编码的部分结论，包括所有链路代价均相等的多单播完全网络（Complete Network），网络中多单播的代价优势等于 1 成立；所有链路代价均相等的多单播分层网络（Layered Network），网络中多单播的代价优势等于 1 也成立。但对于任意拓扑网络仍需进一步研究，以最终证明多单播网络编码猜想。

本章小结

前 11 章的内容均属于网络中的网络编码，本质是网络信息流（Network

Information Flow，NIF）。本章介绍网络编码的一个新方向——空间网络编码，研究几何空间（如欧几里得空间）中的网络编码，本质是空间信息流（Space Information Flow，SIF）。空间信息流将网络信息流由离散域扩展到连续域中，从更一般的角度研究网络编码和揭示网络编码本质；并将几何方法引入网络编码领域，为研究网络编码增加丰富的几何工具，如从几何空间的角度来解决网络中网络编码的难题（如网络中多单播网络编码猜想）。

快速入门空间网络编码可借助于单源多播实例——五角星网络，还可参考多源多播实例——金字塔网络，以及二维欧几里得空间中的蝶形网络。因为网络编码常与路由进行对比研究，所以将空间网络编码与空间路由进行对比学习，可以帮助我们理解空间网络编码，其中空间路由的多播典型实例就是欧几里得空间斯坦纳最小树（Euclidean Steiner Minimal Tree，ESMT），理解了经典的空间路由，就容易理解空间网络编码。本章最后介绍了基于单源多播的空间网络编码和基于多源单播的空间网络编码，对于前者我们介绍了相关性质和算法，对于后者我们提出了一个几何框架，旨在从空间信息流这一新的角度来解决网络信息流的难题。

本章参考文献

[1] LI Z P. Space information flow[EB/OL]. http://www.inc.cuhk.edu.hk/seminars/space-information-flow, 2011.

[2] LI Z, WU C. Space information flow: multiple unicast[C]// IEEE ISIT, 2012.

[3] YIN X, WANG Y, WANG X, et al. Min-cost multicast network in euclidean space[C]// IEEE ISIT, 2012.

[4] XIAHOU T, WU C, HUANG J, et al. A geometric framework for investigating the multiple unicast network coding conjecture[C]// NetCod, 2012.

[5] XIAHOU T, LI Z, WU C, et al. A geometric perspective to multiple-unicast

network coding[J]. IEEE Transactions on Information Theory, 2014, 60(5): 2884-2895.

[6] AHLSWEDE R, CAI N, LI S Y R, et al. Network information flow[J]. IEEE Transactions on Information Theory, 2000, 46(4): 1204-1216.

[7] 黄佳庆，杨春风，金振坤，等. 二维欧氏空间中网络编码的研究[J]. 重庆邮电大学学报（自然科学版），2012，24（5）：521-529.

[8] HUANG J, YIN X, ZHANG X, et al. On space information flow: single multicast[C]// NetCod, 2013.

[9] HUANG J, LI Z. A recursive partitioning algorithm for space information flow[C]// IEEE GLOBECOM, 2014.

[10] HUANG J, LI Z. A Delaunay triangulation approach to space information flow[C]// IEEE Globecom workshops – NetCod, 2016.

[11] GILBERT E N, POLLAK H O. Steiner minimal trees[J]. SIAM Journal on Applied Mathematics, 1968, 16(1): 1-29.

[12] 姚恩瑜，何勇，陈仕平. 数学规划与组合优化[M]. 杭州：浙江大学出版社，2001.

[13] 越民义. 最小网络——斯坦纳树问题[M]. 上海：上海科学技术出版社，2006.

[14] VAN LAARHOVEN J W. Exact and heuristic algorithms for the Euclidean steiner tree problem[D]. Iowa: University of Iowa, 2010.

[15] HU Y, NIU D, LI Z. Internet video multicast via constrained space information flow[J]. IEEE COMSOC MMTC E-Letter, 2014, 9(2): 17-19.

[16] DABEK F, COX R, KAASHOEK F, et al. Vivaldi: a decentralized network coordinate system[C]// ACM SIGCOMM, 2004.

[17] UWITONZE A, HUANG J, YE Y, et al. Connectivity restoration in wireless sensor networks via space network coding[J]. Sensors, 2017, 17(4,902): 1-21.

[18] ZHOU H, WU H, XIA S, et al. A distributed triangulation algorithm for wireless sensor networks on 2D and 3D surface[C]// IEEE INFOCOM, 2011.

[19] THOMPSON E A. The method of minimum evolution[J]. Annals of Human Genetics, 1973, 36(3): 333-340.

[20] 堵丁柱. 谈谈斯坦纳树[J]. 数学通报，1995（1）：25-30.

[21] 王树禾. 图论[M]. 2 版. 北京：科学出版社，2009.

[22] IVANOV A O, TUZHILIN A A. Minimal networks: the steiner problem and its generalizations[M]. Florida: CRC Press, 1994.

[23] MELZAK Z A. On the problem of steiner[J]. Canadian Mathematical Bulletin, 1961, 4(2): 143-148.

[24] BERN W M, GRAHAM R L. The shortest-network problem[J]. Scientific American, 1989, 260(1): 84-89.

[25] WINTER P, ZACHARIASEN M. Euclidean steiner minimum trees: an improved exact algorithm[J]. Networks, 1997, 30(3): 149-166.

[26] WARME D M, WINTER P, ZACHARIASEN M. Exact algorithms for plane steiner tree problems: a computational study[M]. Dordrecht: Advances in Steiner Trees, Kluwer Academic Publishers, 2000.

[27] 翁稼丰. 正多边形顶点集上的斯坦纳最小树[J]. 应用数学学报，1985，8（2）：129-141.

[28] WENG J F, BOOTH R S. Steiner minimal trees on regular polygons with centre[J]. Discrete Mathematics, 1995, 141(1-3): 259-274.

[29] CHUNG F R K, GRAHAM R L. Steiner trees for ladder[J]. Annals of Discrete Mathematics, 1978, 2: 173-200.

[30] BURKARD R E, DUDÁS T, MAIER T. Cut and patch steiner trees for ladders[J]. Discrete Mathematics, 1996, 161: 53-61.

[31] BRAZIL M, COLE T, RUBINSTEIN J H, et al. Minimal steiner trees for 2(k)×2(k) square lattices[J]. Journal of Combinatorial Theory Series A, 1996, 73(1): 91-110.

[32] BRAZIL M, RUBINSTEIN J H, THOMAS D A, et al. Full minimal steiner trees on lattice sets[J]. Journal of Combinatorial Theory Series A, 1997, 78(1): 51-91.

[33] BRAZIL M, RUBINSTEIN J H, THOMAS D A, et al. Minimal steiner trees for rectangular arrays of lattice points[J]. Journal of Combinatorial Theory Series A, 1997, 79(2): 181-208.

[34] BOOTH R S, WENG J F. Steiner minimal trees for a class of zigzag lines[J]. Algorithmica, 1992, 7(1-6): 231-246.

[35] COURANT R, ROBBINS H. What is mathematics?[M]. USA: Oxford University Press, 1996.

[36] DU D Z, HWANG F K. A proof of the Gilbert-Pollak conjecture on the steiner ratio[J]. Algorithmica, 1992, 7(1-6): 121-135.

[37] WARME D M, WINTER P, ZACHARIASEN M. Geosteiner 5.1 user's guide and reference manual[Z], 2017.

[38] BEASLEY J E, GOFFINET F. A Delaunay triangulation-based heuristic for the euclidean steiner problem[J]. Networks, 1994, 24(4): 215-224.

[39] ARORA S. Polynomial time approximation schemes for Euclidean traveling salesman and other geometric problems[J]. Journal of the ACM, 1998, 45(5): 753-782.

[40] CZUMAJ A, SOHLER C. Testing Euclidean minimum spanning trees in the plane[J]. ACM Transactions on Algorithms, 2008, 4(3): 1-23.

[41] CORMEN T H，LEISERSON C E，RIVEST R L，等. 算法导论：第 3 版[M]. 殷建平，徐云，王刚，等，译. 北京：机械工业出版社，2013.

[42] MAHESHWAR S, LI Z, LI B. Bounding the coding advantage of combination network coding in undirected networks[J]. IEEE Transactions on Information Theory, 2012, 58(2): 1-15.

[43] YIN X, WANG X, ZHAO J, et al. On benefits of network coding in bidirected networks and hyper-networks[C]// IEEE INFOCOM, 2012.

[44] LI Z, LI B, LAU L C. A constant bound on throughput improvement of multicast network coding in undirected networks[J]. IEEE Transactions on Information Theory, 2009, 55(3): 1016-1026.

[45] YEUNG R W, LI S R, CAI N, et al. Network coding theory[J]. Foundation and Trends in Communications and Information Theory, 2005, 2(4-5): 241-381.

[46] JAIN K, MAHDIAN M, SALAVATIPOUR M R. Packing steiner trees[C]// 10th Annual ACM-SIAM Symposium on Discrete Algorithms (SODA), 2003.

[47] LI Z, LI B, LAU L C. On achieving maximum multicast throughput in undirected networks[J]. IEEE Transactions on Information Theory, 2006, 52(6): 2467-2485.

[48] LI Z, LI B. Efficient and distributed computation of maximum multicast rates[C]// IEEE INFOCOM, 2005.

[49] AGARWAL A, CHARIKAR M. On the advantage of network coding for improving network throughput[C]// IEEE ITW, 2004.

[50] UWITONZE A, HUANG J, YE Y, et al. Exact and heuristic algorithms for space information flow[J]. PLoS ONE, 2018, 13(3).

[51] HARVEY N J, KLEINBERG R D, LEHMAN A R. Comparing network coding with multicommodity flow for the k-pairs communication problem[R]. MIT-CSAIL-TR-2004-078 (MIT-LCS-TR-964), 2004.

[52] LI Z, LI B. Network coding: the case of multiple unicast sessions[C]// 42nd Annual Allerton Conference on Communication, Control, and Computing, 2004.

[53] ZHANG Z, JIN Z, ZHANG X. Min-cost wireless multihop networks in euclidean space[C]// NetCod, 2013.

[54] JIN Z, HUANG J, CHENG W. A global optimal approach to wireless space information flow[J]. IEEE Communications Letters, 2018, 22(11): 2186-2189.

[55] ZHANG X, HUANG J. Superiority of network coding in space for irregular polygons[C]// 14th International Conference on Communication Technology (ICCT), 2012.

[56] WEN T, ZHANG X, HUANG X, et al. Cost advantage of network coding in space for irregular 5+1 model[C]// 11th International Conference on Dependable, Autonomic and Secure Computing (DASC), 2013.

[57] YE Y, HUANG X, WEN T, et al. Performance comparison between network coding in space and routing in space[C]//International Conference on Computer Science and Systems Engineering (CSSE), 2014.

[58] LI Z. Min-cost multicast of selfish information flows[C]// IEEE INFOCOM, 2007.

[59] 黄佳庆，李宗鹏. 一种采用空间网络编码的网络传输方法[P]. ZL201310282663.2，中国国家发明专利.

[60] 黄佳庆，李宗鹏. 一种采用基于 Delaunay 三角剖分的空间网络编码的网络传输方法[P]. ZL201510652168.5，中国国家发明专利.

[61] 黄佳庆，李宗鹏，胡清月. 一种采用三维空间网络编码的网络传输方法[P]. ZL201611217556.1，中国国家发明专利.

[62] 汪嘉业，王文平，屠长河，等. 计算几何及应用[M]. 北京：科学出版社，2011.

[63] 周培德. 计算几何——算法设计与分析[M]. 4 版. 北京：清华大学出版社，2011.

[64] SHAMOS M I. Geometric complexity[C]// ACM Symposium on Automata and Theory of Computation, 1975.

[65] SMITH J M, LEE D T, LIEBMAN J S. An O (n log n) heuristic for steiner minimal tree problems on the Euclidean metric[J]. Networks, 1981, 11(1): 23-39.

[66] LI Z, LI B. Network coding in undirected networks[C]// 38th Annual Conference on Information Science and Systems (CISS), 2004.

[67] DOUGHERTY R, ZEGER K. Nonreversibility and equivalent constructions of multiple-unicast networks[J]. IEEE Transactions on Information Theory, 2006, 52(11): 5067-5077.